张量分析及其在煤岩力学中的应用

李重情　编著

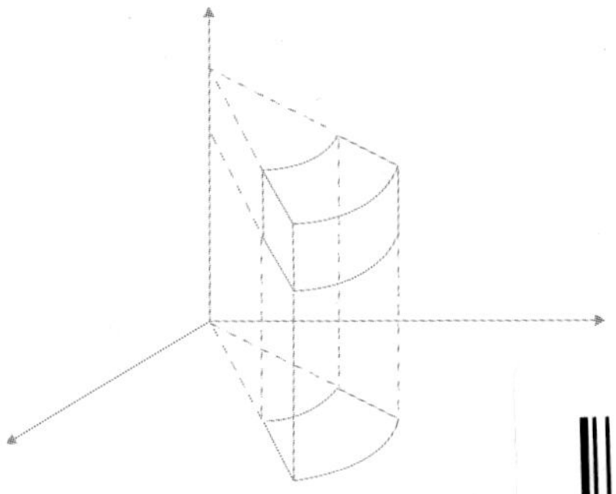

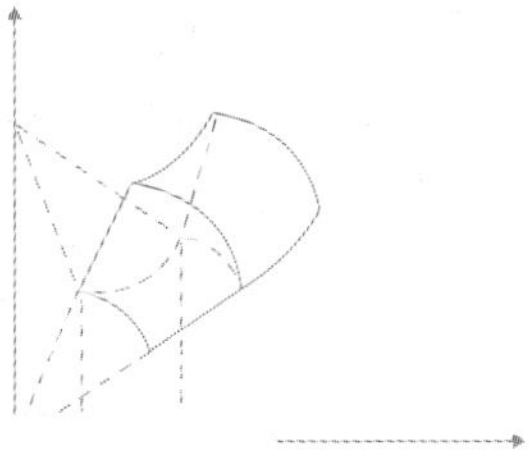

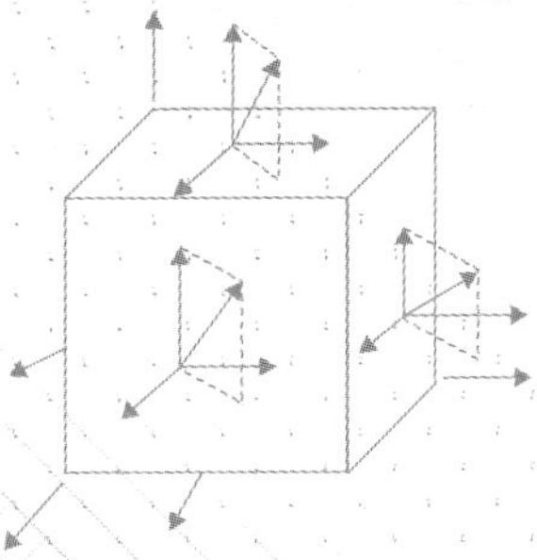

中国科学技术大学出版社

内 容 简 介

本书主要介绍张量分析的初步理论及其在煤岩力学上的具体应用，旨在呈现张量分析这一数学工具，同时结合煤岩力学方面的应用，特别是在煤岩非线性变形过程理论（弹塑性力学、断裂力学和损伤力学）上的应用，让读者在工程研究过程中灵活运用张量分析。共6章，内容包括矢量运算与分析、张量基础、二阶张量、张量分析基础、煤岩变形力学、煤岩渗流力学。

本书适用于高年级大学生、研究生、科研人员及工程技术人员阅读和参考。

图书在版编目(CIP)数据

张量分析及其在煤岩力学中的应用/李重情编著.--合肥：中国科学技术大学出版社，2024.6.-- ISBN 978-7-312-06018-2

Ⅰ.O183.2；TD326

中国国家版本馆 CIP 数据核字第 20244EZ986 号

张量分析及其在煤岩力学中的应用

ZHANGLIANG FENXI JI QI ZAI MEIYAN LIXUE ZHONG DE YINGYONG

出版 中国科学技术大学出版社
安徽省合肥市金寨路 96 号，230026
http://www.press.ustc.edu.cn
https://zgkxjsdxcbs.tmall.com

印刷 安徽省瑞隆印务有限公司

发行 中国科学技术大学出版社

开本 710 mm×1000 mm 1/16

印张 12.75

字数 256 千

版次 2024 年 6 月第 1 版

印次 2024 年 6 月第 1 次印刷

定价 50.00 元

前　　言

人类的知识主要来自于其对客观世界的自然现象及其规律的定性和定量描述。为了定量地描述自然规律，我们人为地选择了不同大小的量尺单位及不同的坐标系来描述具体的物理量。这给自然规律本身带来了限制，同时也给我们带来了机会，去寻找突破这种限制的方法。

物理量不随量尺单位大小改变而变化的本质，就要求其方程两边的量纲相同。利用这种数学方法寻找物理量规律的方法就是“量纲分析”(非本书涉及内容)。对于与选择坐标系无关的本质，如相同力学规律在不同坐标系下可能具有不同的表达形式，我们理解和掌握起来较困难。张量的出现恰恰可以摆脱这种困境，其表达式在任何坐标系下都可以保持不变，且形式简洁明了，这就是“张量分析”。所以说，张量分析作为数学工具对自然科学探索和研究具有重要作用，同时，了解和掌握张量概念和张量分析基础知识对于工程领域工作和研究人员也有着重要意义。

本书主要介绍张量分析的初步理论及其在煤岩力学上的具体应用，旨在呈现张量分析这一数学工具，让大家了解和掌握该工具的基础知识；同时，结合煤岩力学方面的应用，特别是在煤岩非线性变形过程理论(弹塑性力学、断裂力学和损伤力学)上的应用，让大家能够在工程研究过程中灵活运用张量分析这一数学工具。

本书适合高年级大学生、研究生、科研人员及工程技术人员阅读和参考。

在编写本书的过程中，得到很多同仁和长辈指点，在此表示深深的谢意！
由于作者水平有限，如有不妥之处，恳请读者给予批评指正！

编　者

2024 年 2 月

目　　录

第1章　矢量运算与分析

本章主要介绍矢量概念、矢量代数运算、矢量的微积分以及矢量场的概念，是矢量分析的理论基础，是张量分析的前奏。

1.1　矢量运算基础

1.2.1　矢量与标量

1. 标量

先举个小例子，如果我问："你的书包里有几本书?"你说："4。"我明白了。如果我问："从你家到学校有多远?"你说："4。"我就糊涂了，这里需要加个单位才能让人明白，如4 km。这就是标量，又如，温度、质量、时间、体积、能量、势能等物理量。

可见，在一定单位制下，只有数值大小，没有方向的物理量，或者说，在坐标变换下保持不变的物理量，称为标量。标量有时又称为无向量或纯量。

2. 矢量

紧接上述的例子，如果我问："你如何从家来到学校?"你说："走4 km就到了。"我仍旧会糊涂，因为要往哪个方向走4 km就到学校了呢？所以，这里需要说明方向，如向东走4 km。这就是矢量，即在一定单位制下，既有数值大小又有方向的物理量，又如，力、速度、加速度、动量、场强等物理量。矢量有时又称为向量。

矢量的表示是在物理量符号头标箭头，如$\vec{a}$。如果已知矢量的起点和终点分别是O和P，则该矢量记为有向线段$\overrightarrow{OP}$(图1.1.1)。但由于在排版过程中，在字母上加箭头比较繁琐，不像手写那么容易。所以在书本印刷中，矢量常用黑斜体小写字母表示，如$\boldsymbol{a},\boldsymbol{b},\boldsymbol{c},\boldsymbol{d},\cdots,\boldsymbol{u},\boldsymbol{v},\boldsymbol{w},\cdots$。

如图1.1.1，有向线段$\overrightarrow{OP}$的长度表示矢量的大小，称为矢量的模(或长度、范数)，记为$|\overrightarrow{OP}| = a$(或$\|\overrightarrow{OP}\| = a$)。矢量的模具有以下性质：

非负性：

$$|\boldsymbol{a}| \geqslant 0, \quad \text{当且仅当 } \boldsymbol{a} = \boldsymbol{0} \text{ 时取等号} \tag{1.1.1a}$$

齐次性：

$$|\gamma \boldsymbol{a}| = |\gamma||\boldsymbol{a}|, \quad \gamma \in \mathbf{R} \tag{1.1.1b}$$

三角不等式：

$$|\boldsymbol{a} + \boldsymbol{b}| \leqslant |\boldsymbol{a}| + |\boldsymbol{b}| \tag{1.1.1c}$$

两个矢量具有相同的模和方向，则这两个矢量相等。该性质也表明矢量与坐标系无关。

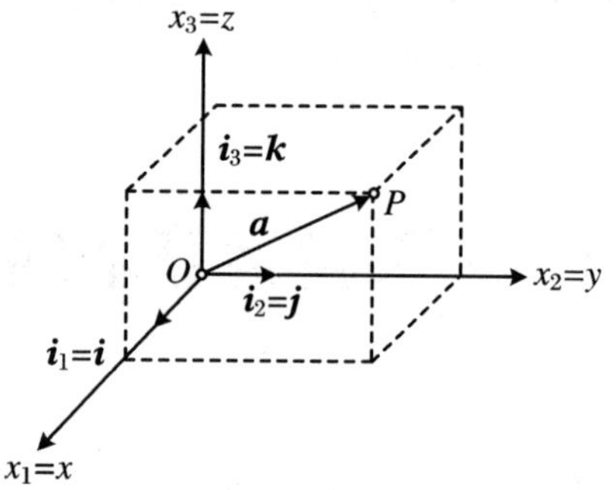

图 1.1.1

模为 1 的矢量称为单位矢量，任一 $a \neq 0$ 的矢量 $\boldsymbol{a}$ 沿 $\boldsymbol{a}$ 方向的单位矢量记为

$$\boldsymbol{e}_a = \frac{\boldsymbol{a}}{a} \quad \left(\text{或} \hat{\boldsymbol{e}}_a = \frac{\boldsymbol{a}}{a}\right) \tag{1.1.2}$$

所以，$\boldsymbol{a} = a\boldsymbol{e}_a$，即矢量 $\boldsymbol{a}$ 可表示为与 $\boldsymbol{a}$ 同方向的单位矢量和其模的乘积。

1.2.2 矢量的加减乘除

1. 矢量加减

如图 1.1.2 所示，从 O 点作一系列衔接的有向线段 $\overrightarrow{OA_1}, \overrightarrow{A_1A_2}, \cdots, \overrightarrow{A_{n-1}A_n}$，其结果为有限线段 $\overrightarrow{OA_n}$，称为各有限线段 $\overrightarrow{OA_1}, \overrightarrow{A_1A_2}, \cdots, \overrightarrow{A_{n-1}A_n}$ 的矢量和，即

$$\overrightarrow{OA_n} = \overrightarrow{OA_1} + \overrightarrow{A_1A_2} + \cdots + \overrightarrow{A_{n-1}A_n} \tag{1.1.3}$$

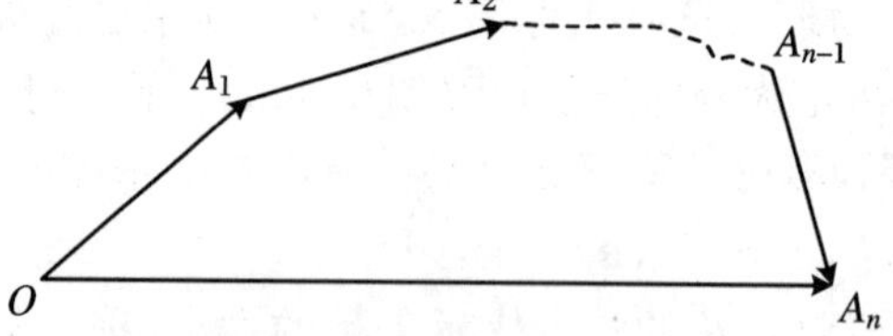

图 1.1.2

由上面的合矢量 $\overrightarrow{OA_n}$ 的作图法可得矢量加法的多边形法则。通常，简化为典

型的平行四边形法则，如图1.1.3所示，矢量加法满足以下规则：

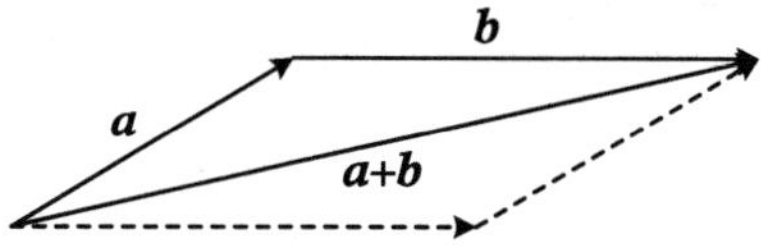

图1.1.3

交换律：

$$\boldsymbol{a}+\boldsymbol{b}=\boldsymbol{b}+\boldsymbol{a} \tag{1.1.4}$$

结合律：

$$\boldsymbol{a}+(\boldsymbol{b}+\boldsymbol{c})=(\boldsymbol{a}+\boldsymbol{b})+\boldsymbol{c} \tag{1.1.5}$$

矢量减法可由矢量与负矢量的和来定义，是加法的逆运算。

$$(\boldsymbol{a}+\boldsymbol{b})-\boldsymbol{b}=(\boldsymbol{a}+\boldsymbol{b})+(-\boldsymbol{b})=\boldsymbol{a} \tag{1.1.6}$$

在图1.1.1三维直角坐标系中，利用平行四边形法则将矢量 $\boldsymbol{a}$ 沿坐标轴正向分解可得

$$\boldsymbol{a}=a_x\boldsymbol{i}+a_y\boldsymbol{j}+a_z\boldsymbol{k}$$

式中，a_x,a_y,a_z 分别为 $\boldsymbol{a}$ 在 x,y,z 轴上的投影（分量），也可写成 $\mathrm{Prj}_x\boldsymbol{a}$，$\mathrm{Prj}_y\boldsymbol{a}$，$\mathrm{Prj}_z\boldsymbol{a}$；$\boldsymbol{i},\boldsymbol{j},\boldsymbol{k}$ 分别为沿坐标轴正向的单位矢量，是矢量的一组基。

2. 矢量数乘

设 m,n 为实数，矢量 $\boldsymbol{a}$ 与 m 相乘，结果仍为矢量（$m\boldsymbol{a}$），其含义为：矢量的模变为原来的 m 倍，当 m 为正时其方向不变，否则相反，当 m 为零时则得零矢量。

例，如图1.1.1所示，$m\boldsymbol{a}=(ma_x,ma_y,ma_z)$，$-\boldsymbol{a}=(-a_x,-a_y,-a_z)$，$\boldsymbol{0}=(0,0,0)$。矢量数乘满足以下规则：

交换律：

$$m\boldsymbol{a}=\boldsymbol{a}m \tag{1.1.7}$$

分配律：

$$\begin{aligned}(m+n)\boldsymbol{a}&=m\boldsymbol{a}+n\boldsymbol{a}\\ m(\boldsymbol{a}+\boldsymbol{b})&=m\boldsymbol{a}+m\boldsymbol{b}\end{aligned} \tag{1.1.8}$$

结合律：

$$m(n\boldsymbol{a})=(mn)\boldsymbol{a} \tag{1.1.9}$$

3. 矢量点乘

矢量点乘又称为标量积、点积、内积。

如图1.1.4所示，以 a_b 表示矢量 $\boldsymbol{a}$ 在矢量 $\boldsymbol{b}$ 方向上的投影，b_a 表示矢量 $\boldsymbol{b}$ 在矢量 $\boldsymbol{a}$ 方向上的投影，定义矢量 $\boldsymbol{a}$ 与 $\boldsymbol{b}$ 的点乘

$$\boldsymbol{a}\cdot\boldsymbol{b}=|\boldsymbol{a}||\boldsymbol{b}|\cos(\boldsymbol{a}\cdot\boldsymbol{b})=a_b|\boldsymbol{b}|=b_a|\boldsymbol{a}| \tag{1.1.10}$$

式中,$(\boldsymbol{a},\boldsymbol{b})$表示矢量 a 与 b 的夹角 φ。

$$\cos\varphi = \cos(\boldsymbol{a},\boldsymbol{b}) = \frac{\boldsymbol{a}\cdot\boldsymbol{b}}{|\boldsymbol{a}||\boldsymbol{b}|} = \frac{a_b}{|\boldsymbol{a}|} = \frac{b_a}{|\boldsymbol{b}|} \tag{1.1.11}$$

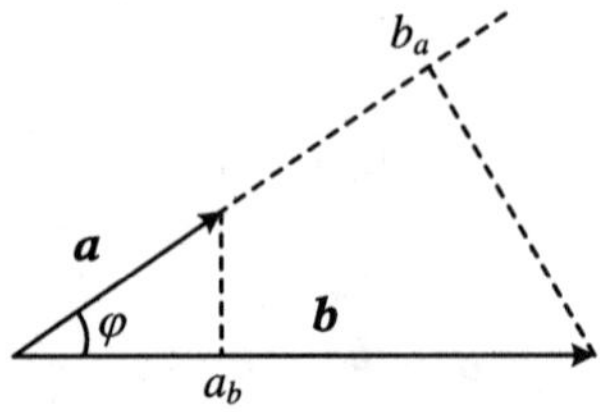

图 1.1.4

矢量 $\boldsymbol{a}$ 的模为

$$|\boldsymbol{a}| = \sqrt{\boldsymbol{a}\cdot\boldsymbol{a}} \tag{1.1.12}$$

在三维直角坐标系中,$\boldsymbol{i},\boldsymbol{j},\boldsymbol{k}$ 为正交坐标轴单位矢量,有

$$\boldsymbol{i}\cdot\boldsymbol{i} = \boldsymbol{j}\cdot\boldsymbol{j} = \boldsymbol{k}\cdot\boldsymbol{k} = 1 \tag{1.1.13a}$$

$$\boldsymbol{i}\cdot\boldsymbol{j} = \boldsymbol{j}\cdot\boldsymbol{i} = \boldsymbol{j}\cdot\boldsymbol{k} = \boldsymbol{k}\cdot\boldsymbol{j} = \boldsymbol{k}\cdot\boldsymbol{i} = \boldsymbol{i}\cdot\boldsymbol{k} = 0 \tag{1.1.13b}$$

用 $\boldsymbol{e}_x,\boldsymbol{e}_y,\boldsymbol{e}_z$(同 $\boldsymbol{i},\boldsymbol{j},\boldsymbol{k}$)表示正交坐标轴单位矢量,引入 Kronecker 符号,综合式(1.1.13)得

$$\boldsymbol{e}_m\cdot\boldsymbol{e}_n = \delta_{mn} = \begin{cases}1 & (m = n)\\ 0 & (m \neq n)\end{cases} \quad (m,n = x,y,z) \tag{1.1.14}$$

$$\boldsymbol{a}\cdot\boldsymbol{b} = (a_x\boldsymbol{i} + a_y\boldsymbol{j} + a_z\boldsymbol{k})\cdot(b_x\boldsymbol{i} + b_y\boldsymbol{j} + b_z\boldsymbol{k}) = a_xb_x + a_yb_y + a_zb_z \tag{1.1.15}$$

矢量 $\boldsymbol{a}$ 和 $\boldsymbol{b}$ 相互垂直的充要条件为

$$\boldsymbol{a}\cdot\boldsymbol{b} = 0 \tag{1.1.16}$$

矢量点乘满足以下规则:

交换律:

$$\boldsymbol{a}\cdot\boldsymbol{b} = \boldsymbol{b}\cdot\boldsymbol{a} \tag{1.1.17}$$

分配律:

$$\boldsymbol{a}\cdot(\boldsymbol{b}+\boldsymbol{c}) = \boldsymbol{a}\cdot\boldsymbol{b} + \boldsymbol{a}\cdot\boldsymbol{c} \tag{1.1.18}$$

正定性:

$$\boldsymbol{a}\cdot\boldsymbol{a} \geqslant 0,\quad \text{当且仅当 } \boldsymbol{a} = \boldsymbol{0} \text{ 时取等号} \tag{1.1.19}$$

Schwartz 不等式:

$$|\boldsymbol{a}\cdot\boldsymbol{b}| \leqslant |\boldsymbol{a}||\boldsymbol{b}| \tag{1.1.20}$$

通过上述数乘和点乘的规则,可以看出:

结合律:

$$m(\boldsymbol{a}\cdot\boldsymbol{b}) = (m\boldsymbol{a})\cdot\boldsymbol{b} = \boldsymbol{a}\cdot(m\boldsymbol{b})$$
$$(mn)\boldsymbol{a}\cdot\boldsymbol{b} = (m\boldsymbol{a})\cdot(n\boldsymbol{b}) = (n\boldsymbol{a})\cdot(m\boldsymbol{b}) = (mn\boldsymbol{a})\cdot\boldsymbol{b} = \boldsymbol{a}\cdot(mn\boldsymbol{b}) \tag{1.1.21}$$

4. 矢量叉乘

矢量叉乘又称为矢量积(向量积)、矢积、叉积。

如图 1.1.5 所示，两个矢量 $\boldsymbol{a}$ 和 $\boldsymbol{b}$ 的叉乘结果仍是一个矢量 $\boldsymbol{c}$。从几何学角度，$\boldsymbol{c}$ 表示 $\boldsymbol{a}$ 和 $\boldsymbol{b}$ 构成的平行四边形面积。从物理学角度，$\boldsymbol{c}$ 表示作用于 P 点($\boldsymbol{a}$ 为 P 点的位置矢量)的力 $\boldsymbol{b}$ 使物体围绕通过 O 点且垂直于 $\boldsymbol{a}$ 与 $\boldsymbol{b}$ 所在平面的轴转动所产生的力矩矢量。

$$\boldsymbol{c} = \boldsymbol{a}\times\boldsymbol{b} \tag{1.1.22}$$

$\boldsymbol{c}$ 的模为

$$|\boldsymbol{c}| = |\boldsymbol{a}||\boldsymbol{b}|\sin(\boldsymbol{a},\boldsymbol{b}) \tag{1.1.23}$$

式中，$\sin(\boldsymbol{a},\boldsymbol{b})\geqslant 0$。交换律对矢量的叉乘不成立，且

$$\boldsymbol{b}\times\boldsymbol{a} = -\boldsymbol{a}\times\boldsymbol{b} \tag{1.1.24}$$

但叉乘满足分配律

$$\boldsymbol{a}\times(\boldsymbol{b}+\boldsymbol{c}) = \boldsymbol{a}\times\boldsymbol{b}+\boldsymbol{a}\times\boldsymbol{c} \tag{1.1.25}$$

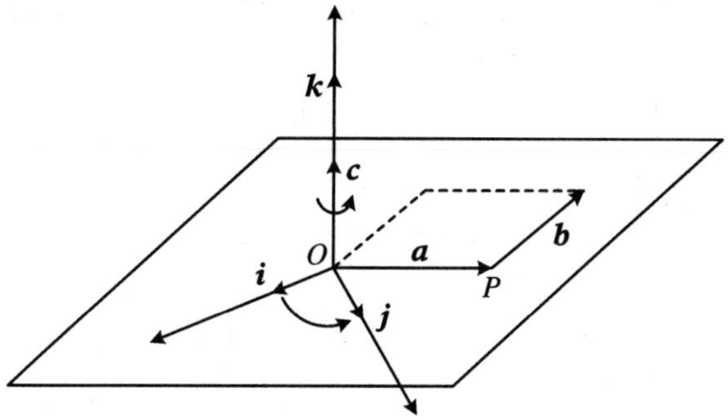

图 1.1.5

在三维直角坐标系中，有

$$\boldsymbol{i}\times\boldsymbol{i} = \boldsymbol{j}\times\boldsymbol{j} = \boldsymbol{k}\times\boldsymbol{k} = 0$$
$$\boldsymbol{i}\times\boldsymbol{j} = -\boldsymbol{j}\times\boldsymbol{i} = \boldsymbol{k};\quad \boldsymbol{j}\times\boldsymbol{k} = -\boldsymbol{k}\times\boldsymbol{j} = \boldsymbol{i};\quad \boldsymbol{k}\times\boldsymbol{i} = -\boldsymbol{i}\times\boldsymbol{k} = \boldsymbol{j} \tag{1.1.26}$$

$$\boldsymbol{a}\times\boldsymbol{b} = (a_x\boldsymbol{i}+a_y\boldsymbol{j}+a_z\boldsymbol{k})\times(b_x\boldsymbol{i}+b_y\boldsymbol{j}+b_z\boldsymbol{k}) = \begin{vmatrix} \boldsymbol{i} & \boldsymbol{j} & \boldsymbol{k} \\ a_x & a_y & a_z \\ b_x & b_y & b_z \end{vmatrix} \tag{1.1.27}$$

三个矢量 $\boldsymbol{a}$，$\boldsymbol{b}$ 和 $\boldsymbol{c}$ 的混合积为

$$[\boldsymbol{a},\boldsymbol{b},\boldsymbol{c}]=[\boldsymbol{b},\boldsymbol{c},\boldsymbol{a}]=[\boldsymbol{c},\boldsymbol{a},\boldsymbol{b}]$$
$$=(\boldsymbol{a}\times\boldsymbol{b})\cdot\boldsymbol{c}=(\boldsymbol{b}\times\boldsymbol{c})\cdot\boldsymbol{a}=(\boldsymbol{c}\times\boldsymbol{a})\cdot\boldsymbol{b}$$
$$=\begin{vmatrix}c_x & c_y & c_z\\ a_x & a_y & a_z\\ b_x & b_y & b_z\end{vmatrix}=\begin{vmatrix}a_x & a_y & a_z\\ b_x & b_y & b_z\\ c_x & c_y & c_z\end{vmatrix}=\begin{vmatrix}b_x & b_y & b_z\\ c_x & c_y & c_z\\ a_x & a_y & a_z\end{vmatrix}\tag{1.1.28a}$$

证明

$$(\boldsymbol{a}\times\boldsymbol{b})\cdot\boldsymbol{c}=\begin{vmatrix}\boldsymbol{i} & \boldsymbol{j} & \boldsymbol{k}\\ a_x & a_y & a_z\\ b_x & b_y & b_z\end{vmatrix}\cdot(c_x\boldsymbol{i}+c_y\boldsymbol{j}+c_z\boldsymbol{k})$$
$$=[(a_yb_z-a_zb_y)\boldsymbol{i}+(a_zb_x-a_xb_z)\boldsymbol{j}+(a_xb_y-a_yb_x)\boldsymbol{k}]$$
$$\cdot(c_x\boldsymbol{i}+c_y\boldsymbol{j}+c_z\boldsymbol{k})$$
$$=(a_yb_z-a_zb_y)c_x+(a_zb_x-a_xb_z)c_y+(a_xb_y-a_yb_x)c_z$$
$$=\begin{vmatrix}c_x & c_y & c_z\\ a_x & a_y & a_z\\ b_x & b_y & b_z\end{vmatrix}$$

从几何学角度，三个矢量 $\boldsymbol{a}$，$\boldsymbol{b}$ 和 $\boldsymbol{c}$ 的混合积在数值上等于其构成的平行六面体的体积，$\boldsymbol{a}$，$\boldsymbol{b}$，$\boldsymbol{c}$ 符合右手法则。且有

$$[\boldsymbol{a},\boldsymbol{b},\boldsymbol{c}]^2=\begin{vmatrix}\boldsymbol{a}\cdot\boldsymbol{a} & \boldsymbol{a}\cdot\boldsymbol{b} & \boldsymbol{a}\cdot\boldsymbol{c}\\ \boldsymbol{b}\cdot\boldsymbol{a} & \boldsymbol{b}\cdot\boldsymbol{b} & \boldsymbol{b}\cdot\boldsymbol{c}\\ \boldsymbol{c}\cdot\boldsymbol{a} & \boldsymbol{c}\cdot\boldsymbol{b} & \boldsymbol{c}\cdot\boldsymbol{c}\end{vmatrix}\tag{1.1.28b}$$

$$[\boldsymbol{a},\boldsymbol{b},\boldsymbol{c}][\boldsymbol{u},\boldsymbol{v},\boldsymbol{w}]=\begin{vmatrix}\boldsymbol{a}\cdot\boldsymbol{u} & \boldsymbol{a}\cdot\boldsymbol{v} & \boldsymbol{a}\cdot\boldsymbol{w}\\ \boldsymbol{b}\cdot\boldsymbol{u} & \boldsymbol{b}\cdot\boldsymbol{v} & \boldsymbol{b}\cdot\boldsymbol{w}\\ \boldsymbol{c}\cdot\boldsymbol{u} & \boldsymbol{c}\cdot\boldsymbol{v} & \boldsymbol{c}\cdot\boldsymbol{w}\end{vmatrix}\tag{1.1.28c}$$

三个矢量叉乘满足

$$\boldsymbol{a}\times(\boldsymbol{b}\times\boldsymbol{c})=(\boldsymbol{c}\cdot\boldsymbol{a})\boldsymbol{b}-(\boldsymbol{a}\cdot\boldsymbol{b})\boldsymbol{c}\tag{1.1.29}$$

证明 令 $\boldsymbol{d}=\boldsymbol{a}\times(\boldsymbol{b}\times\boldsymbol{c})$，$\boldsymbol{e}=\boldsymbol{b}\times\boldsymbol{c}$，可知，$\boldsymbol{d}$ 与 $\boldsymbol{e}$ 垂直，$\boldsymbol{e}$ 垂直于 $\boldsymbol{b}$ 和 $\boldsymbol{c}$ 所在的面，所以，$\boldsymbol{d}$ 与 $\boldsymbol{b}$，$\boldsymbol{c}$ 共面，将 $\boldsymbol{e}$ 沿 $\boldsymbol{b}$，$\boldsymbol{c}$ 分解

$$\boldsymbol{d}=\beta\boldsymbol{b}+\gamma\boldsymbol{c}$$

式中，β，γ 为标量系数。由 $\boldsymbol{d}$ 与 $\boldsymbol{a}$ 垂直得

$$\boldsymbol{d}\cdot\boldsymbol{a}=\beta\boldsymbol{b}\cdot\boldsymbol{a}+\gamma\boldsymbol{c}\cdot\boldsymbol{a}=0$$
$$\beta\boldsymbol{b}\cdot\boldsymbol{a}=-\gamma\boldsymbol{c}\cdot\boldsymbol{a}$$
$$\frac{\beta}{\boldsymbol{c}\cdot\boldsymbol{a}}=\frac{-\gamma}{\boldsymbol{b}\cdot\boldsymbol{a}}=\lambda\quad(\text{标量常数})$$

所以

$$\boldsymbol{d} = \lambda[(\boldsymbol{c}\cdot\boldsymbol{a})\boldsymbol{b} - (\boldsymbol{b}\cdot\boldsymbol{a})\boldsymbol{c}]$$

由于上式是一般通式，故可利用特殊值法，取 $\boldsymbol{a},\boldsymbol{b},\boldsymbol{c}$ 分别为 $\boldsymbol{i},\boldsymbol{i},\boldsymbol{j}$，代入上式得

$$\boldsymbol{a}\times(\boldsymbol{b}\times\boldsymbol{c}) = \lambda[(\boldsymbol{c}\cdot\boldsymbol{a})\boldsymbol{b} - (\boldsymbol{a}\cdot\boldsymbol{b})\boldsymbol{c}]$$

$$\boldsymbol{i}\times(\boldsymbol{i}\times\boldsymbol{j}) = \lambda[(\boldsymbol{j}\cdot\boldsymbol{i})\boldsymbol{i} - (\boldsymbol{i}\cdot\boldsymbol{i})\boldsymbol{j}]$$

$$\lambda = 1$$

最后得到

$$\boldsymbol{a}\times(\boldsymbol{b}\times\boldsymbol{c}) = (\boldsymbol{c}\cdot\boldsymbol{a})\boldsymbol{b} - (\boldsymbol{a}\cdot\boldsymbol{b})\boldsymbol{c}$$

由式(1.1.33)可得

$$(\boldsymbol{b}\times\boldsymbol{c})\times\boldsymbol{a} = (\boldsymbol{a}\cdot\boldsymbol{b})\boldsymbol{c} - (\boldsymbol{c}\cdot\boldsymbol{a})\boldsymbol{b} \tag{1.1.30a}$$

循环替代得

$$(\boldsymbol{a}\times\boldsymbol{b})\times\boldsymbol{c} = (\boldsymbol{c}\cdot\boldsymbol{a})\boldsymbol{b} - (\boldsymbol{b}\cdot\boldsymbol{c})\boldsymbol{a} \tag{1.1.30b}$$

此外，下列等式留给读者自行证明：

$$\boldsymbol{a}\times(\boldsymbol{b}\times\boldsymbol{c}) + \boldsymbol{b}\times(\boldsymbol{c}\times\boldsymbol{a}) + \boldsymbol{c}\times(\boldsymbol{a}\times\boldsymbol{b}) = 0 \tag{1.1.31}$$

$$\begin{aligned}(\boldsymbol{a}\times\boldsymbol{b})\cdot(\boldsymbol{c}\times\boldsymbol{d}) &= (\boldsymbol{a}\cdot\boldsymbol{c})(\boldsymbol{b}\cdot\boldsymbol{d}) - (\boldsymbol{a}\cdot\boldsymbol{d})(\boldsymbol{b}\cdot\boldsymbol{c})\\ &= \boldsymbol{a}\cdot\boldsymbol{c}\boldsymbol{b}\cdot\boldsymbol{d} - \boldsymbol{a}\cdot\boldsymbol{d}\boldsymbol{b}\cdot\boldsymbol{c}\end{aligned} \tag{1.1.32}$$

$$\begin{aligned}(\boldsymbol{a}\times\boldsymbol{b})\times(\boldsymbol{c}\times\boldsymbol{d}) &= (\boldsymbol{d}\cdot\boldsymbol{a}\times\boldsymbol{b})\boldsymbol{c} - (\boldsymbol{a}\times\boldsymbol{b}\cdot\boldsymbol{c})\boldsymbol{d}\\ &= (\boldsymbol{c}\times\boldsymbol{d}\cdot\boldsymbol{a})\boldsymbol{b} - (\boldsymbol{b}\cdot\boldsymbol{c}\times\boldsymbol{d})\boldsymbol{a}\end{aligned} \tag{1.1.33}$$

$$\boldsymbol{a}\cdot(\boldsymbol{b}\times\boldsymbol{c})\boldsymbol{d} = (\boldsymbol{a}\cdot\boldsymbol{d})\boldsymbol{b}\times\boldsymbol{c} + (\boldsymbol{b}\cdot\boldsymbol{d})\boldsymbol{c}\times\boldsymbol{a} + (\boldsymbol{c}\cdot\boldsymbol{d})\boldsymbol{a}\times\boldsymbol{b} \tag{1.1.34}$$

$$\boldsymbol{a}\times[\boldsymbol{b}\times(\boldsymbol{c}\times\boldsymbol{d})] = (\boldsymbol{b}\cdot\boldsymbol{d})(\boldsymbol{a}\times\boldsymbol{c}) - (\boldsymbol{b}\cdot\boldsymbol{c})(\boldsymbol{a}\times\boldsymbol{d}) \tag{1.1.35}$$

5. 矢量并乘

矢量并乘又称为并矢、并置、张量积。

两个矢量 $\boldsymbol{a}$ 和 $\boldsymbol{b}$ 的并乘记为 $\boldsymbol{ab}$（或 $\boldsymbol{a}\otimes\boldsymbol{b}$，是张量积在矢量中的运用），其含义是只表示将两个矢量 $\boldsymbol{a}$ 和 $\boldsymbol{b}$ 按固定前后关系并写在一起，而不作任何运算。两个矢量并乘为二重并矢，三个矢量并乘为三重并矢（形如 $\boldsymbol{abc}$），以此类推。两个矢量并乘满足以下规则分配律：

$$\begin{aligned}&\boldsymbol{a}(\boldsymbol{b}+\boldsymbol{c}) = \boldsymbol{ab}+\boldsymbol{ac}\\ &(\boldsymbol{a}+\boldsymbol{b})\boldsymbol{c} = \boldsymbol{ac}+\boldsymbol{bc}\\ &m(\boldsymbol{ab}+\boldsymbol{cd}) = m\boldsymbol{ab}+m\boldsymbol{cd}\\ &(\boldsymbol{a}+\boldsymbol{b})(\boldsymbol{c}+\boldsymbol{d}) = \boldsymbol{ac}+\boldsymbol{ad}+\boldsymbol{bc}+\boldsymbol{bd}\end{aligned} \tag{1.1.36}$$

结合律：

$$\begin{aligned}&m(\boldsymbol{ab}) = (m\boldsymbol{a})\boldsymbol{b} = \boldsymbol{a}(m\boldsymbol{b}) = m\boldsymbol{ab}\\ &(\boldsymbol{ab})\boldsymbol{c} = \boldsymbol{a}(\boldsymbol{bc}) = \boldsymbol{abc}\\ &(m\boldsymbol{a})(n\boldsymbol{b}) = (mn)(\boldsymbol{ab}) = mn\boldsymbol{ab}\end{aligned} \tag{1.1.37}$$

点乘：

$$
\begin{aligned}
&\boldsymbol{c}\cdot(\boldsymbol{ab})=(\boldsymbol{c}\cdot\boldsymbol{a})\boldsymbol{b}\\
&(\boldsymbol{ab})\cdot(\boldsymbol{cd})=(\boldsymbol{b}\cdot\boldsymbol{c})\boldsymbol{ad}=\boldsymbol{a}(\boldsymbol{b}\cdot\boldsymbol{c})\boldsymbol{d}=\boldsymbol{ad}(\boldsymbol{b}\cdot\boldsymbol{c})\\
&\boldsymbol{c}\cdot(\boldsymbol{ab})\neq(\boldsymbol{ab})\cdot\boldsymbol{c}\\
&(\boldsymbol{ab})\cdot\boldsymbol{c}\neq\boldsymbol{c}\cdot(\boldsymbol{ab})\\
&(\boldsymbol{ab})\cdot(\boldsymbol{cd})\neq(\boldsymbol{cd})\cdot(\boldsymbol{ab})
\end{aligned}
\tag{1.1.38}
$$

叉乘：

$$
\begin{aligned}
&\boldsymbol{c}\times(\boldsymbol{ab})=(\boldsymbol{c}\times\boldsymbol{a})\boldsymbol{b}\\
&(\boldsymbol{ab})\times(\boldsymbol{cd})=\boldsymbol{a}(\boldsymbol{b}\times\boldsymbol{c})\boldsymbol{d}
\end{aligned}
\tag{1.1.39}
$$

双重运算：

$$
\begin{aligned}
&(\boldsymbol{ab}):(\boldsymbol{cd})=(\boldsymbol{b}\cdot\boldsymbol{c})(\boldsymbol{a}\cdot\boldsymbol{d})\\
&\boldsymbol{ab}\overset{\times}{\cdot}(\boldsymbol{cd})=(\boldsymbol{b}\times\boldsymbol{c})(\boldsymbol{a}\cdot\boldsymbol{d})\\
&\boldsymbol{ab}\underset{\times}{\cdot}(\boldsymbol{cd})=(\boldsymbol{b}\cdot\boldsymbol{c})(\boldsymbol{a}\times\boldsymbol{d})\\
&\boldsymbol{ab}\overset{\times}{\underset{\times}{}}(\boldsymbol{cd})=(\boldsymbol{b}\times\boldsymbol{c})(\boldsymbol{a}\times\boldsymbol{d})
\end{aligned}
\tag{1.1.40}
$$

因为并乘矢量的前后关系固定，不能随意调换，所以不满足交换律($\boldsymbol{ab}\neq\boldsymbol{ba}$)。

值得注意的是，关于双重运算，如$(\boldsymbol{ab})\overset{\times}{\cdot}(\boldsymbol{cd})=(\boldsymbol{b}\times\boldsymbol{c})(\boldsymbol{a}\cdot\boldsymbol{d})$，按(里×里)(外·外)的规则进行，双重运算符号$\overset{\times}{\cdot}$按(先上、后下)的规则进行。

6. 矢量"除法"

因为矢量相除得到的不是矢量，是四元数，是超复数，所以一般来说，矢量没有除法。

若 $\boldsymbol{a}\cdot\boldsymbol{x}=m$，$\boldsymbol{a}\times\boldsymbol{x}=\boldsymbol{b}$，可得到下式：

$$
\boldsymbol{x}=m\frac{\boldsymbol{a}}{a^2}+\boldsymbol{b}\times\frac{\boldsymbol{a}}{a^2}
\tag{1.1.41}
$$

证明略。

设矢量 $\boldsymbol{x}$ 由方程组 $\boldsymbol{a}_i\cdot\boldsymbol{x}=m_i\,(i=1,2,3)$ 确定，且 $\boldsymbol{a}_i$ 都不共面，可得到下式：

$$
\boldsymbol{x}=m_1\frac{\boldsymbol{a}_2\times\boldsymbol{a}_3}{\boldsymbol{a}_1\cdot(\boldsymbol{a}_2\times\boldsymbol{a}_3)}+m_2\frac{\boldsymbol{a}_3\times\boldsymbol{a}_1}{\boldsymbol{a}_2\cdot(\boldsymbol{a}_3\times\boldsymbol{a}_1)}+m_3\frac{\boldsymbol{a}_1\times\boldsymbol{a}_2}{\boldsymbol{a}_3\cdot(\boldsymbol{a}_1\times\boldsymbol{a}_2)}
\tag{1.1.42}
$$

证明略。

1.2　矢量微积分

矢量微积分是矢量代数的继续，是矢量场分析的基础，其主要介绍矢函数及其微分、积分等。

1.2.3　矢函数

1. 矢函数定义

在 1.1 节中介绍的是模和方向都保持不变的矢量，即常矢（零矢量的方向为任意，是特殊的常矢量）。然而，在工程实践中常常遇到的是模和方向或其中之一会改变的矢量，即变矢。

定义 1.2.1　设有标量变量 t 和变矢 $\boldsymbol{a}$，如果对于 t 在某个范围 Ω 内的每一个值，$\boldsymbol{a}$ 都有一个确定的矢量与之对应，则称 $\boldsymbol{a}$ 为标量变量 t 的矢函数，记作

$$\boldsymbol{a} = \boldsymbol{a}(t),\quad t \in \Omega \tag{1.2.1}$$

如图 1.2.1 所示，矢函数 $\boldsymbol{a}(t)$ 在直角坐标系可写为

$$\boldsymbol{a}(t) = a_x(t)\boldsymbol{i} + a_y(t)\boldsymbol{j} + a_z(t)\boldsymbol{k} \tag{1.2.2}$$

式中，$a_x(t)$，$a_y(t)$，$a_z(t)$ 为 $\boldsymbol{a}(t)$ 在三个坐标轴上的分量，显然都是 t 的函数。

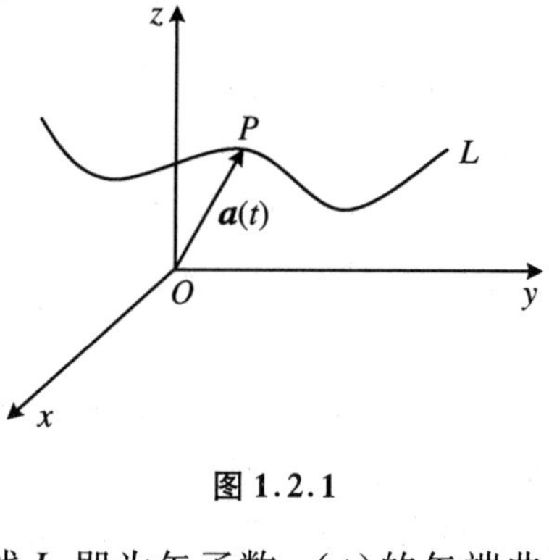

图 1.2.1

由 t 变化生成的曲线 L 即为矢函数 $\boldsymbol{a}(t)$ 的矢端曲线（或矢函数 $\boldsymbol{a}(t)$ 的图形），式(1.2.1)或式(1.2.2)则为此曲线的矢量方程。

由第 1.1 节可知，有向线段 $\overrightarrow{OP}$ 可表示为

$$\overrightarrow{OP} = x\boldsymbol{i} + y\boldsymbol{j} + z\boldsymbol{k} \tag{1.2.3}$$

联立式(1.2.2)和式(1.2.3)可得曲线 L 以 t 为参变量的参数方程

$$x = a_x(t),\quad y = a_y(t),\quad z = a_z(t) \tag{1.2.4}$$

2. 矢函数极限与连续性

(1) 矢函数极限定义

设矢函数 $\boldsymbol{a}(t)$在点 t_0 的某一去心邻域内有定义。如果存在常矢 $\boldsymbol{a}_0$，对于任意给定的正数 ε(无论它多么小)，总存在正数 δ，使得当 t 满足不等式 $0<|t-t_0|<\delta$ 时，对应的矢函数值都满足不等式 $|\boldsymbol{a}(t)-\boldsymbol{a}_0|<\varepsilon$，则称常矢 $\boldsymbol{a}_0$ 为矢函数 $\boldsymbol{a}(t)$当 $t\to t_0$时的极限，记作

$$\lim_{t\to t_0}\boldsymbol{a}(t)=\boldsymbol{a}_0 \tag{1.2.5}$$

这个定义类似于标量函数的极限定义，因此，矢函数也有类似于标量函数所有的极限运算法则，如

$$\begin{aligned}
&\lim_{t\to t_0}k\boldsymbol{a}(t)=k\lim_{t\to t_0}\boldsymbol{a}(t)\quad (k\text{ 为常数})\\
&\lim_{t\to t_0}u(t)\boldsymbol{a}(t)=\lim_{t\to t_0}u(t)\lim_{t\to t_0}\boldsymbol{a}(t)\\
&\lim_{t\to t_0}[\boldsymbol{a}(t)\pm\boldsymbol{b}(t)]=\lim_{t\to t_0}\boldsymbol{a}(t)\pm\lim_{t\to t_0}\boldsymbol{b}(t)\\
&\lim_{t\to t_0}[\boldsymbol{a}(t)\cdot\boldsymbol{b}(t)]=\lim_{t\to t_0}\boldsymbol{a}(t)\cdot\lim_{t\to t_0}\boldsymbol{b}(t)\\
&\lim_{t\to t_0}[\boldsymbol{a}(t)\times\boldsymbol{b}(t)]=\lim_{t\to t_0}\boldsymbol{a}(t)\times\lim_{t\to t_0}\boldsymbol{b}(t)
\end{aligned} \tag{1.2.6}$$

式中，$u(t)$为标量函数，$\boldsymbol{a}(t)$，$\boldsymbol{b}(t)$为矢函数，且当 $t\to t_0$时 $u(t)$，$\boldsymbol{a}(t)$，$\boldsymbol{b}(t)$的极限都存在。

由式(1.2.2)和式(1.2.6)可得

$$\lim_{t\to t_0}\boldsymbol{a}(t)=\lim_{t\to t_0}a_x(t)\boldsymbol{i}+\lim_{t\to t_0}a_y(t)\boldsymbol{j}+\lim_{t\to t_0}a_z(t)\boldsymbol{k} \tag{1.2.7}$$

这就把求矢函数的极限转化为求三个标量函数的极限。

(2) 矢函数连续性定义

若矢函数 $\boldsymbol{a}(t)$在点 t_0 的某一邻域内有定义，如果

$$\lim_{t\to t_0}\boldsymbol{a}(t)=\boldsymbol{a}_0$$

则称矢函数 $\boldsymbol{a}(t)$在点 t_0 处连续。

可见，在三维直角坐标系中，矢函数 $\boldsymbol{a}(t)$在点 t_0 处连续的充要条件是其三个坐标分量 $a_x(t)$，$a_y(t)$，$a_z(t)$均在 t_0 处连续。

若矢函数 $\boldsymbol{a}(t)$在某区间内每一点处都连续，则称 $\boldsymbol{a}(t)$在该区间内连续。

1.2.4　矢量微分

1. 矢函数的导数

(1) 矢函数的导数定义

设矢函数 $\boldsymbol{a}(t)$在点 t_0 的某一邻域内有定义，当自变量 t 在 t_0 处取增量 Δt

（点 $t_0+\Delta t$ 仍在该邻域内）时，如果相应的函数取得增量 $\Delta\boldsymbol{a}$ 与 Δt 之比 $\dfrac{\Delta\boldsymbol{a}}{\Delta t}=\dfrac{\boldsymbol{a}(t_0+\Delta t)-\boldsymbol{a}(t_0)}{\Delta t}$，当 $\Delta t\to 0$ 时，其极限存在，则称矢函数 $\boldsymbol{a}(t)$ 在点 t_0 处可导，并称这个极限为矢函数 $\boldsymbol{a}(t)$ 在点 t_0 处的导数，记作 $\boldsymbol{a}'(t_0)$ 或 $\left.\dfrac{\mathrm{d}\boldsymbol{a}(t)}{\mathrm{d}t}\right|_{t=t_0}$，即

$$\boldsymbol{a}'(t_0)=\lim_{\Delta t\to 0}\frac{\Delta\boldsymbol{a}}{\Delta t}=\lim_{\Delta t\to 0}\frac{\boldsymbol{a}(t_0+\Delta t)-\boldsymbol{a}(t_0)}{\Delta t}\tag{1.2.8a}$$

如果矢函数 $\boldsymbol{a}(t)$ 在某一区间内每点处都可导，则称矢函数 $\boldsymbol{a}$ 在该区间内可导，得到一新的函数即导函数（简称导数），记作 $\boldsymbol{a}'(t)$ 或 $\dfrac{\mathrm{d}\boldsymbol{a}(t)}{\mathrm{d}t}$，即

$$\boldsymbol{a}'(t)=\lim_{\Delta t\to 0}\frac{\Delta\boldsymbol{a}}{\Delta t}=\lim_{\Delta t\to 0}\frac{\boldsymbol{a}(t+\Delta t)-\boldsymbol{a}(t)}{\Delta t}\tag{1.2.8b}$$

若在三维直角坐标系中，$\boldsymbol{a}(t)$ 写成分量形式，即 $\boldsymbol{a}(t)=a_x(t)\boldsymbol{i}+a_y(t)\boldsymbol{j}+a_z(t)\boldsymbol{k}$，且函数 $a_x(t)$，$a_y(t)$，$a_z(t)$ 在各点处均可导，则

$$\begin{aligned}\boldsymbol{a}'(t)&=\lim_{\Delta t\to 0}\frac{\Delta\boldsymbol{a}}{\Delta t}\\&=\lim_{\Delta t\to 0}\frac{\Delta a_x}{\Delta t}\boldsymbol{i}+\lim_{\Delta t\to 0}\frac{\Delta a_y}{\Delta t}\boldsymbol{j}+\lim_{\Delta t\to 0}\frac{\Delta a_z}{\Delta t}\boldsymbol{k}\\&=\frac{\mathrm{d}a_x}{\mathrm{d}t}\boldsymbol{i}+\frac{\mathrm{d}a_y}{\mathrm{d}t}\boldsymbol{j}+\frac{\mathrm{d}a_z}{\mathrm{d}t}\boldsymbol{k}\end{aligned}\tag{1.2.9a}$$

即

$$\boldsymbol{a}'(t)=a'_x(t)\boldsymbol{i}+a'_y(t)\boldsymbol{j}+a'_z(t)\boldsymbol{k}\tag{1.2.9b}$$

上式把矢函数的导数转换成了三个标量函数的导数。

同样地，可以定义高阶导数。

如图 1.2.2 所示，矢函数 $\boldsymbol{a}(t)$ 的导数 $\boldsymbol{a}'(t)$ 的几何意义为一矢端曲线的切向矢量，其方向指向对应 t 值增大的一方。

如图 1.2.3 所示，矢函数 $\boldsymbol{a}(t)$ 的导数 $\boldsymbol{a}'(t)$ 的物理意义：设质点 M 在空间运动，其矢径 $\boldsymbol{a}$ 为时间 t 的函数 $\boldsymbol{a}(t)$，该函数的矢端曲线 L 即为质点 M 的运动轨迹。导数 $\boldsymbol{a}'(t)$ 为质点 M 运动的速度大小和方向，即速度矢量 $\boldsymbol{v}$，有

$$\boldsymbol{v}=\frac{\mathrm{d}\boldsymbol{a}}{\mathrm{d}t}=\boldsymbol{a}'(t)\tag{1.2.10}$$

其二阶导数则为质点 M 运动的加速度矢量 $\boldsymbol{w}$，即

$$\boldsymbol{w}=\frac{\mathrm{d}\boldsymbol{v}}{\mathrm{d}t}=\frac{\mathrm{d}^2\boldsymbol{a}}{\mathrm{d}t^2}=\boldsymbol{a}''(t)\tag{1.2.11}$$

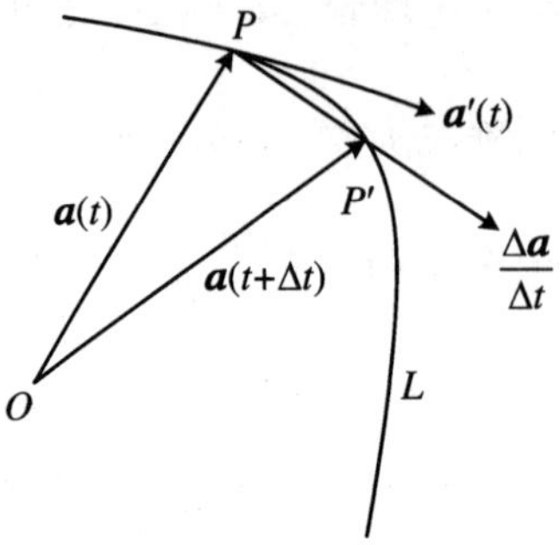

图 1.2.2

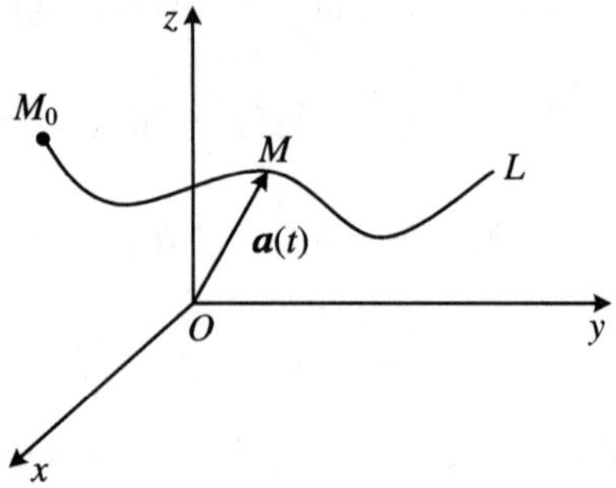

图 1.2.3

(2) 矢函数的求导法则

设矢函数 $\boldsymbol{a}(t)$,$\boldsymbol{b}(t)$及标量函数 $u(t)$在 t 的某区间 Ω 内可导,则在该区间内满足以下法则:

$$\frac{\mathrm{d}}{\mathrm{d}t}(\boldsymbol{c}) = \boldsymbol{0} \quad (\boldsymbol{c}\text{ 为常矢量})$$

$$\frac{\mathrm{d}}{\mathrm{d}t}(\boldsymbol{a} \pm \boldsymbol{b}) = \frac{\mathrm{d}\boldsymbol{a}}{\mathrm{d}t} \pm \frac{\mathrm{d}\boldsymbol{b}}{\mathrm{d}t}$$

$$\frac{\mathrm{d}}{\mathrm{d}t}(k\boldsymbol{a}) = k\frac{\mathrm{d}\boldsymbol{a}}{\mathrm{d}t} \quad (k\text{ 为常数})$$

$$\frac{\mathrm{d}}{\mathrm{d}t}(u\boldsymbol{a}) = \frac{\mathrm{d}u}{\mathrm{d}t}\boldsymbol{a} + u\frac{\mathrm{d}\boldsymbol{a}}{\mathrm{d}t} \quad (u\text{ 为标量函数})$$

$$\frac{\mathrm{d}}{\mathrm{d}t}\left(\frac{\boldsymbol{a}}{u}\right) = \frac{\dfrac{\mathrm{d}\boldsymbol{a}}{\mathrm{d}t}u - \dfrac{\mathrm{d}u}{\mathrm{d}t}\boldsymbol{a}}{u^2}$$

$$\frac{\mathrm{d}}{\mathrm{d}t}(\boldsymbol{a} \cdot \boldsymbol{b}) = \boldsymbol{a} \cdot \frac{\mathrm{d}\boldsymbol{b}}{\mathrm{d}t} + \frac{\mathrm{d}\boldsymbol{a}}{\mathrm{d}t} \cdot \boldsymbol{b} \quad (\text{顺序可以交换})$$

$$\frac{\mathrm{d}}{\mathrm{d}t}(\boldsymbol{a} \times \boldsymbol{b}) = \boldsymbol{a} \times \frac{\mathrm{d}\boldsymbol{b}}{\mathrm{d}t} + \frac{\mathrm{d}\boldsymbol{a}}{\mathrm{d}t} \times \boldsymbol{b} \quad (\text{顺序不可以交换})$$

$$\frac{\mathrm{d}}{\mathrm{d}t}\boldsymbol{a}[u(t)] = \frac{\mathrm{d}\boldsymbol{a}}{\mathrm{d}u}\frac{\mathrm{d}u}{\mathrm{d}t}$$

$$\frac{\mathrm{d}}{\mathrm{d}t}[(\boldsymbol{a} \times \boldsymbol{b}) \cdot \boldsymbol{c}] = \left(\frac{\mathrm{d}\boldsymbol{a}}{\mathrm{d}t} \times \boldsymbol{b}\right) \cdot \boldsymbol{c} + \left(\boldsymbol{a} \times \frac{\mathrm{d}\boldsymbol{b}}{\mathrm{d}t}\right) \cdot \boldsymbol{c} + (\boldsymbol{a} \times \boldsymbol{b}) \cdot \frac{\mathrm{d}\boldsymbol{c}}{\mathrm{d}t} \tag{1.2.12}$$

(3) 矢函数的偏导数

定义 1.2.2 若 $\boldsymbol{a}$ 是几个标量的矢函数,如 $\boldsymbol{a} = \boldsymbol{a}(x, y, z)$,其在点$(x_0, y_0, z_0)$的某一邻域内有定义,当 y,z 固定在 y_0,z_0,而 x 在 x_0 处有增量 Δx 时,对相应的矢函数增量为 $\boldsymbol{a}(x_0 + \Delta x, y_0, z_0) - \boldsymbol{a}(x_0, y_0, z_0)$,如果

$$\lim_{\Delta x \to 0} \frac{\boldsymbol{a}(x_0 + \Delta x, y_0, z_0) - \boldsymbol{a}(x_0, y_0, z_0)}{\Delta x} \tag{1.2.13a}$$

存在，则称此极限为矢函数 $\boldsymbol{a} = \boldsymbol{a}(x, y, z)$ 在点 (x_0, y_0, z_0) 处对 x 的偏导数，记作 $\left.\frac{\partial \boldsymbol{a}}{\partial x}\right|_{\substack{x = x_0 \\ y = y_0 \\ z = z_0}}$。如果矢函数 $\boldsymbol{a} = \boldsymbol{a}(x, y, z)$ 在某区间内每一点处对 x 的偏导数都存在，则偏导数就是 x, y, z 的函数，称为矢函数 $\boldsymbol{a}$ 对 x 的偏导函数（简称偏导数），记作 $\frac{\partial \boldsymbol{a}}{\partial x}$。

类似地，$\boldsymbol{a}$ 对 y, z 的偏导数定义为

$$\frac{\partial \boldsymbol{a}}{\partial y} = \lim_{\Delta y \to 0} \frac{\boldsymbol{a}(x, y + \Delta y, z) - \boldsymbol{a}(x, y, z)}{\Delta y} \tag{1.2.13b}$$

$$\frac{\partial \boldsymbol{a}}{\partial z} = \lim_{\Delta z \to 0} \frac{\boldsymbol{a}(x, y, z + \Delta z) - \boldsymbol{a}(x, y, z)}{\Delta z} \tag{1.2.13c}$$

同样地，可以定义高阶偏导数。

偏导数满足以下法则：

$$\begin{aligned}
&\frac{\partial}{\partial x}(\boldsymbol{a} \cdot \boldsymbol{b}) = \frac{\partial a}{\partial x} \cdot \boldsymbol{b} + \boldsymbol{a} \cdot \frac{\partial \boldsymbol{b}}{\partial x} \\
&\frac{\partial}{\partial x}(\boldsymbol{a} \times \boldsymbol{b}) = \frac{\partial \boldsymbol{a}}{\partial x} \times \boldsymbol{b} + \boldsymbol{a} \times \frac{\partial \boldsymbol{b}}{\partial x} \\
&\frac{\partial}{\partial x \partial y}(\boldsymbol{a} \cdot \boldsymbol{b}) = \frac{\partial^2 \boldsymbol{a}}{\partial x \partial y} \cdot \boldsymbol{b} + \frac{\partial \boldsymbol{a}}{\partial x} \cdot \frac{\partial \boldsymbol{b}}{\partial y} + \frac{\partial^2 \boldsymbol{b}}{\partial x \partial y} \cdot \boldsymbol{a} + \frac{\partial \boldsymbol{b}}{\partial x} \cdot \frac{\partial \boldsymbol{a}}{\partial y}
\end{aligned} \tag{1.2.14}$$

2. 矢函数的微分

定义 1.2.3　设有矢函数 $\boldsymbol{a}(t)$，我们把 $\mathrm{d}\boldsymbol{a}$ 称为矢函数 $\boldsymbol{a}(t)$ 在点 t 处的微分，有

$$\mathrm{d}\boldsymbol{a} = \boldsymbol{a}'(t)\mathrm{d}t \tag{1.2.15}$$

显然，$\mathrm{d}\boldsymbol{a}$ 的方向也是沿矢函数 $\boldsymbol{a}(t)$ 的矢端曲线上点 t 的切线，当 $\mathrm{d}t > 0$ 时，与 $\boldsymbol{a}'(t)$ 的方向一致；当 $\mathrm{d}t < 0$ 时，则与 $\boldsymbol{a}'(t)$ 的方向相反（图 1.2.4）。

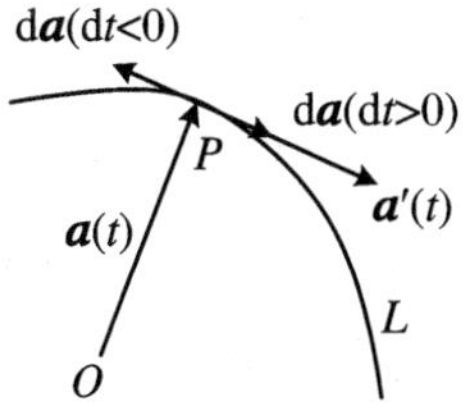

图 1.2.4

由式(1.2.15)可知，矢函数 $\boldsymbol{a}(t)$ 的微分 $\mathrm{d}\boldsymbol{a}$ 与自变量 t 的微分 $\mathrm{d}t$ 之商等于该矢函数的导数，如导数又可称为微商。所以可由矢函数的求导法则（见式(1.2.12)）推得相应的微分运算法则，在此不复述。

由式(1.2.9)可求得微分 $\mathrm{d}\boldsymbol{a}$ 沿坐标轴的分量形式，即

$$\begin{aligned}
\mathrm{d}\boldsymbol{a} &= \boldsymbol{a}'(t)\mathrm{d}t \\
&= a'_x(t)\mathrm{d}t\boldsymbol{i} + a'_y(t)\mathrm{d}t\boldsymbol{j} + a'_z(t)\mathrm{d}t\boldsymbol{k}
\end{aligned}$$

$$= \mathrm{d}a_x\boldsymbol{i} + \mathrm{d}a_y\boldsymbol{j} + \mathrm{d}a_z\boldsymbol{k} \tag{1.2.16}$$

于是有

$$|\mathrm{d}\boldsymbol{a}| = \sqrt{(\mathrm{d}a_x)^2 + (\mathrm{d}a_y)^2 + (\mathrm{d}a_z)^2} \tag{1.2.17}$$

对应于工程或物理上的矢径函数 $\boldsymbol{r}(t)$，有

$$\boldsymbol{r}(t) = x(t)\boldsymbol{i} + y(t)\boldsymbol{j} + z(t)\boldsymbol{k}$$

$$\mathrm{d}\boldsymbol{r} = \mathrm{d}x\boldsymbol{i} + \mathrm{d}y\boldsymbol{j} + \mathrm{d}z\boldsymbol{k}$$

其模

$$|\mathrm{d}\boldsymbol{r}| = \sqrt{(\mathrm{d}x)^2 + (\mathrm{d}y)^2 + (\mathrm{d}z)^2} \tag{1.2.18}$$

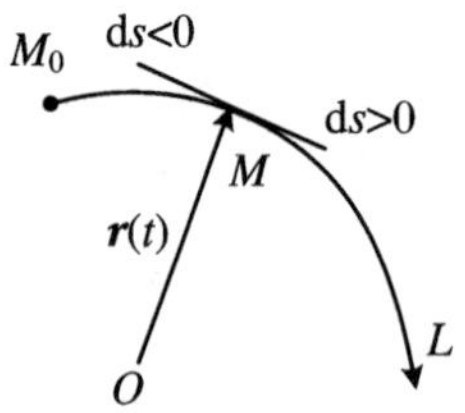

图 1.2.5

如图 1.2.5 所示，矢端曲线 L 为有向曲线，沿 t 增大的方向为正向，取 M_0 作为起点，以 L 的正向为弧长 s 增大的方向，则在 L 上任一点 M 处，弧长 s 的微分为

$$|\mathrm{d}s| = \pm\sqrt{(\mathrm{d}x)^2 + (\mathrm{d}y)^2 + (\mathrm{d}z)^2} \tag{1.2.19}$$

可见

$$|\mathrm{d}\boldsymbol{r}| = |\mathrm{d}s| \tag{1.2.20}$$

即，矢径函数的微分的模等于其矢端曲线的弧微分的绝对值，从而由

$$|\mathrm{d}\boldsymbol{r}| = \left|\frac{\mathrm{d}\boldsymbol{r}}{\mathrm{d}s}\mathrm{d}s\right| = \left|\frac{\mathrm{d}\boldsymbol{r}}{\mathrm{d}s}\right| \cdot |\mathrm{d}s|$$

有

$$\left|\frac{\mathrm{d}\boldsymbol{r}}{\mathrm{d}s}\right| = \frac{|\mathrm{d}\boldsymbol{r}|}{|\mathrm{d}s|} = 1 \tag{1.2.21}$$

这说明，矢径函数对其矢端曲线的弧长 s 的导数$\dfrac{\mathrm{d}\boldsymbol{r}}{\mathrm{d}s}$为一切向单位矢量（或单位切向量），指向 s 增大的方向。

定义 1.2.4 设有矢函数 $\boldsymbol{a}(x,y,z)$，我们把 $\mathrm{d}\boldsymbol{a}$ 称为矢函数的全微分，有

$$\mathrm{d}\boldsymbol{a} = \frac{\partial \boldsymbol{a}}{\partial x}\mathrm{d}x + \frac{\partial \boldsymbol{a}}{\partial y}\mathrm{d}y + \frac{\partial \boldsymbol{a}}{\partial z}\mathrm{d}z \tag{1.2.22}$$

其中，$\dfrac{\partial \boldsymbol{a}}{\partial x}\mathrm{d}x$，$\dfrac{\partial \boldsymbol{a}}{\partial y}\mathrm{d}y$，$\dfrac{\partial \boldsymbol{a}}{\partial z}\mathrm{d}z$ 称为偏微分，即全微分 $\mathrm{d}\boldsymbol{a}$ 等于各偏微分$\dfrac{\partial \boldsymbol{a}}{\partial x}\mathrm{d}x$，$\dfrac{\partial \boldsymbol{a}}{\partial y}\mathrm{d}y$，$\dfrac{\partial \boldsymbol{a}}{\partial z}\mathrm{d}z$ 之和，这又称为矢函数的微分叠加原理。

例 1.2.1 求曲线 $x = 3\cos t$，$y = 3\sin t$，$z = 4t$ 上任一点的单位切向量 $\boldsymbol{\tau}$。

解 曲线上任一点的切向量

$$\frac{\mathrm{d}\boldsymbol{r}}{\mathrm{d}t} = \frac{\mathrm{d}}{\mathrm{d}t}(3\cos t\boldsymbol{i} + 3\sin t\boldsymbol{j} + 4t\boldsymbol{k})$$

$$= -3\sin t\boldsymbol{i} + 3\cos t\boldsymbol{j} + 4\boldsymbol{k}$$

切向量的模

$$\left|\frac{\mathrm{d}\boldsymbol{r}}{\mathrm{d}t}\right| = \frac{\mathrm{d}s}{\mathrm{d}t} = \sqrt{(-3\sin t)^2 + (3\cos t)^2 + 4^2} = 5$$

所以,单位切向量为

$$\begin{aligned}\boldsymbol{\tau} = \frac{\mathrm{d}\boldsymbol{r}}{\mathrm{d}s} &= \frac{\mathrm{d}\boldsymbol{r}}{\mathrm{d}t}\Big/\left(\frac{\mathrm{d}s}{\mathrm{d}t}\right)\\ &= \frac{-3\sin t\boldsymbol{i} + 3\cos t\boldsymbol{j} + 4\boldsymbol{k}}{5}\\ &= \frac{-3}{5}\sin t\boldsymbol{i} + \frac{3}{5}\cos t\boldsymbol{j} + \frac{4}{5}\boldsymbol{k}\end{aligned}$$

1.2.5　矢量积分

矢函数的积分与标量函数的积分类似,矢函数也有不定积分和定积分的概念。

1. 矢函数的不定积分

定义 1.2.5　若在 t 的某个区间 Ω 上,有 $\boldsymbol{a}'(t)=\boldsymbol{b}(t)$,则称 $\boldsymbol{a}(t)$为 $\boldsymbol{b}(t)$在此区间上的一个原函数,在区间 Ω 上,$\boldsymbol{b}(t)$的原函数的全体,称为 $\boldsymbol{b}(t)$在 Ω 上的不定积分,记作

$$\int \boldsymbol{b}(t)\mathrm{d}t \tag{1.2.23a}$$

和数性函数一样,若已知 $\boldsymbol{a}(t)$是 $\boldsymbol{b}(t)$的一个原函数,则有

$$\int \boldsymbol{b}(t)\mathrm{d}t = \boldsymbol{a}(t) + \boldsymbol{c} \tag{1.2.23b}$$

式中,$\boldsymbol{c}$ 为任意常矢。

标量函数不定积分的基本性质对矢函数仍然成立,如

$$\begin{aligned}&\int k\boldsymbol{a}(t)\mathrm{d}t = k\int \boldsymbol{a}(t)\mathrm{d}t \quad (k\text{ 为常数})\\ &\int \boldsymbol{u}\cdot\boldsymbol{a}(t)\mathrm{d}t = \boldsymbol{u}\cdot\int \boldsymbol{a}(t)\mathrm{d}t \quad (\boldsymbol{u}\text{ 为常矢})\\ &\int \boldsymbol{u}\times\boldsymbol{a}(t)\mathrm{d}t = \boldsymbol{u}\times\int \boldsymbol{a}(t)\mathrm{d}t \quad (\boldsymbol{u}\text{ 为常矢})\\ &\int [\boldsymbol{a}(t)\pm\boldsymbol{b}(t)]\mathrm{d}t = \int \boldsymbol{a}(t)\mathrm{d}t \pm \int \boldsymbol{b}(t)\mathrm{d}t\end{aligned} \tag{1.2.24}$$

若 $\boldsymbol{a}(t)$写成分量形式,即 $\boldsymbol{a}(t)=a_x(t)\boldsymbol{i}+a_y(t)\boldsymbol{j}+a_z(t)\boldsymbol{k}$,则有

$$\int \boldsymbol{a}(t)\mathrm{d}t = \boldsymbol{i}\int a_x(t)\mathrm{d}t + \boldsymbol{j}\int a_y(t)\mathrm{d}t + \boldsymbol{k}\int a_z(t)\mathrm{d}t \tag{1.2.25}$$

上式把矢函数的不定积分转换成了三个标量函数的不定积分。

此外,标量函数的分部积分法和换元积分法同样适用于矢函数。特别地,对于两个矢量的矢量积,由于 $\boldsymbol{a}(t)\times\boldsymbol{b}(t)=-\boldsymbol{b}(t)\times\boldsymbol{a}(t)$,所以,分部积分公式变为

$$\int \boldsymbol{a} \times \boldsymbol{b}' \mathrm{d}t = \boldsymbol{a} \times \boldsymbol{b} + \int \boldsymbol{b} \times \boldsymbol{a}' \mathrm{d}t$$
$$= \boldsymbol{a} \times \boldsymbol{b} - \int \boldsymbol{a}' \times \boldsymbol{b} \mathrm{d}t \tag{1.2.26}$$

例 1.2.2 若质点运动的方程是 $\boldsymbol{r} = \boldsymbol{r}(t)$，则其速度为 $\boldsymbol{v} = \dfrac{\mathrm{d}\boldsymbol{r}}{\mathrm{d}t}$，加速度为 $\boldsymbol{a} = \dfrac{\mathrm{d}\boldsymbol{v}}{\mathrm{d}t} = \dfrac{\mathrm{d}^2 \boldsymbol{r}}{\mathrm{d}t^2}$，当质点运动的加速度为 $\boldsymbol{a} = 3\cos t\boldsymbol{i} + 4\sin t\boldsymbol{j} + (t+1)^{-1}\boldsymbol{k}$ 时，求 $\boldsymbol{r}(t)$ 与 $\boldsymbol{v}(t)$，其中 $\boldsymbol{r}(0) = \boldsymbol{0}, \boldsymbol{v}(t) = \boldsymbol{0}$。

解 $\boldsymbol{v}(t) = \int \boldsymbol{a}\mathrm{d}t = \int [3\cos t\boldsymbol{i} + 4\sin t\boldsymbol{j} + (t+1)^{-1}\boldsymbol{k}]\mathrm{d}t$

$$= \boldsymbol{i}\int 3\cos t\mathrm{d}t + \boldsymbol{j}\int 4\sin t\mathrm{d}t + \boldsymbol{k}\int (t+1)^{-1}\mathrm{d}t$$
$$= (3\sin t + c_1)\boldsymbol{i} + (-4\cos t + c_2)\boldsymbol{j} + [\ln(t+1) + c_3]\boldsymbol{k}。$$

由 $\boldsymbol{v}(0) = \boldsymbol{0}$，得 $c_1 = 0, c_2 = 4, c_3 = 0$，即

$$\boldsymbol{v}(t) = 3\sin t\boldsymbol{i} + (4 - 4\cos t)\boldsymbol{j} + \ln(t+1)\boldsymbol{k}$$

又

$$\boldsymbol{r}(t) = \int \boldsymbol{v}\mathrm{d}t = \int [3\sin t\boldsymbol{i} + (4 - 4\cos t)\boldsymbol{j} + \ln(t+1)\boldsymbol{k}]\mathrm{d}t$$
$$= (-3\cos t + c_4)\boldsymbol{i} + (4t - 4\sin t + c_5)\boldsymbol{j} + \left[t\ln(t+1) - \frac{t}{t+1} + c_6\right]\boldsymbol{k}$$

由 $\boldsymbol{r}(0) = \boldsymbol{0}$，的 $c_4 = 3, c_5 = 0, c_6 = 0$，即

$$\boldsymbol{r}(t) = (3 - 3\cos t)\boldsymbol{i} + (4t - 4\sin t)\boldsymbol{j} + \left[t\ln(t+1) - \frac{t}{t+1}\right]\boldsymbol{k}$$

例 1.2.3 计算 $\int x\boldsymbol{a}(x^2+1)\mathrm{d}x$。

解 $\int x\boldsymbol{a}(x^2+1)\mathrm{d}x = \dfrac{1}{2}\int \boldsymbol{a}(x^2+1)\mathrm{d}x^2$

$$= \frac{1}{2}\int \boldsymbol{a}(x^2+1)\mathrm{d}(x^2+1)$$
$$= \frac{1}{2}\boldsymbol{a}(x^2+1) + \boldsymbol{c}。$$

2. 矢函数的定积分

定义 1.2.6 设矢函数 $\boldsymbol{a}(t)$ 在区间 $[T_1, T_2]$ 上连续，在 $[T_1, T_2]$ 中任意插入若干个分点 $T_1 = t_0 < t_1 < t_2 < \cdots < t_n = T_2$，把区间 $[T_1, T_2]$ 分成 n 个小区间 $[t_0, t_1], [t_1, t_2], \cdots, [t_{n-1}, t_n]$，各小区间长度为 $\Delta t_1 = t_1 - t_0, \Delta t_2 = t_2 - t_1, \cdots, \Delta t_n = t_n - t_{n-1}$，在每个小区间 $[t_{i-1}, t_i]$ 上任取一点 $\xi_i (t_{i-1} \leqslant \xi_i \leqslant t_i)$，记 $\lambda = \max\{\Delta t_1, \Delta t_2, \cdots, \Delta t_n\}$，若当 $\lambda \to 0$ 时，极限 $\lim\limits_{\lambda \to 0} \sum\limits_{i=1}^{n} A(\xi_i)\Delta t_i$ 存在，则此极限

为矢函数 $\boldsymbol{a}(t)$ 在区间$[T_1,T_2]$上的定积分,记作$\int_{T_1}^{T_2}\boldsymbol{a}(t)\mathrm{d}t$,即

$$\int_{T_1}^{T_2}\boldsymbol{a}(t)\mathrm{d}t = \lim_{\lambda\to 0}\sum_{i=1}^{n}A(\xi_i)\Delta t_i \tag{1.2.27}$$

类似于不定积分,矢函数的定积分也可转换成为三个标量函数的定积分,即

$$\int_{T_1}^{T_2}\boldsymbol{a}(t)\mathrm{d}t = \boldsymbol{i}\int_{T_1}^{T_2}\boldsymbol{a}_x(t)\mathrm{d}t + \boldsymbol{j}\int_{T_1}^{T_2}\boldsymbol{a}_y(t)\mathrm{d}t + \boldsymbol{k}\int_{T_1}^{T_2}\boldsymbol{a}_z(t)\mathrm{d}t \tag{1.2.28}$$

标量函数定积分的基本性质对矢函数仍然成立,如

$$\int_{T_1}^{T_2}\boldsymbol{a}(t)\mathrm{d}t = -\int_{T_2}^{T_1}\boldsymbol{a}(t)\mathrm{d}t$$

$$\int_{T_1}^{T_1}\boldsymbol{a}(t)\mathrm{d}t = 0$$

$$\int_{T_1}^{T_2}\boldsymbol{a}(t)\mathrm{d}t = \int_{T_1}^{T_3}\boldsymbol{a}(t)\mathrm{d}t + \int_{T_3}^{T_2}\boldsymbol{a}(t)\mathrm{d}t$$

$$\int_{T_1}^{T_2}[k_1\boldsymbol{a}(t) \pm k_2\boldsymbol{b}(t)]\mathrm{d}t = k_1\int_{T_1}^{T_2}\boldsymbol{a}(t)\mathrm{d}t \pm k_2\int_{T_1}^{T_2}\boldsymbol{b}(t)\mathrm{d}t \quad (k_1,k_2\ \text{为常数})$$

$$\begin{aligned}\int_{T_1}^{T_2}\boldsymbol{a}(t)\cdot\boldsymbol{b}'(t)\mathrm{d}t &= \int_{T_1}^{T_2}\boldsymbol{a}(t)\cdot\mathrm{d}[\boldsymbol{b}(t)]\\ &= [\boldsymbol{a}(t)\cdot\boldsymbol{b}(t)]_{T_1}^{T_2} - \int_{T_1}^{T_2}\boldsymbol{b}(t)\cdot\boldsymbol{a}'(t)\mathrm{d}t\end{aligned}$$

$$\int_{T_1}^{T_2}\boldsymbol{a}[u(t)]u'(t)\mathrm{d}t = \int_{u(T_1)}^{u(T_2)}\boldsymbol{a}(u)\mathrm{d}u \quad (u\ \text{为标量函数}) \tag{1.2.29a}$$

若 $\boldsymbol{b}(t)$是连续矢函数 $\boldsymbol{a}(t)$在区间$[T_1,T_2]$上的一个原函数,则有

$$\int_{T_1}^{T_2}\boldsymbol{a}(t)\mathrm{d}t = [\boldsymbol{a}(t)]_{T_1}^{T_2} = \boldsymbol{b}(T_2) - \boldsymbol{b}(T_1) \tag{1.2.29b}$$

式(1.2.29b)又称为牛顿-莱布尼茨(Newton-Leibniz)公式。它表明一个连续矢函数在区间$[T_1,T_2]$上的定积分等于其任一原函数在此区间上的增量。牛顿-莱布尼茨公式是重要的矢量积分定理。

1.3　标量场与矢量场

在工程实践中,常常要考察某物理量(如温度、压力、应力、位移、速度、电位等)在空间的分布及其变化规律,所以,需要引入场这一数学概念。

1.3.1 标量场与矢量场相关概念

1. 标量场的等值面(线)

如果在全部空间或部分空间里的每一点,都对应着某个物理量的一个确定的值,则称在此空间里确定了该物理量的一个场。若此物理量为纯数量(或纯量、数量),则称这个场为标量场(或数量场、纯量场),如温度场、密度场等;若物理量为矢量,则称为矢量场,如力场、速度场、电场、磁场等。

由标量场的定义可知,分布在标量场中各点处的物理量 u 是场中之点 M 的函数,即 $u=u(M)$,当选取三维直角坐标系 $Oxyz$ 后,u 就成为点 $M(x,y,z)$ 的坐标的函数了,即

$$u = u(x,y,z) \tag{1.3.1}$$

也就是说,一个标量场可以用一个标量函数来表示。我们假定该函数是单值、连续且存在一阶偏导数。

在三维直角坐标系中,为了直观表达标量场中物理量 u 的分布情况,引入等值面的概念,即为标量场中具有相同数值的各点构成的曲面。其方程为

$$u(x,y,z) = c \quad (c\text{ 为常数}) \tag{1.3.2}$$

若在二维空间中,$u(x,y)=c$ 则为等值线。如温度场中的等温面(或等温线)即表示温度场中所有温度相同的点所构成的面(或线);地形图上的等高线等。

注意,由于标量场函数是单值的,即 c 取不同的值对应不同的等值面,其形成的等值面族充满整个标量场,且互不相交。

如此,在标量场中,通过等值面(或等值线)我们就可以直观地了解场中物理量的分布情况了。如根据地形图上的等高线及其所标出的等高线高值(即海拔),我们就能了解到该地区地势的高地情况,而且还可根据等高线的疏密情况来判断其地势的陡峭程度(图 1.3.1)。

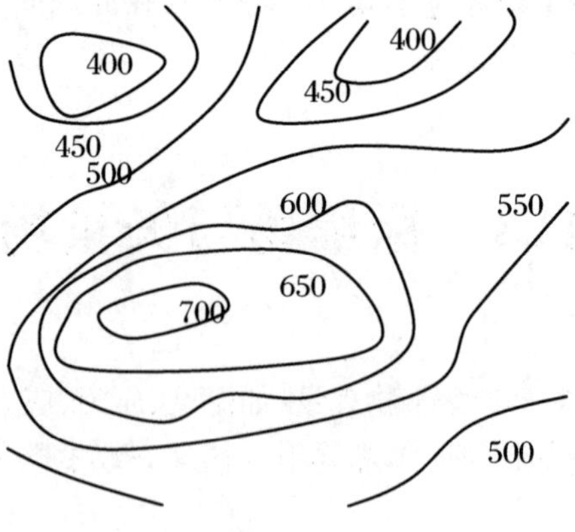

图 1.3.1

2. 矢量场的矢量线

分布在矢量场中各点处的物理量 $\boldsymbol{a}$ 是场中之点 M 的函数，即 $\boldsymbol{a}=\boldsymbol{a}(M)$，当选取三维直角坐标系 $Oxyz$ 后，$\boldsymbol{a}$ 就成为点 $M(x,y,z)$ 的坐标的函数了，即

$$\boldsymbol{a}=\boldsymbol{a}(x,y,z)=a_x(x,y,z)\boldsymbol{i}+a_y(x,y,z)\boldsymbol{j}+a_z(x,y,z)\boldsymbol{k} \quad (1.3.3)$$

也就是说，一个矢量场可以用一个矢函数来表示。同样地，我们假定该函数是单值、连续且存在一阶偏导数。

为了直观表达矢量场中物理量 $\boldsymbol{a}$ 的分布情况，引入矢量线的概念，即其上面每一点处，矢量线都和对应于该点的矢量 $\boldsymbol{a}$ 相切(图 1.3.2)，如静电场中的电力线、磁场中的磁力线、流速场中的流线等。

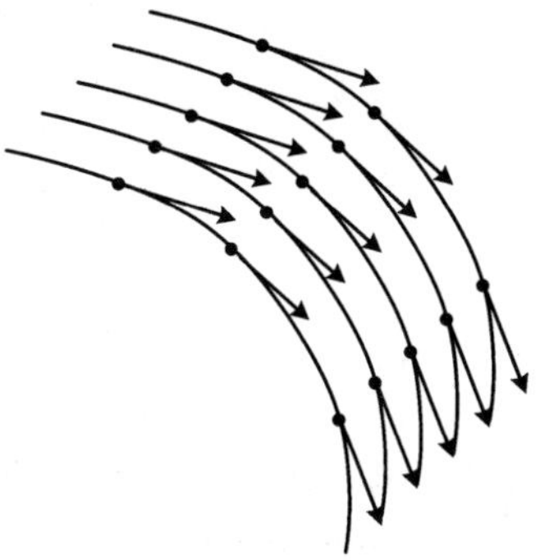

图 1.3.2

同样地，矢量线族充满了整个矢量场，且互不相交。对于矢量场中的任一曲线 L(非矢量线)，在其上每一点处，都有且仅有一条矢量线通过，这些矢量线的全体构成的一张通过曲线 L 的曲面，称为矢量面(图 1.3.3)。

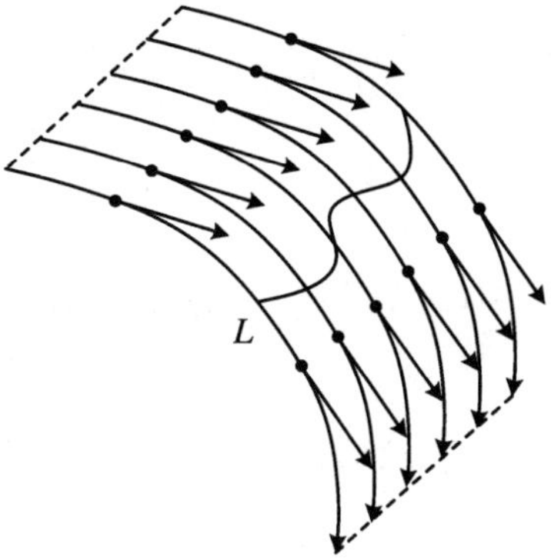

(a) L为一般曲线

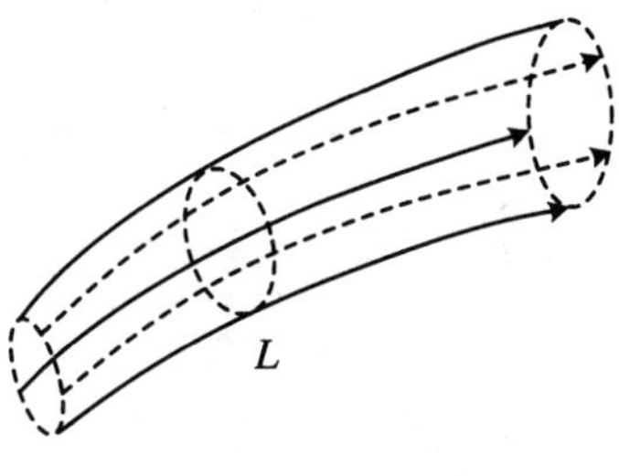

(b) L为封闭曲线

图 1.3.3

1.3.2　标量场的方向导数和梯度

1. 方向导数

前面所述标量场的等值面或等值线是从整体上大致地对标量场进行了解，若要进一步做局部性了解，即物理量 u 在场中各点处的邻域内沿某一方向变化的情况，需要引入方向导数的概念。

定义 1.3.1 设 M_0 为标量场 $u=u(M)$ 中的一点，从点 M_0 出发引一条有向线 $\boldsymbol{L}$，在 $\boldsymbol{L}$ 上点的 M_0 邻近取一动点 M，记 $\overline{M_0M}=\rho$，如图 1.3.4 所示。当 $M\to M_0$ 时，若 $\frac{\Delta u}{\rho}=\frac{u(M)-u(M_0)}{\overline{M_0M}}$ 的极限存在，则称此极限为标量函数 $u(M)$ 在点 M_0 处沿有向线 $\boldsymbol{L}$ 方向的方向导数，记作 $\left.\frac{\partial u}{\partial \boldsymbol{L}}\right|_{M_0}$，即

$$\left.\frac{\partial u}{\partial \boldsymbol{L}}\right|_{M_0}=\lim_{M\to M_0}\frac{u(M)-u(M_0)}{\overline{MM_0}} \tag{1.3.4}$$

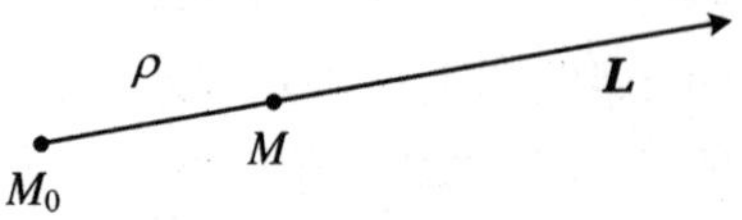

图 1.3.4

方向导数是标量场 u 上的一点沿某一矢量方向的瞬时变化率，由于偏导数表示的是沿坐标轴方向的变化率，所以方向导数是偏导数的概念的推广。

在三维直角坐标系中，若标量函数 $u=u(x,y,z)$ 在点 $M_0(x,y,z)$ 处可微，$\cos\alpha,\cos\beta,\cos\gamma$ 分别为有向线 $\boldsymbol{L}$ 的方向余弦，则 u 在点 M_0 处沿 $\boldsymbol{L}$ 方向的方向导数为

$$\left.\frac{\partial u}{\partial \boldsymbol{L}}\right|_{M_0}=\frac{\partial u}{\partial x}\cos\alpha+\frac{\partial u}{\partial y}\cos\beta+\frac{\partial u}{\partial z}\cos\gamma \tag{1.3.5}$$

式中，$\frac{\partial u}{\partial x},\frac{\partial u}{\partial y},\frac{\partial u}{\partial z}$ 为 u 在点 M_0 处的偏导数。

例 1.3.1 求函数 $u=\sqrt{x^2+y^2+z^2}$ 在点 $M(2\sqrt{2},3,2\sqrt{2})$ 处沿有向线 $\boldsymbol{L}=\sqrt{2}\boldsymbol{i}+0\boldsymbol{j}+\sqrt{2}\boldsymbol{k}$ 方向的方向导数。

解 因为函数 u 在点 $M(2\sqrt{2},3,2\sqrt{2})$ 处的偏导数为

$$\left.\frac{\partial u}{\partial x}\right|_M=\left.\frac{x}{\sqrt{x^2+y^2+z^2}}\right|_M=\frac{2\sqrt{2}}{5}$$

$$\left.\frac{\partial u}{\partial y}\right|_M=\left.\frac{y}{\sqrt{x^2+y^2+z^2}}\right|_M=\frac{3}{5}$$

$$\left.\frac{\partial u}{\partial z}\right|_M=\left.\frac{z}{\sqrt{x^2+y^2+z^2}}\right|_M=\frac{2\sqrt{2}}{5}$$

又因为 $\boldsymbol{L}$ 的方向余弦为

$$\cos\alpha=\frac{\sqrt{2}}{2},\quad \cos\beta=0,\quad \cos\gamma=\frac{\sqrt{2}}{2}$$

所以，方向导数为

$$\left.\frac{\partial u}{\partial \boldsymbol{L}}\right|_M = \frac{2\sqrt{2}}{5}\cdot\frac{\sqrt{2}}{2}+\frac{3}{5}\cdot 0+\frac{2\sqrt{2}}{5}\cdot\frac{\sqrt{2}}{2}=\frac{4}{5}$$

例 1.3.2 求函数 $u=3x^2-2y^2+z^2$ 在点 $M(2,3,4)$处沿有向线 $\boldsymbol{L}=2x\boldsymbol{i}+(x^2-2)\boldsymbol{j}+(x^2-3)\boldsymbol{k}$ 方向的方向导数。

解 首先求出函数 u 沿有向线$\boldsymbol{L}$ 在点M 处沿有向线方向导数,即

$$\boldsymbol{L}' = 2\boldsymbol{i}+2x\boldsymbol{j}+2x\boldsymbol{k}$$

代入点 M 坐标得

$$\boldsymbol{L}' = 2\boldsymbol{i}+4\boldsymbol{j}+4\boldsymbol{k}$$

其方向余弦为

$$\cos\alpha=\frac{1}{3},\quad \cos\beta=\frac{2}{3},\quad \cos\gamma=\frac{2}{3}$$

又因为函数 u 在点$M(2,3,4)$处的偏导数为

$$\left.\frac{\partial u}{\partial x}\right|_M = 6x|_M = 12$$

$$\left.\frac{\partial u}{\partial y}\right|_M = -4y|_M = -12$$

$$\left.\frac{\partial u}{\partial z}\right|_M = -2z|_M = 8$$

所以,方向导数为

$$\left.\frac{\partial u}{\partial \boldsymbol{L}}\right|_M = 12\cdot\frac{1}{3}-12\cdot\frac{2}{3}+8\cdot\frac{2}{3}=\frac{4}{3}$$

2. **梯度**

方向导数解决的是标量函数 u 在给定点处沿某一方向的变化率问题,然而,从给定点出发,有无穷多个方向,究竟沿哪个方向的变化率达到最大值呢?这是工程科学中常常面要解决的问题,为此,需要引入梯度的概念。

定义 1.3.2 若在标量场 u 中的一点M 处,存在这样的一个矢量 $\boldsymbol{w}$,其方向为标量函数 $u(M)$在 M 点变化率最大的方向,其模$|\boldsymbol{w}|$恰好为这个最大变化率的数值,则称矢量 $\boldsymbol{w}$ 为标量函数$u(M)$在 M 点处的梯度,记作 **grad** u,即

$$\mathbf{grad}\ u = \boldsymbol{w} \tag{1.3.6}$$

说明,在三维直角坐标系中,由于标量函数 u 的方向导数为

$$\frac{\partial u}{\partial \boldsymbol{L}}=\frac{\partial u}{\partial x}\cos\alpha+\frac{\partial u}{\partial y}\cos\beta+\frac{\partial u}{\partial z}\cos\gamma$$

把等式右边看成是两个矢量的点乘,令 $\boldsymbol{w}=\frac{\partial u}{\partial x}\boldsymbol{i}+\frac{\partial u}{\partial y}\boldsymbol{j}+\frac{\partial u}{\partial z}\boldsymbol{k}$, $\boldsymbol{e}_L=\cos\alpha\boldsymbol{i}+\cos\beta\boldsymbol{j}+\cos\gamma\boldsymbol{k}$,即

$$\frac{\partial u}{\partial \boldsymbol{L}}=\boldsymbol{w}\cdot\boldsymbol{e}_L=|\boldsymbol{w}|\cos(\boldsymbol{w},\boldsymbol{e}_L) \tag{1.3.7}$$

由于 $\boldsymbol{w}$ 在给定点处为一固定矢量，从上式可以看出，标量函数 u 的方向导数恰好等于矢量 $\boldsymbol{w}$ 在有向线 $\boldsymbol{L}$ 方向上的投影。所以，当 $\boldsymbol{w}$ 与有向线 $\boldsymbol{L}$ 方向一致时达最大值，即在 $\cos(\boldsymbol{w},\boldsymbol{e}_L)=1$ 时，$\left(\frac{\partial u}{\partial \boldsymbol{L}}\right)_{\max}=|\boldsymbol{w}|$。

可见，在三维直角坐标系中，标量场梯度即标量函数 $u=u(x,y,z)$ 在点 $M(x,y,z)$ 处的梯度为

$$\mathbf{grad}\ u=\boldsymbol{w}=\frac{\partial u}{\partial x}\boldsymbol{i}+\frac{\partial u}{\partial y}\boldsymbol{j}+\frac{\partial u}{\partial z}\boldsymbol{k} \tag{1.3.8}$$

引入哈密顿(Hamilton)算子(矢量微分算子、Nabla 算子)，即 $\nabla=\frac{\partial}{\partial x}\boldsymbol{i}+\frac{\partial}{\partial y}\boldsymbol{j}+\frac{\partial}{\partial z}\boldsymbol{k}$，则上式可变换为

$$\mathbf{grad}\ u=\frac{\partial u}{\partial x}\boldsymbol{i}+\frac{\partial u}{\partial y}\boldsymbol{j}+\frac{\partial u}{\partial z}\boldsymbol{k}=\left(\frac{\partial}{\partial x}\boldsymbol{i}+\frac{\partial}{\partial y}\boldsymbol{j}+\frac{\partial}{\partial z}\boldsymbol{k}\right)u=\nabla u \tag{1.3.9}$$

综合上述，可将牛顿-莱布尼茨公式(参见式(1.2.29b))变换成矢量形式，即

$$\int_{T_1}^{T_2}\mathbf{grad}\ u\cdot \mathrm{d}\boldsymbol{L}=\int_{T_1}^{T_2}\nabla u\cdot \mathrm{d}\boldsymbol{L}=U(T_2)-U(T_1) \tag{1.3.10}$$

它表示标量场在两点的差值等于该标量梯度的切向量分量沿连接 T_1，T_2 这两点间任意曲线的每一点进行的线积分。

梯度运算满足以下法则：

$$\begin{aligned}
&\mathbf{grad}\ c=\mathbf{0}\quad (c\ \text{为常数})\\
&\mathbf{grad}\ (cu)=c\,\mathbf{grad}\ u\\
&\mathbf{grad}\ (u\pm v)=\mathbf{grad}\ u\pm\mathbf{grad}\ v\\
&\mathbf{grad}\ (uv)=u\,\mathbf{grad}\ v+v\,\mathbf{grad}\ u\\
&\mathbf{grad}\left(\frac{u}{v}\right)=\frac{1}{v^2}(v\,\mathbf{grad}\ u-u\,\mathbf{grad}\ v)\\
&\mathbf{grad}\ f(u)=f'(u)\mathbf{grad}\ u\\
&\mathbf{grad}\ f(u,v)=\frac{\partial f}{\partial u}\mathbf{grad}\ u+\frac{\partial f}{\partial v}\mathbf{grad}\ v
\end{aligned} \tag{1.3.11}$$

最后，总结两条梯度的性质：

(1) 标量场函数 u 在 $\boldsymbol{L}$ 方向的方向导数等于梯度在该方向的投影。

由于 $\frac{\partial u}{\partial \boldsymbol{L}}=\boldsymbol{w}\cdot\boldsymbol{e}_L=|\boldsymbol{w}|\cos(\boldsymbol{w},\boldsymbol{e}_L)$，即 $\frac{\partial u}{\partial \boldsymbol{L}}=|\mathbf{grad}\ u|\cos(\mathbf{grad}\ u,\boldsymbol{L})=(\mathbf{grad}\ u)_L$。

(2) 标量场函数 u 中每一点 M 处的梯度垂直于过该点的等值面(或等值线)，且指向函数 u 增大的方向。

由 $\mathbf{grad}\ u=\frac{\partial u}{\partial x}\boldsymbol{i}+\frac{\partial u}{\partial y}\boldsymbol{j}+\frac{\partial u}{\partial z}k$ 可知，其为过点 M 的等值面 $u(x,y,z)=c$ 的法

向矢量，故呈垂直关系。

如果把标量场 u 中的每一点的梯度与标量场中的点一一对应起来，可以得到一个矢量场，即梯度场。

1.3.3　矢量场的散度和旋度

1. 通量与散度

(1) 通量

定义 1.3.3　如图 1.3.5 所示，设有矢量场 $\boldsymbol{a}(M)$，沿其场内一有向曲面 s 某一侧的曲面积分

$$\Phi = \iint_s \boldsymbol{a} \cdot \mathrm{d}\boldsymbol{s} = \iint_s \boldsymbol{a} \cdot \boldsymbol{e}_n \mathrm{d}s = \iint_s a_n \mathrm{d}s \tag{1.3.12}$$

称为矢量场 $\boldsymbol{a}(M)$向积分所沿一侧穿过曲面 s 的通量。其中，$\boldsymbol{n}$ 为法向量，$\boldsymbol{e}_n$ 为单位法向量，a_n 是$\boldsymbol{a}$ 在$\boldsymbol{n}$ 方向上的投影。

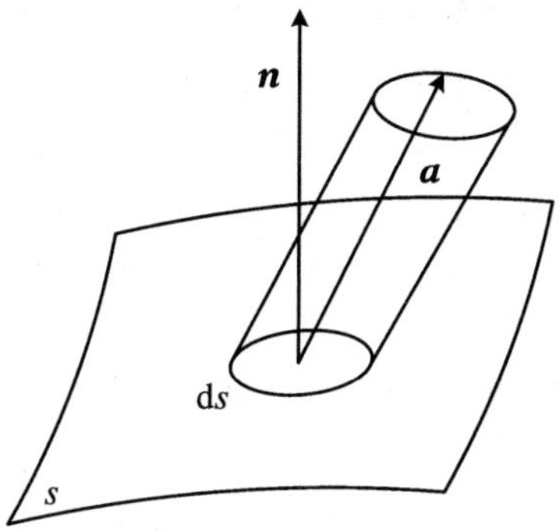

图 1.3.5

在三维直角坐标系中，设 $\boldsymbol{a} = P(x,y,z)\boldsymbol{i} + Q(x,y,z)\boldsymbol{j} + R(x,y,z)\boldsymbol{k}$，又

$$\begin{aligned}\mathrm{d}\boldsymbol{s} &= \boldsymbol{e}_n \mathrm{d}s \\ &= \mathrm{d}s\cos(\boldsymbol{n},x)\boldsymbol{i} + \mathrm{d}s\cos(\boldsymbol{n},y)\boldsymbol{j} + \mathrm{d}s\cos(\boldsymbol{n},z)\boldsymbol{k} \\ &= \mathrm{d}s\cos\alpha\boldsymbol{i} + \mathrm{d}s\cos\beta\boldsymbol{j} + \mathrm{d}s\cos\gamma\boldsymbol{k} \\ &= \mathrm{d}y\mathrm{d}z\boldsymbol{i} + \mathrm{d}x\mathrm{d}z\boldsymbol{j} + \mathrm{d}x\mathrm{d}y\boldsymbol{k}\end{aligned}$$

式中，$\cos\alpha$，$\cos\beta$，$\cos\gamma$ 为曲面s 的法向量$\boldsymbol{n}$ 的方向余弦。所以，通量 Φ 可改写为

$$\Phi = \iint_s \boldsymbol{a} \cdot \mathrm{d}\boldsymbol{s} = \iint_s P\mathrm{d}y\mathrm{d}z + Q\mathrm{d}x\mathrm{d}z + R\mathrm{d}x\mathrm{d}y \tag{1.3.13}$$

通量是一标量。

应用于工程实践，如在煤岩瓦斯流场中，设在单位时间内瓦斯向正侧通过 s 的流量为Q，则在单位时间内瓦斯向正侧通过曲面元 $\mathrm{d}s$ 的流量为

$$dQ = \boldsymbol{v} \cdot d\boldsymbol{s} \tag{1.3.14}$$

当 $\boldsymbol{v}$ 是从 ds 的负侧通过 ds 流向正侧时，$\boldsymbol{v}$ 与 $\boldsymbol{n}$ 成锐角，$dQ>0$ 为正流量，反之，若 $\boldsymbol{v}$ 是从 ds 的正侧通过 ds 流向负侧，则 $dQ<0$ 为负流量。所以，总流量等于

$$Q = \iint_s \boldsymbol{v} \cdot d\boldsymbol{s} \tag{1.3.15}$$

即单位时间内瓦斯的正流量和负流量的代数和。

若 s 为一封闭曲面，流量为

$$Q = \oiint_s \boldsymbol{v} \cdot d\boldsymbol{s} \tag{1.3.16}$$

表示从内流出 s 的正流量与从外流入 s 的负流量的代数和(取沿 s 外侧为正)。可得，当 $Q>0$ 时，就表示瓦斯流出多于流入，在 s 内肯定有瓦斯源，即常说的 s 内有正源；同理，当 $Q<0$ 时就说明有负源。这两种情况统称为有源。当 $Q=0$ 时，或者无源，或者正、负源流量相等，互相抵消了。

(2) 散度

上述通量计算一般只能了解曲面 s 内产生流量的正负源问题，却不能知晓曲面 s 内源的分布情况以及强弱程度，为此，需要引入矢量场的散度概念。

定义 1.3.4 设 $\boldsymbol{a}(M)$为定义在空间某区域上的矢量场，在场内一点 M 的某个邻域内作一包含 M 点的任一闭曲面 Δs，设其所包围的空间区域为 $\Delta\Omega$，以 Δv 表示其体积，$\Delta\Phi$ 表示从其内穿出 s 的通量。若当 $\Delta\Omega$ 以任意方式缩向 M 点时，极限 $\dfrac{\Delta\Phi}{\Delta v} = \dfrac{\oiint_{\Delta s} \boldsymbol{a} \cdot d\boldsymbol{s}}{\Delta v}$ 存在，则称此极限为矢量场 $\boldsymbol{a}(M)$在点 M 处的散度，记作 div $\boldsymbol{a}$，即

$$\operatorname{div} \boldsymbol{a} = \lim_{\Delta\Omega \to M} \frac{\Delta\Phi}{\Delta v} = \lim_{\Delta\Omega \to M} \frac{\oiint_{\Delta s} \boldsymbol{a} \cdot d\boldsymbol{s}}{\Delta v} \tag{1.3.17}$$

可见，散度 div $\boldsymbol{a}$ 表示在矢量场中某一点处通量对体积的变化率，也就是该点处对一单位体积而言所穿出的通量，即该点处源的强度。所以，当 div $\boldsymbol{a}>0$ 时表示该点处有散发通量的正源；当 div $\boldsymbol{a}<0$ 时表示该点处有吸收通量的负源；当 div $\boldsymbol{a}=0$ 时表示该点处无源，是无源场(或无散场)。

在三维直角坐标系中，矢量场 $\boldsymbol{a} = P(x,y,z)\boldsymbol{i} + Q(x,y,z)\boldsymbol{j} + R(x,y,z)\boldsymbol{k}$ 在任一点 $M(x,y,z)$处的散度为

$$\operatorname{div} \boldsymbol{a} = \frac{\partial P}{\partial x} + \frac{\partial Q}{\partial y} + \frac{\partial R}{\partial z} \tag{1.3.18}$$

证明思路说明，利用高斯(Gauss)公式

$$\operatorname{div} \boldsymbol{a} = \lim_{\Delta\Omega \to M} \frac{\Delta\Phi}{\Delta v} = \lim_{\Delta\Omega \to M} \frac{\oiint_{\Delta s} \boldsymbol{a} \cdot d\boldsymbol{s}}{\Delta v}$$

$$= \lim_{\Delta\Omega \to M} \frac{\oint\!\!\!\oint_{\Delta s} P\mathrm{d}y\mathrm{d}z + Q\mathrm{d}x\mathrm{d}z + R\mathrm{d}x\mathrm{d}y}{\Delta v}$$

$$= \lim_{\Delta\Omega \to M} \frac{\iiint_{\Delta\Omega} \frac{P\mathrm{d}y\mathrm{d}z + Q\mathrm{d}x\mathrm{d}z + R\mathrm{d}x\mathrm{d}y}{\mathrm{d}x\mathrm{d}y\mathrm{d}z}\mathrm{d}v}{\Delta v}$$

$$= \lim_{\Delta\Omega \to M} \frac{\iiint_{\Delta\Omega} \left(\frac{\partial P}{\partial x} + \frac{\partial Q}{\partial y} + \frac{\partial R}{\partial z}\right)\mathrm{d}v}{\Delta v}$$

$$= \frac{\partial P}{\partial x} + \frac{\partial Q}{\partial y} + \frac{\partial R}{\partial z}$$

可见，通量和散度的关系，即穿出封闭曲线 s 的通量等于 s 所围的区域 Ω 上的散度在 Ω 上的三重积分，即

$$\oint\!\!\!\oint_{s} \boldsymbol{a} \cdot \mathrm{d}\boldsymbol{s} = \oint\!\!\!\oint_{s} \boldsymbol{a} \cdot \boldsymbol{e}_n \mathrm{d}s = \oint\!\!\!\oint_{s} a_n \mathrm{d}s = \iiint_{\Omega} \mathrm{div}\ \boldsymbol{a}\mathrm{d}v \tag{1.3.19}$$

上式即为高斯公式的矢量形式。它表示任意矢量的法向分量在一个封闭曲线上的面积分等于该矢量的散度对该封闭曲面内体积的积分。

矢量场的散度 div $\boldsymbol{a}$ 又可写成 $\nabla \cdot \boldsymbol{a}$，由

$$\nabla \cdot \boldsymbol{a} = \left(\frac{\partial}{\partial x}\boldsymbol{i} + \frac{\partial}{\partial y}\boldsymbol{j} + \frac{\partial}{\partial z}\boldsymbol{k}\right) \cdot (a_x\boldsymbol{i} + a_y\boldsymbol{j} + a_z\boldsymbol{k})$$

$$= \frac{\partial a_x}{\partial x} + \frac{\partial a_y}{\partial y} + \frac{\partial a_z}{\partial z} = \mathrm{div}\ \boldsymbol{a} \tag{1.3.20}$$

式中，(a_x, a_y, a_z) 即 (P, Q, R)。

如果把矢量场 $\boldsymbol{a}$ 中的每一点的散度与矢量场中的点一一对应起来，可以得到一个标量场，即散度场。

对于标量场 u 的梯度场 **grad** u 有

$$\mathrm{div}\ (\mathbf{grad}\ u) = \nabla \cdot \nabla u$$

$$= \frac{\partial}{\partial x}\left(\frac{\partial u}{\partial x}\right) + \frac{\partial}{\partial y}\left(\frac{\partial u}{\partial y}\right) + \frac{\partial}{\partial z}\left(\frac{\partial u}{\partial z}\right)$$

$$= \frac{\partial^2 u}{\partial x^2} + \frac{\partial^2 u}{\partial y^2} + \frac{\partial^2 u}{\partial z^2} \tag{1.3.21}$$

散度运算满足以下法则：

$$\begin{aligned} &\mathrm{div}\ (c\boldsymbol{a}) = c\,\mathrm{div}\ \boldsymbol{a} \quad (c\ \text{为常数}) \\ &\mathrm{div}\ (\boldsymbol{a} \pm \boldsymbol{b}) = \mathrm{div}\ \boldsymbol{a} \pm \mathrm{div}\ \boldsymbol{b} \\ &\mathrm{div}\ (u\boldsymbol{a}) = u\,\mathrm{div}\ \boldsymbol{a} + \mathbf{grad}\ u \cdot \boldsymbol{a} \quad (u\ \text{为标量函数}) \end{aligned} \tag{1.3.22}$$

引入拉普拉斯算子 $\Delta = \frac{\partial^2}{\partial x^2} + \frac{\partial^2}{\partial y^2} + \frac{\partial^2}{\partial z^2}$，有

$$\mathrm{div}\,(\mathbf{grad}\;u) = \nabla\cdot\nabla u = \frac{\partial^2 u}{\partial x^2} + \frac{\partial^2 u}{\partial y^2} + \frac{\partial^2 u}{\partial z^2} = \Delta u$$

满足$\frac{\partial^2 u}{\partial x^2} + \frac{\partial^2 u}{\partial y^2} + \frac{\partial^2 u}{\partial z^2} = 0$偏微分方程称为拉普拉斯方程，满足拉普拉斯方程的函数称为调和函数，其中 Δu 为调和量（或拉普拉斯式）。

2. 环量与旋度

（1）环量

定义 1.3.5 如图 1.3.6 所示，设有矢量场 $\boldsymbol{a}(M)$，称沿场中某一封闭的有向曲线 $\boldsymbol{L}$ 的曲线积分

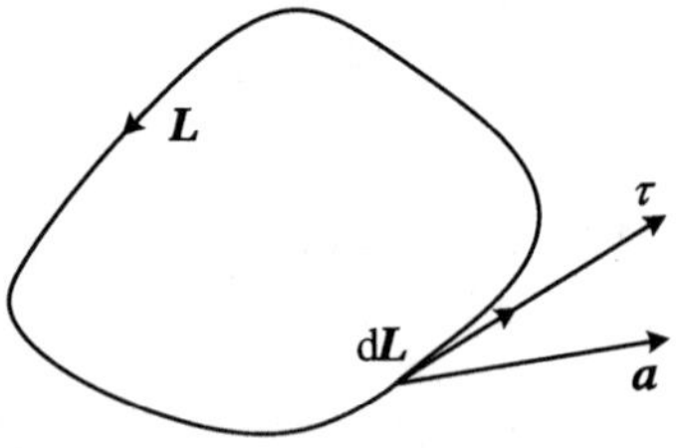

图 1.3.6

$$\Gamma = \oint_L \boldsymbol{a}\cdot \mathrm{d}\boldsymbol{L} = \oint_L \boldsymbol{a}\cdot \boldsymbol{e}_\tau \mathrm{d}L \qquad (1.3.23\mathrm{a})$$

为该矢量场按积分所取方向沿曲线 $\boldsymbol{L}$ 的环量（或环流量）。其中，$\boldsymbol{\tau}$ 为切向量，$\boldsymbol{e}_\tau$ 为单位切向量。

在三维直角坐标系中，设 $\boldsymbol{a} = P(x,y,z)\boldsymbol{i} + Q(x,y,z)\boldsymbol{j} + R(x,y,z)\boldsymbol{k}$，又

$$\begin{aligned}\mathrm{d}\boldsymbol{L} &= \boldsymbol{e}_\tau \mathrm{d}L \\ &= \mathrm{d}L\cos(\boldsymbol{\tau},x)\boldsymbol{i} + \mathrm{d}L\cos(\boldsymbol{\tau},y)\boldsymbol{j} + \mathrm{d}L\cos(\boldsymbol{\tau},z)\boldsymbol{k} \\ &= \mathrm{d}x\boldsymbol{i} + \mathrm{d}y\boldsymbol{j} + \mathrm{d}z\boldsymbol{k}\end{aligned}$$

式中，$\cos(\boldsymbol{\tau},x)$，$\cos(\boldsymbol{\tau},y)$，$\cos(\boldsymbol{\tau},z)$为曲线 $\boldsymbol{L}$ 的切矢量$\boldsymbol{\tau}$ 的方向余弦，则环量 Γ 可改写为

$$\Gamma = \oint_L \boldsymbol{a}\cdot \mathrm{d}\boldsymbol{L} = \oint_L \boldsymbol{a}\cdot \boldsymbol{\tau}\mathrm{d}L = \oint_L P\mathrm{d}x + Q\mathrm{d}y + R\mathrm{d}z \qquad (1.3.23\mathrm{b})$$

对于矢量场 $\boldsymbol{a}(M)$中某一点 M，如图 1.3.7 所示，在其邻域内作一微小曲面 Δs，$\boldsymbol{n}$ 为法向矢量，取其周界 $\Delta\boldsymbol{L}$ 正向（有向线 $\Delta\boldsymbol{L}$ 与 $\boldsymbol{n}$ 构成右手系）。若当 Δs 缩向 M 点时，极限$\frac{\Delta\Gamma}{\Delta s}$存在，则称其为矢量场 $\boldsymbol{a}(M)$在点 M 处沿$\boldsymbol{n}$ 方向的环量面密度，记作 μ_n，即

$$\mu_n = \lim_{\Delta s\to M}\frac{\Delta\Gamma}{\Delta s} = \lim_{\Delta s\to M}\frac{\oint_{\Delta L}\boldsymbol{a}\cdot \mathrm{d}\boldsymbol{L}}{\Delta s} \qquad (1.3.24)$$

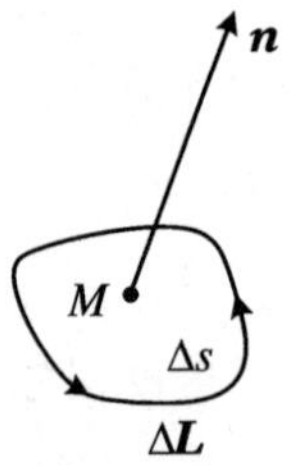

图 1.3.7

可见，环量面密度就是环量对面积的变化率。在工程流体流速场中，通常又把环量面密度称为环流密度（或环流强度）。

结合斯托克斯（Stokes）公式，对点 M 处的环量 $\Delta\Gamma$ 进行变换

$$
\begin{aligned}
\Delta\Gamma &= \oint_{\Delta L} \boldsymbol{a} \cdot \mathrm{d}\boldsymbol{L} = \oint_{\Delta L} P\mathrm{d}x + Q\mathrm{d}y + R\mathrm{d}z \\
&= \iint_{\Delta s} \left(\frac{\partial R}{\partial y} - \frac{\partial Q}{\partial z}\right)\mathrm{d}y\mathrm{d}z + \left(\frac{\partial P}{\partial z} - \frac{\partial R}{\partial x}\right)\mathrm{d}x\mathrm{d}z + \left(\frac{\partial Q}{\partial x} - \frac{\partial P}{\partial y}\right)\mathrm{d}x\mathrm{d}y \\
&= \iint_{\Delta s} \left[\left(\frac{\partial R}{\partial y} - \frac{\partial Q}{\partial z}\right)\cos(\boldsymbol{n}, x) + \left(\frac{\partial P}{\partial z} - \frac{\partial R}{\partial x}\right)\cos(\boldsymbol{n}, y)\right. \\
&\quad \left. + \left(\frac{\partial Q}{\partial x} - \frac{\partial P}{\partial y}\right)\cos(\boldsymbol{n}, z)\right]\mathrm{d}s \\
&= \iint_{\Delta s} \left[\left(\frac{\partial R}{\partial y} - \frac{\partial Q}{\partial z}\right)\cos\alpha + \left(\frac{\partial P}{\partial z} - \frac{\partial R}{\partial x}\right)\cos\beta + \left(\frac{\partial Q}{\partial x} - \frac{\partial P}{\partial y}\right)\cos\gamma\right]\mathrm{d}s
\end{aligned}
\tag{1.3.25}
$$

式中，$\cos\alpha$，$\cos\beta$，$\cos\gamma$ 为法向量 $\boldsymbol{n}$ 的方向余弦。

所以

$$
\mu_n = \lim_{\Delta s \to M} \frac{\Delta\Gamma}{\Delta s} = \left(\frac{\partial R}{\partial y} - \frac{\partial Q}{\partial z}\right)\cos\alpha + \left(\frac{\partial P}{\partial z} - \frac{\partial R}{\partial x}\right)\cos\beta + \left(\frac{\partial Q}{\partial x} - \frac{\partial P}{\partial y}\right)\cos\gamma
\tag{1.3.26}
$$

(2) 旋度

把式(1.3.25)右边看成是两个矢量的点乘，令

$$
\boldsymbol{w} = \left(\frac{\partial R}{\partial y} - \frac{\partial Q}{\partial z}\right)\boldsymbol{i} + \left(\frac{\partial P}{\partial z} - \frac{\partial R}{\partial x}\right)\boldsymbol{j} + \left(\frac{\partial Q}{\partial x} - \frac{\partial P}{\partial y}\right)\boldsymbol{k}
$$

$$
\boldsymbol{e}_n = \cos\alpha\boldsymbol{i} + \cos\beta\boldsymbol{j} + \cos\gamma\boldsymbol{k}
$$

即

$$
\mu_n = \boldsymbol{w} \cdot \boldsymbol{e}_n = |\boldsymbol{a}|\cos(\boldsymbol{w}, \boldsymbol{e}_n)
\tag{1.3.27}
$$

可以看出，由于 $\boldsymbol{w}$ 在给定点处为一固定矢量，矢量场 $\boldsymbol{a}(M)$ 在点 M 处沿某一 $\boldsymbol{n}$ 方向的环量面密度恰好等于矢量 $\boldsymbol{w}$ 在 $\boldsymbol{n}$ 方向上的投影。所以，当 $\boldsymbol{w}$ 与 $\boldsymbol{n}$ 方向一致时达最大值，即 $\cos(\boldsymbol{w}, \boldsymbol{e}_n) = 1$，有 $(\mu_n)_{\max} = |\boldsymbol{w}|$。也就是说，矢量 $\boldsymbol{w}$ 的方向为环量面密度最大的方向，其模为最大环量密度值，此矢量 $\boldsymbol{w}$ 即为矢量场 $\boldsymbol{a}(M)$ 的旋度。

定义 1.3.6　若在矢量场 $\boldsymbol{a}(M)$ 中的一点 M 处存在一矢量 $\boldsymbol{w}$，使矢量场 $\boldsymbol{a}(M)$ 在点 M 处的环量面密度为最大，其模 $|\boldsymbol{w}|$ 恰好为这个最大值，则称矢量 $\boldsymbol{w}$ 为矢量场 $\boldsymbol{a}(M)$ 在点 M 处的旋度，记作 $\mathbf{curl}\ \boldsymbol{a}$(或 $\mathbf{rot}\ \boldsymbol{a}$)，即

$$
\mathbf{curl}\ \boldsymbol{a} = \boldsymbol{w}
\tag{1.3.28a}
$$

在三维直角坐标系中，有

$$
\mathbf{curl}\ \boldsymbol{a} = \left(\frac{\partial R}{\partial y} - \frac{\partial Q}{\partial z}\right)\boldsymbol{i} + \left(\frac{\partial P}{\partial z} - \frac{\partial R}{\partial x}\right)\boldsymbol{j} + \left(\frac{\partial Q}{\partial x} - \frac{\partial P}{\partial y}\right)\boldsymbol{k}
$$

$$= \begin{vmatrix} \boldsymbol{i} & \boldsymbol{j} & \boldsymbol{k} \\ \dfrac{\partial}{\partial x} & \dfrac{\partial}{\partial y} & \dfrac{\partial}{\partial z} \\ P & Q & R \end{vmatrix} \tag{1.3.28b}$$

矢量场的旋度 **curl** $\boldsymbol{a}$ 又可写成$\nabla\times\boldsymbol{a}$，由

$$\begin{aligned} \nabla\times\boldsymbol{a} &= \left(\frac{\partial}{\partial x}\boldsymbol{i} + \frac{\partial}{\partial y}\boldsymbol{j} + \frac{\partial}{\partial z}\boldsymbol{k}\right)\times(P\boldsymbol{i} + Q\boldsymbol{j} + R\boldsymbol{k}) \\ &= \left(\frac{\partial R}{\partial y} - \frac{\partial Q}{\partial z}\right)\boldsymbol{i} + \left(\frac{\partial P}{\partial z} - \frac{\partial R}{\partial x}\right)\boldsymbol{j} + \left(\frac{\partial Q}{\partial x} - \frac{\partial P}{\partial y}\right)\boldsymbol{k} \\ &= \mathbf{curl}\ \boldsymbol{a} \end{aligned} \tag{1.3.29}$$

结合式(1.3.25)和旋度定义，可将斯托克斯公式形式变换成矢量形式，即

$$\oint_L \boldsymbol{a}\cdot \mathrm{d}\boldsymbol{L} = \oint_L \boldsymbol{a}\cdot \boldsymbol{e}_\tau \mathrm{d}L = \iint_s (\mathbf{curl}\boldsymbol{a})\cdot \mathrm{d}\boldsymbol{s} = \iint_s (\nabla\times\boldsymbol{a})\cdot \boldsymbol{e}_n \mathrm{d}s = \iint_s (\nabla\times\boldsymbol{a})_n \mathrm{d}s \tag{1.3.30}$$

它表示任意矢量的切向分量绕一封闭回路的线积分等于该矢量旋度的法向分量对以该回路为边界的任意曲面的面积分。

旋度运算满足以下法则：

$$\begin{aligned} &\mathbf{curl}(c\boldsymbol{a}) = c\,\mathbf{curl}\ \boldsymbol{a} \quad (c\ \text{为常数}) \\ &\mathbf{curl}(\boldsymbol{a}\pm\boldsymbol{b}) = \mathbf{curl}\ \boldsymbol{a} \pm \mathbf{curl}\ \boldsymbol{b} \\ &\mathbf{curl}\ (u\boldsymbol{a}) = u\,\mathbf{curl}\ \boldsymbol{a} + \mathbf{grad}\ u\times\boldsymbol{a} = u\,\nabla\times\boldsymbol{a} + \nabla u\times\boldsymbol{a} \quad (u\ \text{为标量函数}) \\ &\mathrm{div}\ (\boldsymbol{a}\times\boldsymbol{b}) = \boldsymbol{b}\cdot\mathbf{curl}\ \boldsymbol{a} - \boldsymbol{a}\cdot\mathbf{curl}\ \boldsymbol{b} = \boldsymbol{b}\cdot(\nabla\times\boldsymbol{a}) - \boldsymbol{a}\cdot(\nabla\times\boldsymbol{b}) \end{aligned} \tag{1.3.31}$$

总的来说，运算 **grad** 作用到一个标量场 u 得到一个矢量场 **grad** u；运算 div 作用到一个矢量场 $\boldsymbol{a}$ 得到一个标量场 div $\boldsymbol{a}$；运算 **curl** 作用到一个矢量场 $\boldsymbol{a}$ 得到一个新的矢量场 **curl** $\boldsymbol{a}$。几个关于梯度、散度、旋度的混合运算公式如下：

$$\begin{aligned} &\mathbf{curl}(\mathbf{grad}\ u) = \nabla\times(\nabla u) = \boldsymbol{0} \quad (\text{无旋场}) \\ &\mathrm{div}\ (\mathbf{curl}\ \boldsymbol{a}) = \nabla\cdot(\nabla\times\boldsymbol{a}) = 0 \quad (\text{无源场}) \\ &\mathrm{div}\ (\mathbf{grad}\ u) = \nabla\cdot(\nabla u) = \Delta u \\ &\mathbf{grad}\ (\mathrm{div}\ \boldsymbol{a}) = \nabla(\nabla\cdot\boldsymbol{a}) \end{aligned} \tag{1.3.32}$$

同时，在上述论述中引用了三个重要的矢量积分定理，即牛顿－莱布尼茨公式(将线积分变成两点之差)、高斯公式(将面积分变成体积分)和斯托克斯公式(将线积分变成面积分)，此外还有一个常用到的格林公式，即

$$\begin{aligned} &\oiint_s (u\,\mathbf{grad}\ v)\cdot \mathrm{d}\boldsymbol{s} = \iiint_\Omega (u\Delta v + \mathbf{grad}\ u\cdot\mathbf{grad}\ v)\mathrm{d}v \\ &\oiint_s (v\,\mathbf{grad}\ u - u\,\mathbf{grad}\ v)\cdot \mathrm{d}\boldsymbol{s} = \iiint_\Omega (u\Delta v - v\Delta u)\mathrm{d}v \end{aligned} \tag{1.3.33}$$

式中，s 为空间区域 Ω 的边界曲面，u，v 为两个标量函数，在 s 上具有连续偏导数，且在 Ω 上具有二阶连续偏导数。特别地，

$$\oiint_{s} (\mathbf{grad}\ u) \cdot \mathrm{d}\boldsymbol{s} = \iiint_{\Omega} \Delta u \mathrm{d}v \tag{1.3.34}$$

在式(1.3.34)中，令 $\boldsymbol{a} = \mathbf{grad}\ u$，结合式(1.3.32)中第 3 式，即转换为高斯公式(式(1.3.19))。

第 2 章　张量基础

在自然界的美妙与神奇背后有我们人类一直乐此不疲地对其规律探索和追求，然而自然规律是独立的，它不依赖于我们为了研究而选择的坐标系。因此，张量的出现就是为了解决这个问题，它提供了这样一种数学工具，即用张量来描述自然规律时与坐标系选择无关，其表达形式恒定。本章主要介绍张量的起源、基本概念以及张量运算基础。

2.1　逆变矢量与协变矢量

在第 1 章我们介绍的内容都是基于正交直线坐标系（取的是三维直角坐标系）的，为了更广泛地反映自然规律与坐标系选择的关系，本章从非正交直线坐标系（斜角直线坐标系）、非直线坐标系（曲线坐标系）出发，进行分析。

2.1.1　斜角直线坐标系

我们知道，在三维直角坐标系中，矢量在坐标轴上的投影是矢量在此坐标系中的分量。可以推想，矢量的分量会随坐标系的变化而变化。首先，我们来看二维斜角直线坐标系。

1. 二维斜角直线坐标系

如图 2.1.1 所示，在二维斜角直线坐标系中，坐标轴 x^1，x^2（注：上标 1，2，… 只作为标号使用，不代表幂指数，为了区别，幂指数 n 用 $(x^i)^n$ 表示）互不正交，其夹角 $\varphi<\pi$。若选 $\boldsymbol{g}_1$，$\boldsymbol{g}_2$ 分别为 x^1，x^2 的参考矢量（它们可以不是单位矢量），则任一矢量 $\boldsymbol{a}$ 可按平行四边形法则沿 x^1 与 x^2 轴分解为平行于坐标轴的分矢量 $a^1\boldsymbol{g}_1$ 与 $a^2\boldsymbol{g}_2$，即

$$\boldsymbol{a} = a^1\boldsymbol{g}_1 + a^2\boldsymbol{g}_2 = \sum_{i=1}^{2} a^i\boldsymbol{g}_i \tag{2.1.1a}$$

式中，a^1，a^2 分别为矢量 $\boldsymbol{a}$ 在坐标轴 x^1，x^2 上的投影。

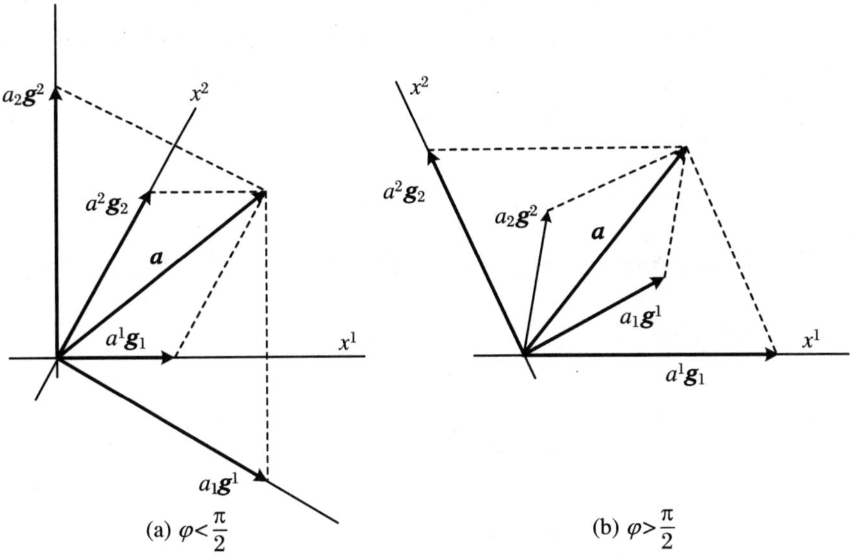

图 2.1.1

引入爱因斯坦(Einstein)求和约定,即

(1) 在同一项中,用作上标或下标的拉丁字母重复出现,表示遍历其取值范围求和。

(2) 求和的上(或下)标称为哑指标,其字母可以用相同取值范围的任何其他字母代替,意义不变;不求和的指标为自由指标。

所以,式(2.1.1a)可简化为

$$\boldsymbol{a} = \sum_{i=1}^{2} a^i \boldsymbol{g}_i = a^i \boldsymbol{g}_i = a^j \boldsymbol{g}_j \tag{2.1.1b}$$

可见,求和约定的本质就是略去求和式中的求和符号,为书写带来简便。

在上述二维斜角直线坐标系中,若设 $\boldsymbol{e}_1$ 与 $\boldsymbol{e}_2$ 分别为沿坐标轴 x^1 与 x^2 的单位矢量,则有

$$\begin{aligned}
&\boldsymbol{e}_1 \cdot \boldsymbol{e}_1 = \boldsymbol{e}_2 \cdot \boldsymbol{e}_2 = 1\\
&\boldsymbol{e}_1 \cdot \boldsymbol{e}_2 = \boldsymbol{e}_2 \cdot \boldsymbol{e}_1 = \cos\varphi\\
&\boldsymbol{g}_1 = |\boldsymbol{g}_1| \boldsymbol{e}_1\\
&\boldsymbol{g}_2 = |\boldsymbol{g}_2| \boldsymbol{e}_2
\end{aligned} \tag{2.1.2}$$

代入式(2.1.1)得 $\boldsymbol{a} = \boldsymbol{a}^1 |\boldsymbol{g}_1| \boldsymbol{e}_1 + \boldsymbol{a}^2 |\boldsymbol{g}_2| \boldsymbol{e}_2$,分别点乘以 $\boldsymbol{e}_1$ 与 $\boldsymbol{e}_2$ 得

$$\begin{aligned}
\boldsymbol{a} \cdot \boldsymbol{e}_1 &= a^1 |\boldsymbol{g}_1| \boldsymbol{e}_1 \cdot \boldsymbol{e}_1 + \boldsymbol{a}^2 |\boldsymbol{g}_2| \boldsymbol{e}_2 \cdot \boldsymbol{e}_1 = a^1 |\boldsymbol{g}_1| + a^2 |\boldsymbol{g}_2| \cos\varphi\\
\boldsymbol{a} \cdot \boldsymbol{e}_2 &= a^1 |\boldsymbol{g}_1| \boldsymbol{e}_1 \cdot \boldsymbol{e}_2 + \boldsymbol{a}^2 |\boldsymbol{g}_2| \boldsymbol{e}_2 \cdot \boldsymbol{e}_2 = a^1 |\boldsymbol{g}_1| \cos\varphi + a^2 |\boldsymbol{g}_2|
\end{aligned} \tag{2.1.3}$$

联立此方程组即可求得矢量的分量 a^1, a^2，显然很不方便。为此，引入另一对分别与 $\boldsymbol{g}_1, \boldsymbol{g}_2$ 对偶的参考矢量 $\boldsymbol{g}^2, \boldsymbol{g}^1$（即 $\boldsymbol{g}_1$ 与 $\boldsymbol{g}^2$、$\boldsymbol{g}_2$ 与 $\boldsymbol{g}^1$ 分别互相正交），$\boldsymbol{g}^2$ 与 $\boldsymbol{g}^1$ 一般也不是单位矢量，有

$$\boldsymbol{g}_1 \cdot \boldsymbol{g}^2 = \boldsymbol{g}_2 \cdot \boldsymbol{g}^1 = 0 \tag{2.1.4a}$$

并使

$$\boldsymbol{g}_1 \cdot \boldsymbol{g}^1 = \boldsymbol{g}_2 \cdot \boldsymbol{g}^2 = 1 \tag{2.1.4b}$$

由图 2.1.1 可知，$\boldsymbol{g}_1$ 与 $\boldsymbol{g}^1$，$\boldsymbol{g}_2$ 与 $\boldsymbol{g}^2$ 的夹角都是锐角，且为$\frac{\pi}{2}-\varphi$（当 φ 为锐角）或 $\varphi-\frac{\pi}{2}$（当 φ 为钝角），有

$$\begin{aligned} |\boldsymbol{g}^1| &= \frac{1}{|\boldsymbol{g}_1| \cos\left(\frac{\pi}{2}-\varphi\right)} = \frac{1}{|\boldsymbol{g}_1| \sin\varphi} \\ |\boldsymbol{g}^2| &= \frac{1}{|\boldsymbol{g}_2| \sin\varphi} \end{aligned} \tag{2.1.5}$$

称参考矢量 $\boldsymbol{g}_i$ 为矢量的协变基矢量，用下标表示；与其对偶的参考矢量 $\boldsymbol{g}^j$ 为矢量的逆变基矢量，用上标表示。

引入克罗内克(Kronecker) δ 符号，即

$$\delta_j^i = \begin{cases} 1 & (i = j) \\ 0 & (i \neq j) \end{cases} \tag{2.1.6}$$

在不分上下标的时候，克罗内克符号可写成 δ_{ij}。

可见，式(2.1.4)中协变基矢量和逆变基矢量的关系可统一写为

$$\boldsymbol{g}_i \cdot \boldsymbol{g}^j = \delta_i^j \quad (i, j = 1, 2) \tag{2.1.7}$$

这表示可由协变基矢量唯一地确定逆变基矢量，反之亦然。利用此协、逆变基矢量的关系可以方便地求解上述矢量 $\boldsymbol{a}$ 的分量 a^1, a^2，即对式(2.1.1)分别点乘逆变基矢量

$$\begin{aligned} \boldsymbol{a} \cdot \boldsymbol{g}^1 &= a^1 \boldsymbol{g}_1 \cdot \boldsymbol{g}^1 + a^2 \boldsymbol{g}_2 \cdot \boldsymbol{g}^1 = a^1 \\ \boldsymbol{a} \cdot \boldsymbol{g}^2 &= a^2 \end{aligned} \tag{2.1.8}$$

或统一写为

$$a^j = \boldsymbol{a} \cdot \boldsymbol{g}^j \tag{2.1.9}$$

式中，a^j 称为矢量 $\boldsymbol{a}$ 的逆变分量，用上标表示。

同理，矢量 $\boldsymbol{a}$ 也可以对逆变基矢量 $\boldsymbol{g}^j$ 分解为分矢量 $a_1 \boldsymbol{g}^1$ 与 $a_2 \boldsymbol{g}^2$（图 2.1.1），得

$$\boldsymbol{a} = a_1 \boldsymbol{g}^1 + a_2 \boldsymbol{g}^2 = a_i \boldsymbol{g}^i \tag{2.1.10}$$

将等式两边再分别点乘协变基矢量 $\boldsymbol{g}_i$，有

$$a_i = \boldsymbol{a} \cdot \boldsymbol{g}_i \tag{2.1.11}$$

式中，a_i 称为矢量 $\boldsymbol{a}$ 的协变分量，用下标表示。

以后，对于每个坐标系都将同时引入这样两组互为对偶的基矢量，为求解带来方便。并且，这种对偶关系空间的引入是紧密联系于物理量的描述的。如三维空间中质点位移组成的一个三维矢量空间，若给定单位基矢量 $\boldsymbol{e}_1,\boldsymbol{e}_2,\boldsymbol{e}_3$，则任意位移可由 $\boldsymbol{u}=u^1\boldsymbol{e}_1+u^2\boldsymbol{e}_2+u^3\boldsymbol{e}_3$ 表示，u^i 为位移在该组基矢量上的坐标；引入与位移空间基矢量呈对偶关系的对偶空间，该对偶空间实际上描述了空间力矢量（$\boldsymbol{f}=f_1\boldsymbol{e}^1+f_2\boldsymbol{e}^2+f_3\boldsymbol{e}^3$）组成的线性空间，由于力在位移上做功是一标量，即 $\boldsymbol{f}$ 在位移空间中做功为 $f(u)=f_1u^1+f_2u^2+f_3u^3$，亦即给定一个力 $\boldsymbol{f}$ 就相当于定义了一个在位移空间上做功的线性函数。这就说明了力和位移的对偶关系，又如力学中应力和应变也是一对对偶空间，成对偶关系等。

2. 三维斜角直线坐标系

(1) 协变基矢量与逆变基矢量

如图 2.1.2 所示，在三维斜角直线坐标系中，由两两互相斜交的坐标平面构成，仅仅 x^1 变化，而 x^2,x^3 分别取一系列确定值得各点形成的集合是一族互相平行的直线，称为 x^1 坐标轴，同样可以定义 x^2,x^3 坐标轴，且三族坐标线是斜交的。

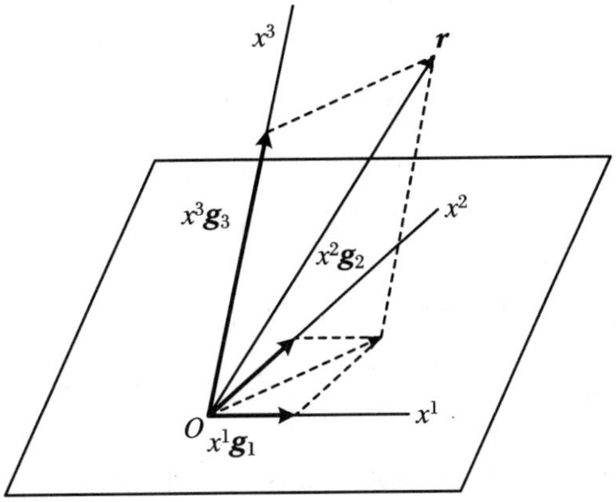

图 2.1.2

三维空间上的点可以用坐标原点至该点的矢径 $\boldsymbol{r}(x^1,x^2,x^3)$ 表示，有

$$\boldsymbol{r}=x^1\boldsymbol{g}_1+x^2\boldsymbol{g}_2+x^3\boldsymbol{g}_3=x^i\boldsymbol{g}_i \tag{2.1.12}$$

式中，$\boldsymbol{g}_i\,(i=1,2,3)$ 分别为沿三个坐标轴的参考矢量。

将矢径对坐标微分 $\mathrm{d}\boldsymbol{r}=\dfrac{\partial \boldsymbol{r}}{\partial x^i}\mathrm{d}x^i=\boldsymbol{g}_i\mathrm{d}x^i$，并定义矢径对坐标的偏导数为协变基矢量 $\boldsymbol{g}_i$，称为自然基矢量，即

$$\boldsymbol{g}_i=\frac{\partial \boldsymbol{r}}{\partial x^i}\quad (i=1,2,3) \tag{2.1.13}$$

其中，协变基矢量的方向沿坐标轴的正向，其大小等于当坐标 x^i 有 1 单位增量时

两点之间的距离。

同时，定义一组与协变基矢量 $\boldsymbol{g}_i$ 互为对偶的逆变基矢量 $\boldsymbol{g}^j$，满足 $\boldsymbol{g}_i \cdot \boldsymbol{g}^j = \delta_i^j$ $(i, j = 1,2,3)$。逆变基矢量 $\boldsymbol{g}^j$ 与协变基矢量 $\boldsymbol{g}_i$ 的关系如图 2.1.3 所示，其方向垂直于另外两个协变基矢量 $\boldsymbol{g}_i (i \neq j)$，并与 $\boldsymbol{g}_j$ 有夹角 $\varphi < \frac{\pi}{2}$，故其模为 $\boldsymbol{g}^j = \frac{1}{|\boldsymbol{g}_j|\cos\varphi}$。

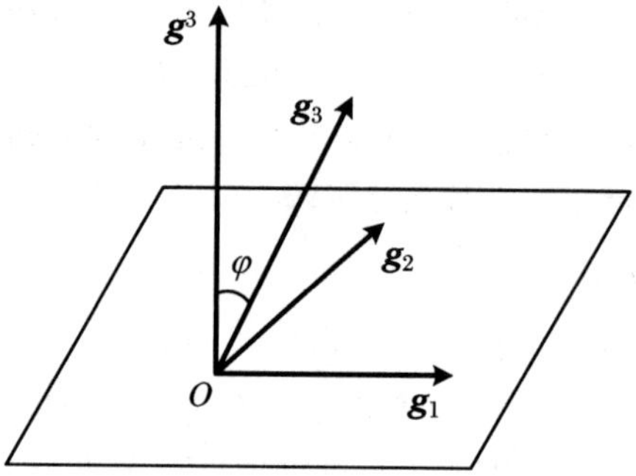

图 2.1.3

(2) 由协变基矢量求逆变基矢量

引入下列记号：

$$\begin{aligned} \boldsymbol{g}_i \cdot \boldsymbol{g}_j &= g_{ij} \\ \boldsymbol{g}^i \cdot \boldsymbol{g}^j &= g^{ij} \\ \boldsymbol{g}_i \cdot \boldsymbol{g}^j &= g_i^j \end{aligned} \tag{2.1.14}$$

由式(2.1.7)可知 $g_i^j = \delta_i^j$。

结合式(2.1.10)和矢量“除法”中式(1.1.42)，可得

$$\boldsymbol{a} = \frac{\boldsymbol{g}_2 \times \boldsymbol{g}_3}{V} a_1 + \frac{\boldsymbol{g}_3 \times \boldsymbol{g}_1}{V} a_2 + \frac{\boldsymbol{g}_1 \times \boldsymbol{g}_2}{V} a_3 \tag{2.1.15}$$

式中，$V = [\boldsymbol{g}_1, \boldsymbol{g}_2, \boldsymbol{g}_3] = \boldsymbol{g}_1 \cdot (\boldsymbol{g}_2 \times \boldsymbol{g}_3)$ 为基矢量 $\boldsymbol{g}_1, \boldsymbol{g}_2, \boldsymbol{g}_3$ 所作出平行六面体的体积。

由三矢量混合积公式(1.1.28)可知

$$[\boldsymbol{g}_1, \boldsymbol{g}_2, \boldsymbol{g}_3]^2 = \begin{vmatrix} \boldsymbol{g}_1 \cdot \boldsymbol{g}_1 & \boldsymbol{g}_1 \cdot \boldsymbol{g}_2 & \boldsymbol{g}_1 \cdot \boldsymbol{g}_3 \\ \boldsymbol{g}_2 \cdot \boldsymbol{g}_1 & \boldsymbol{g}_2 \cdot \boldsymbol{g}_2 & \boldsymbol{g}_2 \cdot \boldsymbol{g}_3 \\ \boldsymbol{g}_3 \cdot \boldsymbol{g}_1 & \boldsymbol{g}_3 \cdot \boldsymbol{g}_2 & \boldsymbol{g}_3 \cdot \boldsymbol{g}_3 \end{vmatrix} = \begin{vmatrix} g_{11} & g_{12} & g_{13} \\ g_{21} & g_{22} & g_{23} \\ g_{31} & g_{32} & g_{33} \end{vmatrix} \tag{2.1.16}$$

令 $g = \begin{vmatrix} g_{11} & g_{12} & g_{13} \\ g_{21} & g_{22} & g_{23} \\ g_{31} & g_{32} & g_{33} \end{vmatrix}$，则有

$$g = [\boldsymbol{g}_1, \boldsymbol{g}_2, \boldsymbol{g}_3]^2 = V^2 \tag{2.1.17}$$

因为 $\boldsymbol{g}_1, \boldsymbol{g}_2, \boldsymbol{g}_3$ 不共面即 $[\boldsymbol{g}_1, \boldsymbol{g}_2, \boldsymbol{g}_3] \neq 0$，取 $\boldsymbol{g}_1, \boldsymbol{g}_2, \boldsymbol{g}_3$ 符合右手法则(当 $\boldsymbol{g}_1, \boldsymbol{g}_2, \boldsymbol{g}_3$

符合左手法则时，体积 V 为负值。此后，无特别说明时，我们均默认为符合右手法则），得

$$V = [\boldsymbol{g}_1, \boldsymbol{g}_2, \boldsymbol{g}_3] = \sqrt{g} \tag{2.1.18}$$

同样地，利用式(1.1.28)可得

$$[\boldsymbol{g}_1, \boldsymbol{g}_2, \boldsymbol{g}_3][\boldsymbol{g}^1, \boldsymbol{g}^2, \boldsymbol{g}^3] = \begin{vmatrix} \boldsymbol{g}_1 \cdot \boldsymbol{g}^1 & \boldsymbol{g}_1 \cdot \boldsymbol{g}^2 & \boldsymbol{g}_1 \cdot \boldsymbol{g}^3 \\ \boldsymbol{g}_2 \cdot \boldsymbol{g}^1 & \boldsymbol{g}_2 \cdot \boldsymbol{g}^2 & \boldsymbol{g}_2 \cdot \boldsymbol{g}^3 \\ \boldsymbol{g}_3 \cdot \boldsymbol{g}^1 & \boldsymbol{g}_3 \cdot \boldsymbol{g}^2 & \boldsymbol{g}_3 \cdot \boldsymbol{g}^3 \end{vmatrix} = 1 \tag{2.1.19}$$

所以

$$[\boldsymbol{g}^1, \boldsymbol{g}^2, \boldsymbol{g}^3] = \frac{1}{[\boldsymbol{g}_1, \boldsymbol{g}_2, \boldsymbol{g}_3]} = \frac{1}{\sqrt{g}} \tag{2.1.20}$$

结合式(2.1.10)、式(2.1.15)与式(2.1.18)，可得

$$a_1 \boldsymbol{g}^1 + a_2 \boldsymbol{g}^2 + a_3 \boldsymbol{g}^3 = \frac{\boldsymbol{g}_2 \times \boldsymbol{g}_3}{\sqrt{g}} a_1 + \frac{\boldsymbol{g}_3 \times \boldsymbol{g}_1}{\sqrt{g}} a_2 + \frac{\boldsymbol{g}_1 \times \boldsymbol{g}_2}{\sqrt{g}} a_3$$

有

$$\boldsymbol{g}^1 = \frac{\boldsymbol{g}_2 \times \boldsymbol{g}_3}{\sqrt{g}}, \quad \boldsymbol{g}^2 = \frac{\boldsymbol{g}_3 \times \boldsymbol{g}_1}{\sqrt{g}}, \quad \boldsymbol{g}^3 = \frac{\boldsymbol{g}_1 \times \boldsymbol{g}_2}{\sqrt{g}} \tag{2.1.21a}$$

即

$$\boldsymbol{g}^i = \frac{\boldsymbol{g}_j \times \boldsymbol{g}_k}{\sqrt{g}} \quad (i,j,k \text{ 按 } 1,2,3 \text{ 轮换}) \tag{2.1.21b}$$

实际上，由于 $\boldsymbol{g}^1$ 分别垂直于 $\boldsymbol{g}_2$ 与 $\boldsymbol{g}_3$，即 $\boldsymbol{g}^1 /\!/ \boldsymbol{g}_2 \times \boldsymbol{g}_3$，故

$$\boldsymbol{g}^i = \alpha \boldsymbol{g}_j \times \boldsymbol{g}_k \quad (i,j,k = 1,2,3;\alpha \text{ 为常系数}) \tag{2.1.22}$$

又

$$1 = \boldsymbol{g}^i = \alpha \boldsymbol{g}_i \cdot (\boldsymbol{g}_j \times \boldsymbol{g}_k) = \alpha \sqrt{g}$$

即 $\alpha = \dfrac{1}{\sqrt{g}}$，代入式(2.1.22)可得式(2.1.21b)。

类似地，可以利用逆变基矢量求得协变基矢量，即

$$\boldsymbol{g}_i = \sqrt{g}(\boldsymbol{g}^j \times \boldsymbol{g}^k) \quad (i,j,k \text{ 按 } 1,2,3 \text{ 轮换}) \tag{2.1.23}$$

2.1.2　曲线坐标系

在许多工程问题中，由于其定义域或解域与某坐标曲线或曲面一致，为了便于求解和处理边界条件和边值关系，通过选择合适的曲线坐标系，会给问题的解决带来方便。

1. 曲线坐标系概念

三维空间任意一点 P 的位置由三个独立的参量 x^i（$i=1,2,3$）所确定：

$$\boldsymbol{r} = \boldsymbol{r}(x^1, x^2, x^3) \tag{2.1.24}$$

则这些参量 x^i 就称为曲线坐标。在曲线坐标系中,当三个参量中两个保持不变,只有一个变化时,空间各点的轨迹形成的坐标线一般是曲线。通过空间任一点均有三根坐标线,不同点处坐标线的方向一般是变化的。当一个坐标保持不变,空间各点的集合构成的表面一般是曲面。

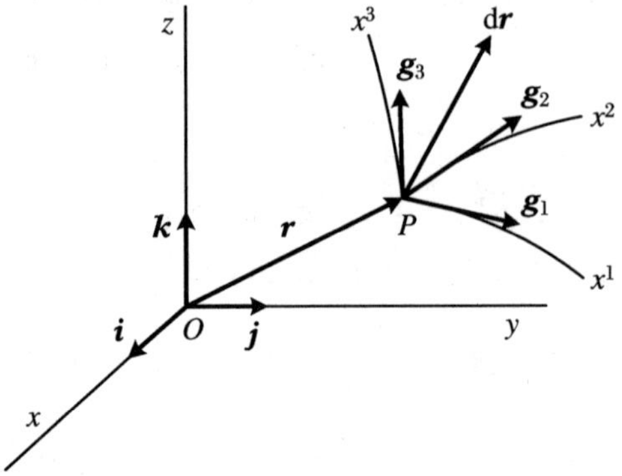

图 2.1.4

为了描述,引入三维直角坐标系 $Oxyz$,$\boldsymbol{i}$,$\boldsymbol{j}$,$\boldsymbol{k}$ 分别为三坐标轴的参考单位矢量(图 2.1.4),则有

$$\begin{aligned}\boldsymbol{r} &= x(x^1, x^2, x^3)\boldsymbol{i} + y(x^1, x^2, x^3)\boldsymbol{j} + z(x^1, x^2, x^3)\boldsymbol{k} \\ &= x^{1'}(x^1, x^2, x^3)\boldsymbol{i} + x^{2'}(x^1, x^2, x^3)\boldsymbol{j} + x^{3'}(x^1, x^2, x^3)\boldsymbol{k} \\ &= x^{k'}(x^i)\boldsymbol{g}_{k'}\end{aligned} \tag{2.1.24}$$

式中,$x^{k'}$ 即 $x^{1'}$,$x^{2'}$,$x^{3'}$,分别表示 x,y,z;$\boldsymbol{g}_{k'}$($k = 1,2,3$)分别表示 $\boldsymbol{i}$,$\boldsymbol{j}$,$\boldsymbol{k}$,为了描述方便而改写。

曲线坐标 $\boldsymbol{x}^i$ 与空间点一一对应的充要条件是函数 $x^{k'}(x^i)$ 在 x^i 的定义域内单值、连续光滑且可逆,即

$$\begin{aligned}\det\left(\frac{\partial x^{k'}}{\partial x^i}\right) &\neq 0 \\ \det\left(\frac{\partial x^i}{\partial x^{k'}}\right) &\neq 0\end{aligned} \tag{2.1.25}$$

式中,$\left(\dfrac{\partial x^{k'}}{\partial x^i}\right)$,$\left(\dfrac{\partial x^i}{\partial x^{k'}}\right)$均为雅可比(Jacobi)矩阵,其行列式为雅可比行列式。

值得注意的是,曲线坐标的选择可以不是长度量纲,且矢径与坐标之间一般不满足线性关系。

如,在二维极坐标中(图 2.1.5),$x^1 = r$,$x^2 = \theta$,其中,x^2 不是长度的量纲。取二维直角坐标系 Oxy 及沿两坐标轴的单位矢量 $\boldsymbol{i}$,$\boldsymbol{j}$,则有

$$x = x^1 \cos x^2, \quad y = x^1 \sin x^2$$

此点的矢径 $\boldsymbol{r}$ 为

$$\boldsymbol{r} = x^1 \cos x^2 \boldsymbol{i} + x^1 \sin x^2 \boldsymbol{j} \tag{2.1.26}$$

其中，$x^1 \geqslant 0, 0 \leqslant x^2 < 2\pi$。显然，$\boldsymbol{r}$ 与 x^1, x^2 不是线性关系。

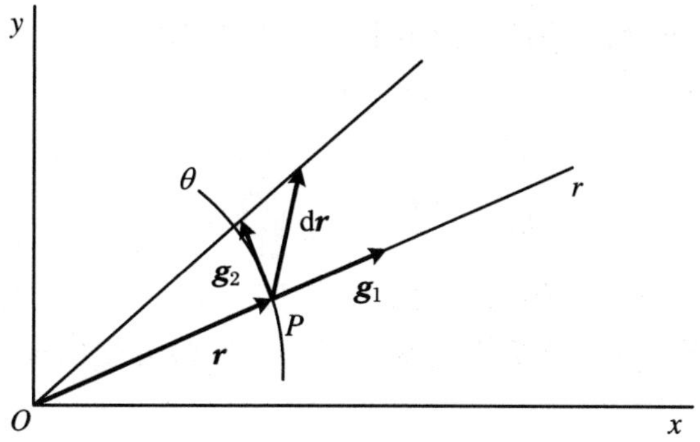

图 2.1.5

又如，在柱坐标系中(图 2.1.6)，$x^1 = r, x^2 = \theta, x^3 = z$，矢径 $\boldsymbol{r}$ 为

$$\boldsymbol{r} = x^1 \cos x^2 \boldsymbol{i} + x^1 \sin x^2 \boldsymbol{j} + x^3 \boldsymbol{k} \tag{2.1.27a}$$

其中，$x^1 \geqslant 0, 0 \leqslant x^2 < 2\pi, |x^3| < \infty$。

在球坐标系中(图 2.1.7)，$x^1 = r, x^2 = \theta, x^3 = \varphi$，其中 x^2, x^3 都不是长度的量纲，矢径 $\boldsymbol{r}$ 为

$$\boldsymbol{r} = x^1 \sin x^2 \cos x^3 \boldsymbol{i} + x^1 \sin x^2 \sin x^3 \boldsymbol{j} + x^1 \cos x^2 \boldsymbol{k} \tag{2.1.27b}$$

其中，$x^1 \geqslant 0, 0 \leqslant x^2 \leqslant \pi, 0 \leqslant x^3 < 2\pi$。$x^1$ 坐标线是过坐标原点的射线，x^2 坐标线是过 z 轴的大圆(经线)，x^3 坐标线是平行圆(纬线)。

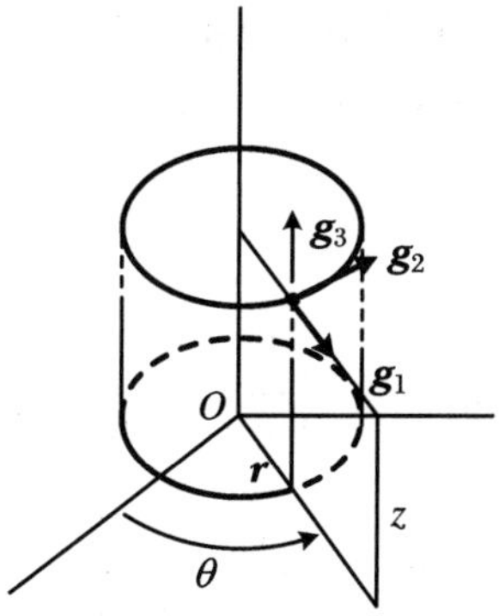

图 2.1.6

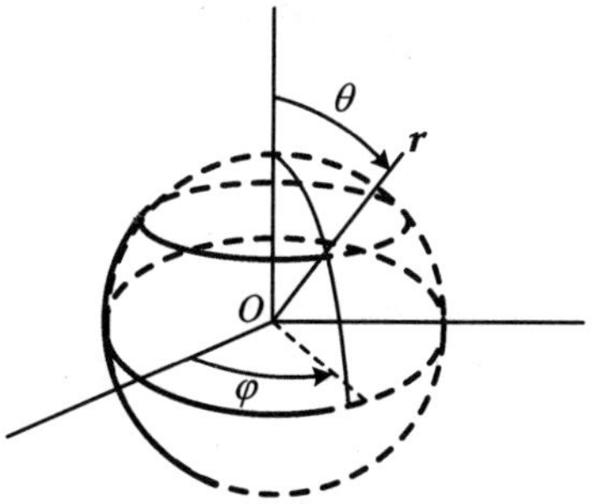

图 2.1.7

2. 局部基矢量

由于矢径 $\boldsymbol{r}$ 与 P 点坐标(x^1, x^2, x^3)之间不满足线性关系，所以，曲线坐标就

不能写成矢径的分量,即式(2.1.12)不成立。但是,当 $\boldsymbol{r}$ 在坐标产生微小增量时,P 点移至其邻域内的 P' 点,其增量 $\mathrm{d}\boldsymbol{r}$ 为

$$\mathrm{d}\boldsymbol{r} = \frac{\partial \boldsymbol{r}}{\partial x^i}\mathrm{d}x^i \tag{2.1.28}$$

在选择点 P 处的基矢量 $\boldsymbol{g}_i(i=1,2,3)$ 时,须使得在该点局部邻域内,矢径的微分 $\mathrm{d}\boldsymbol{r}$ 与坐标的微分 $\mathrm{d}x^i$ 满足直线坐标系中的关系式,即

$$\mathrm{d}\boldsymbol{r} = \boldsymbol{g}_i\mathrm{d}x^i \tag{2.1.29}$$

则同式(2.1.13),也有

$$\boldsymbol{g}_i = \frac{\partial \boldsymbol{r}}{\partial x^i} \quad (i = 1,2,3) \tag{2.1.30}$$

如此,得到的 $\boldsymbol{g}_i(i=1,2,3)$ 即为曲线坐标系 $P(x^1,x^2,x^3)$ 点处的协变基矢量,又称自然局部基矢量(注:这只是协变基矢量的一种最方便的取法,不是唯一的取法)。

由定义可知,$\boldsymbol{g}_i(i=1,2,3)$ 沿 P 点三根坐标线的切线并指向 x^i 增大的方向。$\boldsymbol{g}_i$ 在空间每一点处构成一组三个非共面的活动坐标架(简称活动标架),该坐标架称为空间某点处关于曲线坐标系 x^1,x^2,x^3 的切标架。可见,与直线坐标系不同,曲线坐标系中基矢量 $\boldsymbol{g}_i$ 不是常矢量,是随空间点位置变化的变矢量,是一种与某点处坐标线相切的局部基矢量。

把式(2.1.24)代入式(2.1.30)得

$$\boldsymbol{g}_i = \frac{\partial x}{\partial x^i}\boldsymbol{i} + \frac{\partial y}{\partial x^i}\boldsymbol{j} + \frac{\partial z}{\partial x^i}\boldsymbol{k} = \frac{\partial x^{k'}}{\partial x^i}\boldsymbol{g}_{k'} \quad (i,k' = 1,2,3) \tag{2.1.31}$$

如,在球坐标系中,有

$$\begin{aligned}
\boldsymbol{g}_1 &= \sin x^2\cos x^3\,\boldsymbol{i} + \sin x^2\sin x^3\,\boldsymbol{j} + \cos x^2\,\boldsymbol{k}\\
\boldsymbol{g}_2 &= x^1\cos x^2\cos x^3\,\boldsymbol{i} + x^1\cos x^2\sin x^3\,\boldsymbol{j} - x^1\sin x^2\,\boldsymbol{k}\\
\boldsymbol{g}_3 &= - x^1\sin x^2\sin x^3\,\boldsymbol{i} + x^1\sin x^2\cos x^3\,\boldsymbol{j}\\
|\boldsymbol{g}_1| &= 1\\
|\boldsymbol{g}_2| &= x^1\\
|\boldsymbol{g}_3| &= x^1\sin x^2
\end{aligned} \tag{2.1.32}$$

可见,三个协变基矢量中,只有 $\boldsymbol{g}_1$ 是单位矢量,但其方向随点变化;$\boldsymbol{g}_2,\boldsymbol{g}_3$ 大小和方向都随点变化,且其具有长度的量纲。

引入一组与协变基矢量 $\boldsymbol{g}_i$ 对偶的逆变基矢量 $\boldsymbol{g}^j$,且满足 $\boldsymbol{g}_i \cdot \boldsymbol{g}^j = \delta_i^j(i,j=1,2,3)$。参见三维斜角直线坐标系中的叙述,其协变基矢量与逆变基矢量的互求公式可用于此,只是在曲线坐标系中 $\boldsymbol{g}_i,\boldsymbol{g}^j$ 为局部基矢量而已。

逆变基矢量 $\boldsymbol{g}^j$ 与逆变分量 x^j 的关系为

$$\boldsymbol{g}^j = \mathbf{grad}\ x^j = \nabla x^j \tag{2.1.33}$$

证明　由于$\nabla x^j = \mathbf{grad}\ x^j = \frac{\partial x^j}{\partial x}\boldsymbol{i} + \frac{\partial x^j}{\partial y}\boldsymbol{j} + \frac{\partial x^j}{\partial z}\boldsymbol{k} = \frac{\partial x^j}{\partial x^{k'}}\boldsymbol{g}'_k$，结合式(2.1.31)即

$$\boldsymbol{g}_i = \frac{\partial x}{\partial x^i}\boldsymbol{i} + \frac{\partial y}{\partial x^i}\boldsymbol{j} + \frac{\partial z}{\partial x^i}\boldsymbol{k} = \frac{\partial x^{k'}}{\partial x^i}\boldsymbol{g}'_k \quad (i, k' = 1,2,3)$$

有

$$\begin{aligned}\nabla x^j \cdot \boldsymbol{g}_i &= \frac{\partial x^j}{\partial x^{k'}}\boldsymbol{g}'_k \cdot \frac{\partial x^{k'}}{\partial x^i}\boldsymbol{g}'_k \\ &= \left[\frac{\partial x^j}{\partial x^{k'}}\right]\left[\frac{\partial x^{k'}}{\partial x^i}\right] \\ &= \begin{bmatrix}1 & & \\ & 1 & \\ & & 1\end{bmatrix}\end{aligned}$$

即得

$$\nabla x^j \cdot \boldsymbol{g}_i = \delta_i^j \quad (i, j = 1,2,3)$$

又因为 $\boldsymbol{g}_i \cdot \boldsymbol{g}^j = \delta_i^j (i, j = 1,2,3)$，所以有

$$\boldsymbol{g}^j = \nabla x^j \qquad (j = 1,2,3)$$

因此，针对具体应用中的物理量(某一矢量 $\boldsymbol{a}$)，在曲线坐标系中也可进行分解

$$\boldsymbol{a} = a^i \boldsymbol{g}_i = a_j \boldsymbol{g}^j \quad (i, j = 1,2,3) \tag{2.1.34}$$

可见，有别于直线坐标系的是，曲线坐标系中分解的不是两组常基矢量，而是对每一作用点的两组局部基矢量，其大小和方向都随作用点变化而变化(或称随作用点的位置变化而变化)。

同理，对线元 $\mathrm{d}\boldsymbol{r}$ 也可进行分解

$$\mathrm{d}\boldsymbol{r} = \mathrm{d}x^i \boldsymbol{g}_i = \mathrm{d}x_j \boldsymbol{g}^j \quad (i, j = 1,2,3) \tag{2.1.35}$$

式中，$\mathrm{d}x^i$，$\mathrm{d}x_j$ 为 $\mathrm{d}\boldsymbol{r}$ 的逆变和协变分量。

2.1.3　坐标变换

现在我们已经知道，在不同的坐标系中，某一物理量其表达形式是不同的。那么，同一物理量在不同坐标系中的表达形式之间会有什么联系呢？设有一旧坐标系 x^i 以及一新坐标系 $x^{i'}$，与曲线坐标系中引入直角坐标系一样，其满足式(2.1.25)，即正逆变换的雅可比行列式均不为零

$$\det\left(\frac{\partial x^{k'}}{\partial x^i}\right) \neq 0$$

$$\det\left(\frac{\partial x^i}{\partial x^{k'}}\right) \neq 0$$

1. 基矢量间变换

设旧坐标系的协变和逆变基矢量分别为 $\boldsymbol{g}_i$，$\boldsymbol{g}^j$，有 $\boldsymbol{g}_i \cdot \boldsymbol{g}^j = \delta_j^i (i, j = 1,2,3)$；

新坐标系的协变和逆变基矢量分别为 $\boldsymbol{g}_{i'}, \boldsymbol{g}^{j'}$，亦有 $\boldsymbol{g}_{i'} \cdot \boldsymbol{g}^{j'} = \delta_{j'}^{i'}(i,j=1,2,3)$。现将新坐标系的基矢量对旧坐标系基矢量分解，有

$$\begin{aligned} \boldsymbol{g}_{i'} &= \boldsymbol{\beta}_{i'}^{j}\boldsymbol{g}_j \quad (i',j=1,2,3) \\ \boldsymbol{g}^{i'} &= \boldsymbol{\beta}_{j}^{i'}\boldsymbol{g}^j \quad (i',j=1,2,3) \end{aligned} \tag{2.1.36}$$

式中，$\boldsymbol{\beta}_{i'}^{j}, \boldsymbol{\beta}_{j}^{i'}$ 分别为协变和逆变变换系数矩阵，构成 3×3 方阵。有

$$\boldsymbol{g}_{i'} \cdot \boldsymbol{g}^{j'} = \boldsymbol{\beta}_{i'}^{m}\boldsymbol{g}_m \cdot \boldsymbol{\beta}_{n}^{j'}\boldsymbol{g}^n = \boldsymbol{\beta}_{i'}^{m}\boldsymbol{\beta}_{n}^{j'}\delta_m^n = \boldsymbol{\beta}_{i'}^{m}\boldsymbol{\beta}_{m}^{j'} \quad (i',j',m,n=1,2,3)$$

所以，应满足 $\boldsymbol{\beta}_{i'}^{m}\boldsymbol{\beta}_{m}^{j'} = \delta_{i'}^{j'}$，即

$$\begin{bmatrix} \beta_{1'}^{1} & \beta_{1'}^{2} & \beta_{1'}^{3} \\ \beta_{2'}^{1} & \beta_{2'}^{2} & \beta_{2'}^{3} \\ \beta_{3'}^{1} & \beta_{3'}^{2} & \beta_{3'}^{3} \end{bmatrix} \begin{bmatrix} \beta_{1}^{1'} & \beta_{1}^{2'} & \beta_{1}^{3'} \\ \beta_{2}^{1'} & \beta_{2}^{2'} & \beta_{2}^{3'} \\ \beta_{3}^{1'} & \beta_{3}^{2'} & \beta_{3}^{3'} \end{bmatrix} = \begin{bmatrix} 1 & & \\ & 1 & \\ & & 1 \end{bmatrix} \tag{2.1.37}$$

故协变和逆变变换系数矩阵 $\boldsymbol{\beta}_{i'}^{m}, \boldsymbol{\beta}_{m}^{j'}$ 互为逆矩阵。

反过来，将旧坐标系的协变基矢量对新坐标系协变基矢量分解，有

$$\boldsymbol{g}_j = \alpha_j^{i'}\boldsymbol{g}_{i'}$$

对上式两边同时点乘 $\boldsymbol{g}^{i'}$，同时把式(2.1.36)中 $\boldsymbol{g}^{i'} = \boldsymbol{\beta}_j^{i'}\boldsymbol{g}^j$ 代入，得

$$\begin{aligned} \boldsymbol{g}_j \cdot \boldsymbol{g}^{i'} &= \alpha_j^{m'}\boldsymbol{g}_{m'} \cdot \boldsymbol{g}^{i'} \\ \boldsymbol{g}_j \cdot \boldsymbol{\beta}_n^{i'}\boldsymbol{g}^n &= \alpha_j^{m'}\delta_{m'}^{i'} \\ \boldsymbol{\beta}_n^{i'}\delta_j^n &= \alpha_j^{i'} \end{aligned}$$

即 $\alpha_j^{i'} = \beta_j^{i'}$，所以

$$\boldsymbol{g}_j = \boldsymbol{\beta}_j^{i'}\boldsymbol{g}_{i'} \tag{2.1.38a}$$

同理，可得

$$\boldsymbol{g}^j = \boldsymbol{\beta}_{i'}^{j}\boldsymbol{g}^{i'} \tag{2.1.38b}$$

且满足

$$\begin{aligned} \boldsymbol{g}_i \cdot \boldsymbol{g}^j &= \boldsymbol{\beta}_i^{m'}\boldsymbol{g}_{m'} \cdot \boldsymbol{\beta}_{n}^{j}{}'\boldsymbol{g}^{n}{}' = \delta_i^j \\ \boldsymbol{\beta}_i^{m'}\boldsymbol{\beta}_n^j{}'\delta_{m'}^{n}{}' &= \delta_i^j \\ \boldsymbol{\beta}_i^{m'}\boldsymbol{\beta}_{m'}^{j} &= \delta_i^j \end{aligned}$$

即

$$\begin{bmatrix} \beta_{1}^{1'} & \beta_{2}^{1'} & \beta_{3}^{1'} \\ \beta_{1}^{2'} & \beta_{2}^{2'} & \beta_{3}^{2'} \\ \beta_{1}^{3'} & \beta_{2}^{3'} & \beta_{3}^{3'} \end{bmatrix} \begin{bmatrix} \beta_{1'}^{1} & \beta_{2'}^{1} & \beta_{3'}^{1} \\ \beta_{1'}^{2} & \beta_{2'}^{2} & \beta_{3'}^{2} \\ \beta_{1'}^{3} & \beta_{2'}^{3} & \beta_{3'}^{3} \end{bmatrix} = \begin{bmatrix} 1 & & \\ & 1 & \\ & & 1 \end{bmatrix} \tag{2.1.39}$$

犹如，在矩阵理论中，若矩阵 $\boldsymbol{A}, \boldsymbol{B}$ 满足 $\boldsymbol{AB} = \boldsymbol{E}$，则 $\boldsymbol{BA} = \boldsymbol{E}, \boldsymbol{B} = \boldsymbol{A}^{-1}, \boldsymbol{A} = \boldsymbol{B}^{-1}$，其中 $\boldsymbol{E}$ 为单位阵。

特别地，如曲线坐标系中所述，若基矢量定义为 $\boldsymbol{g}_i = \dfrac{\partial \boldsymbol{r}}{\partial x^i} = \dfrac{\partial x}{\partial x^i}\boldsymbol{i} + \dfrac{\partial y}{\partial x^i}\boldsymbol{j} + \dfrac{\partial z}{\partial x^i}\boldsymbol{k}$，$\boldsymbol{g}^j = \nabla x^j = \dfrac{\partial x^j}{\partial x}\boldsymbol{i} + \dfrac{\partial x^j}{\partial y}\boldsymbol{j} + \dfrac{\partial x^j}{\partial z}\boldsymbol{k}$，则可确定新旧坐标系的变换系数。

$$g_{i'} = \frac{\partial \boldsymbol{r}}{\partial x^{i'}} = \frac{\partial \boldsymbol{r}}{\partial x^j}\frac{\partial x^j}{\partial x^{i'}} = \frac{\partial x^j}{\partial x^{i'}}\boldsymbol{g}_j$$

结合式(2.1.36),有

$$\boldsymbol{\beta}_{i'}^{j} = \frac{\partial x^j}{\partial x^{i'}} \tag{2.1.40a}$$

同理,得

$$\boldsymbol{\beta}_{j}^{i'} = \frac{\partial x^{i'}}{\partial x^j} \tag{2.1.40b}$$

2. 分量间变换

设矢量 $\boldsymbol{a}$ 在旧坐标系中表示为 $\boldsymbol{a} = \boldsymbol{a}^i\boldsymbol{g}_i = \boldsymbol{a}_j\boldsymbol{g}^j$,在新坐标系中表示为 $\boldsymbol{a} = a^{i'}\boldsymbol{g}_{i'} = a_{j'}\boldsymbol{g}^{j'}$。矢量 $\boldsymbol{a}$ 在不同坐标系中可对不同的基矢量分解,若在新旧坐标系中对协变基矢量分解,则得到同一矢量的不同逆变分量;若对逆变基矢量分解,则得到同一矢量的不同协变分量。即

$$\boldsymbol{a} = a^j\boldsymbol{g}_j = \boldsymbol{a}^{i'}\boldsymbol{g}_{i'} \tag{2.1.41a}$$

$$\boldsymbol{a} = a_j\boldsymbol{g}^j = \boldsymbol{a}_{i'}\boldsymbol{g}^{i'} \tag{2.1.41b}$$

将式(2.1.38a)代入式(2.1.41a)得

$$a^j\boldsymbol{\beta}_j^{i'}\boldsymbol{g}_{i'} = \boldsymbol{a}^{i'}\boldsymbol{g}_{i'}$$

两边同时点乘 $\boldsymbol{g}^{i'}$ 得

$$a^{i'} = \boldsymbol{\beta}_j^{i'}a^j \quad (i',j = 1,2,3) \tag{2.1.42a}$$

同理,将式(2.1.38b)代入式(2.1.41b)可求得

$$a_{i'} = \boldsymbol{\beta}_{i'}^{j}a_j \quad (i',j = 1,2,3) \tag{2.1.42b}$$

反过来,将式(2.1.36)代入式(2.1.41)可求得用新坐标系中矢量分量表示旧坐标系中矢量分量的关系式,即

$$\begin{aligned} a^j &= \boldsymbol{\beta}_{i'}^{j}a^{i'} \quad (i',j = 1,2,3) \\ a_j &= \boldsymbol{\beta}_j^{i'}a_{i'} \quad (i',j = 1,2,3) \end{aligned} \tag{2.1.43}$$

对比式(2.1.36)与式(2.1.42)后发现,矢量的协变基矢量与协变分量以同样的协变变换系数 $\boldsymbol{\beta}_j^{i'}$ 进行坐标变换,并称以该方式变换的量为协变量;矢量的逆变基矢量与逆变分量也以同样的逆变变换系数 $\boldsymbol{\beta}_{i'}^{j}$ 进行坐标变换,并称以该方式变换的为逆变量。

例 2.1.1 在三维直角坐标系中,设在一旧坐标系 x_i($i=1,2,3$)中有一矢量 $\boldsymbol{a}=2\boldsymbol{e}_1-4\boldsymbol{e}_2+\boldsymbol{e}_3$,若存在一新坐标系 x_i',其与旧坐标系 x_i 之间的变换关系为 $x_i'=\boldsymbol{\beta}_{ij}x_j$,其中变换系数 $\boldsymbol{\beta}_{ij}$ 所组成的矩阵为

$$\begin{bmatrix} \frac{1}{2} & \frac{1}{3} & 1 \\ -\frac{1}{2} & 1 & 0 \\ 2 & 3 & 4 \end{bmatrix}$$

试求该矢量在新坐标系 x_i'中的表达式。

解 由坐标变换关系可知分量变换关系为 $\boldsymbol{a}_i'=\boldsymbol{\beta}_{ij}\boldsymbol{a}_j$,所以

$$\begin{aligned}
a_1' &= \boldsymbol{\beta}_{1j}\boldsymbol{a}_j = \beta_{11}a_1+\beta_{12}a_2+\beta_{13}a_3 \\
&= \frac{1}{2}\times 2+\frac{1}{3}\times(-4)+1\times 1 \\
&= \frac{2}{3} \\
a_2' &= \boldsymbol{\beta}_{2j}\boldsymbol{a}_j = \beta_{21}a_1+\beta_{22}a_2+\beta_{23}a_3 \\
&= \left(-\frac{1}{2}\right)\times 2+1\times(-4)+0\times 1 \\
&= -5 \\
a_3' &= \boldsymbol{\beta}_{3j}\boldsymbol{a}_j = \beta_{31}a_1+\beta_{32}a_2+\beta_{33}a_3 \\
&= 2\times 2+3\times(-4)+4\times 1 \\
&= -4
\end{aligned}$$

所以,矢量 $\boldsymbol{a}$ 在新坐标系 x_i'中的表达式为 $\boldsymbol{a}=\frac{2}{3}\boldsymbol{e}_1'-5\boldsymbol{e}_2'-4\boldsymbol{e}_3'$。

其实,矢量 $\boldsymbol{a}$ 也可以直接由分量变换关系 $\boldsymbol{a}_i'=\boldsymbol{\beta}_{ij}\boldsymbol{a}_j$ 得到,即矢量 $\boldsymbol{a}$ 在新坐标系中的分量为

$$\boldsymbol{a}_i'=\boldsymbol{\beta}_{ij}\boldsymbol{a}_j=\begin{bmatrix} \frac{1}{2} & \frac{1}{3} & 1 \\ -\frac{1}{2} & 1 & 0 \\ 2 & 3 & 4 \end{bmatrix}\begin{bmatrix} 2 \\ -4 \\ 1 \end{bmatrix}=\begin{bmatrix} \frac{2}{3} \\ -5 \\ -4 \end{bmatrix}$$

故 $\boldsymbol{a}=\frac{2}{3}\boldsymbol{e}_1'-5\boldsymbol{e}_2'-4\boldsymbol{e}_3'$为所求。

2.2 张 量 含 义

张量概念起源于高斯(Gauss)、凯莱(Gayley)、黎曼(Riemann)以及克里斯托费尔(Christoffel)等发展的微分几何学,同时,在里奇(Ricci)及其学生列维奇维塔(Levi-Civita)发展出绝对微分学后,由爱因斯坦(Einstein)和格罗斯曼(Grossmann)在物理学中构造了张量分析方法,并成功运用于 1913 年他们共同发表的《广义相对论纲要和引力论》一文中。在该论文中,"张量"一词被首次使用,并为广义相对论提供数学基础。

2.2.1 张量定义

1. 张量引入

数学可以简要地分为代数、几何与分析三个方面。在我们使用代数和分析的方法来研究工程应用中的物理对象时，必须引入坐标系，但由于坐标系选择具有一定的任意性，会使研究对象变得复杂化和难以反映普遍规律。如在某一三维直角坐标系中由点 $P_1(1,3,2)$ 指向点 $P_2(5,3,5)$ 的矢量 $\boldsymbol{a}$，则 $\boldsymbol{a}$ 的坐标为(4,0,3)。可见，矢量 $\boldsymbol{a}$ 坐标值完全依赖于坐标系的选择，而其模 $\sqrt{4^2+0+3^2}=5$ 是恒定不变的。就物理意义而言，矢量 $\boldsymbol{a}$ 的某个坐标值(如，第二个坐标 0)没有具体物理意义，因为在另外一个坐标系中该值又有另外一值，而模表明其矢量的长度。

为此，引入张量及其相应理论来解决由于坐标系的选择不同而带来的问题。也就是说，利用张量来描述工程实践中的物理规律所得到的表达形式，在任何坐标系下都具有不变性，反映了自然规律与坐标选择无关的本质。

2. 一般定义

张量是标量、矢量的延伸，是所有在坐标系变换时满足第 2.1.3 节中坐标变换关系的有序数(分量)组成的集合。类似于矢量，为了方便书写和阅读，张量用粗体大写拉丁字母表示，如 $\boldsymbol{A},\boldsymbol{B},\boldsymbol{C},\cdots$，其分量用一般正体拉丁字母表示，如 A，B，C，…。为了统一性，一阶张量(即矢量)仍沿用前面的表示方式，如 $\boldsymbol{a},\boldsymbol{b},\boldsymbol{c},\cdots$，其对应分量形式为 $a_i,b_i,c_i,\cdots$。

(1) 张量的分量定义

定义 2.2.1 如果一个量在任一坐标系中都可以用一个指标编号的 n 个有序数 a_i 表示，且坐标变换时它们服从

$$a_{i'} = \boldsymbol{\beta}_{i'}^{i} a_i \tag{2.2.1}$$

则称这个量为一阶协变张量。其中，n 为空间维数；a_i 为此张量在对应坐标系中的坐标(或分量)，称为一阶张量的协变分量。

定义 2.2.2 如果一个量在任一坐标系中都可以用两个指标编号的 n^2 个有序数 A_{ij} 表示，且坐标变换时它们服从

$$A_{i'j'} = \boldsymbol{\beta}_{i'}^{i}\boldsymbol{\beta}_{j'}^{j} A_{ij} \tag{2.2.2}$$

则称这个量为二阶协变张量。其中，A_{ij} 为此张量在对应坐标系中的坐标(或分量)，称为二阶张量的协变分量。

定义 2.2.3 如果一个量在任一坐标系中都可以用 k 个指标编号的 n^k 个有序数 $A_{i_1 i_2 \cdots i_k}$ 表示，且坐标变换时它们服从

$$A_{i_{1'} i_{2'} \cdots i_{k'}} = \boldsymbol{\beta}_{i_{1'}}^{i_1}\boldsymbol{\beta}_{i_{2'}}^{i_2}\cdots\boldsymbol{\beta}_{i_{k'}}^{i_k} A_{i_1 i_2 \cdots i_k} \tag{2.2.3}$$

则称这个量为 k 阶协变张量。其中，$A_{i_1 i_2 \cdots i_k}$ 为此张量在对应坐标系中的坐标(或

分量)，称为 k 阶张量的协变分量。

定义 2.2.4 如果一个量在任一坐标系中都可以用一个指标编号的 n 个有序数 a^i 表示，且坐标变换时它们服从

$$a^{i'} = \boldsymbol{\beta}_i^{i'} a^i \tag{2.2.4}$$

则称这个量为一阶逆变张量。其中，a^i 为此张量在对应坐标系中的坐标(或分量)，称为一阶张量的逆变分量。可见，一阶张量就是矢量。

如同 k 阶协变张量的定义，k 阶逆变张量即在任一坐标系中都可以用 k 个指标编号的 n^k 个有序数 $A^{i_1 i_2 \cdots i_k}$ 表示，且坐标变换时它们服从

$$A^{i_1' i_2' \cdots i_k'} = \boldsymbol{\beta}_{i_1}^{i_1'} \boldsymbol{\beta}_{i_2}^{i_2'} \cdots \boldsymbol{\beta}_{i_k}^{i_k'} A^{i_1 i_2 \cdots i_k}$$

变换规律。

定义 2.2.5 如果一个量在任一坐标系中都可以用一个下标和一个上标编号的 n^2 个有序数 $A^{j}_{\cdot i}$ 表示，且坐标变换时它们服从

$$A^{j'}_{\cdot i'} = \boldsymbol{\beta}_j^{j'} \boldsymbol{\beta}_{i'}^{i} A^{j}_{\cdot i} \tag{2.2.5}$$

则称这个量为二阶混合张量(或一阶协变一阶逆变张量)。其中，$A^{j}_{\cdot i}$ 此张量在对应坐标系中的坐标(或分量)。

定义 2.2.6 如果一个量在任一坐标系中都可以用 k 个下标及 m 个上标编号的 n^{k+m} 个有序数 $A^{\overset{k}{\cdots} j_1 j_2 \cdots j_m}_{i_1 i_2 \cdots i_k}$ 表示，且坐标变换时它们服从

$$A^{\overset{k}{\cdots} j_1' j_2' \cdots j_m'}_{i_1' i_2' \cdots i_k'} = \boldsymbol{\beta}_{i_1'}^{i_1} \boldsymbol{\beta}_{i_2'}^{i_2} \cdots \boldsymbol{\beta}_{i_k'}^{i_k} \boldsymbol{\beta}_{j_1}^{j_1'} \boldsymbol{\beta}_{j_2}^{j_2'} \cdots \boldsymbol{\beta}_{j_m}^{j_m'} A^{\overset{k}{\cdots} j_1 j_2 \cdots j_m}_{i_1 i_2 \cdots i_k} \tag{2.2.6}$$

则称这个量为 $k+m$ 阶张量(或 k 阶协变 m 阶逆变张量、k 次协变 m 次逆变张量)。其中，$A^{\overset{k}{\cdots} j_1 j_2 \cdots j_m}_{i_1 i_2 \cdots i_k}$ 为此张量在对应坐标系中的坐标(或分量)。

特别要注意的是，为了表明指标的前后顺序，在上下标的对应空缺处用小圆点加以标记，标记后顺序不能任意调换(原因参见第 2.3.2 节中张量的并乘)。

以上 6 个定义都是从张量的分量角度定义的，分别从协变张量、逆变张量、混合张量进行阐述，其中前 5 个定义都可归于定义 2.2.6(即张量的分量定义)。可以看出，张量的定义有两个核心，即在某一坐标系中给出一组有序数，以及该组有序数在坐标变换时服从的变换关系。

(2) 张量的多重线性函数定义

定义 2.2.7 设 $\boldsymbol{a}_1, \boldsymbol{a}_2, \cdots, \boldsymbol{a}_k$ 是 n 维线性空间 V 中的 k 个矢量，$\boldsymbol{b}^1, \boldsymbol{b}^2, \cdots, \boldsymbol{b}^m$ 是其对偶空间中的 m 个矢量。若有一个定义在这 $k+m$ 个矢量上的多重线性函数

$$\boldsymbol{F}:(\boldsymbol{a}_1, \boldsymbol{a}_2, \cdots, \boldsymbol{a}_k, \boldsymbol{b}^1, \boldsymbol{b}^2, \cdots, \boldsymbol{b}^m) \mapsto c \in \mathbb{R}$$

其中，$F = A^{\overset{k}{\cdots} j_1 j_2 \cdots j_m}_{i_1 i_2 \cdots i_k} a_1^{i_1} \cdots a_k^{i_k} b_{j_1}^1 \cdots b_{j_m}^m$，即其对每个变量而言均是线性的。则这个多重线性函数的系数 $A^{\overset{k}{\cdots} j_1 j_2 \cdots j_m}_{i_1 i_2 \cdots i_k}$ $(i_1, \cdots, i_k, j_1, \cdots, j_m = 1, \cdots, n)$ 就构成一个 $k+m$

阶张量。

(3) 张量的并乘定义

对于给定的两组基$\{\boldsymbol{g}^i\}$与$\{\boldsymbol{g}_j\}$，并记$\boldsymbol{g}^{i_1}\cdots\boldsymbol{g}^{i_k}\boldsymbol{g}_{j_1}\cdots\boldsymbol{g}_{j_m}$共$n^{k+m}$个基矢量并乘为基张量，定义$k+m$阶张量为

$$\boldsymbol{A} = A_{i_1 i_2\cdots i_k}^{\overset{\cdots}{k}\,j_1 j_2\cdots j_m}\boldsymbol{g}^{i_1}\cdots\boldsymbol{g}^{i_k}\boldsymbol{g}_{j_1}\cdots\boldsymbol{g}_{j_m} \tag{2.2.7}$$

其实，以上三类张量的定义是等价的。第一类定义强调的是张量的坐标分量及其在坐标变换下的变换关系。第二类定义强调的是张量作为多重线性函数的性质。第三类定义则纯粹是在形式上对矢量的推广。

为了促进对张量的理解和记忆，特别是工程中常用到的几阶张量，现结合代数和几何概念把前几阶张量形象化(以张量的协变分量为例)。

零阶张量，即标量，为一个数，是一维坐标系中的一个点。

一阶张量a_i，即矢量，为一组有序数，是n维坐标系中的一个空间点(或有向线段)。该组有序数可表示为$1\times n$阶矩阵，即$a_i=[a_1 \quad a_2 \quad \cdots \quad a_n]$。若在三维空间中则有3个分量，$a_i=[a_1 \quad a_2 \quad a_3]$。

二阶张量A_{ij}，在n维空间中有n^2个有序数，可表示为$n\times n$阶矩阵，$A_{ij}=\begin{bmatrix} A_{11} & \cdots & A_{1n} \\ \vdots & \ddots & \vdots \\ A_{n1} & \cdots & A_{nn}\end{bmatrix}$，似乎是一个平面(图2.2.1)。

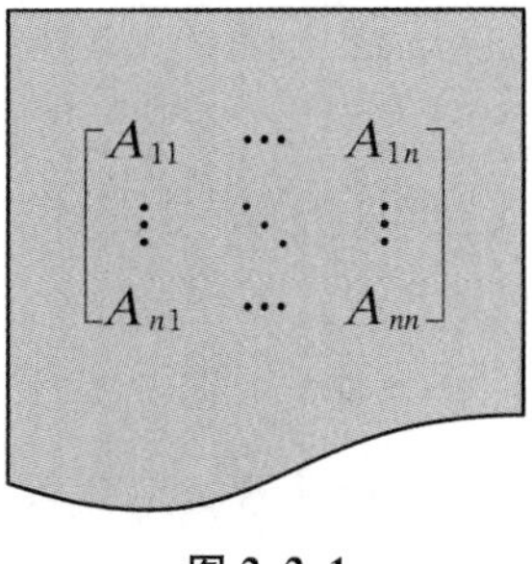

图 2.2.1

若在三维空间中则有9个分量，$A_{ij}=\begin{bmatrix} A_{11} & A_{12} & A_{13} \\ A_{21} & A_{22} & A_{23} \\ A_{31} & A_{32} & A_{33}\end{bmatrix}$。

三阶张量A_{ijk}，在n维空间中有n^3个有序数，可表示为n个$n\times n$阶矩阵，似乎是n个平面构成的一个立方体(图2.2.2)，若在三维空间中则有27个分量(图2.2.3)。

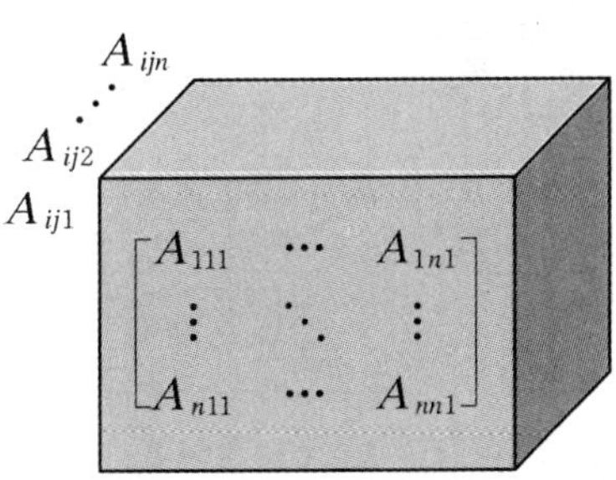

图 2.2.2

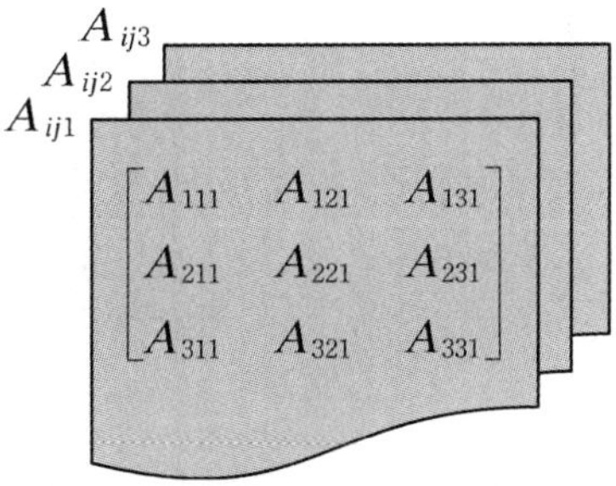

图 2.2.3

四阶张量 A_{ijkp}，在 n 维空间中有 n^4 个有序数，可表示为 n^2 个 $n\times n$ 阶矩阵，似乎是 n 个立方体构成的一个阵列(图 2.2.4)，若在三维空间中则有 81 个分量，即为 3 个由 3 个平面构成的立方体组成的阵列。

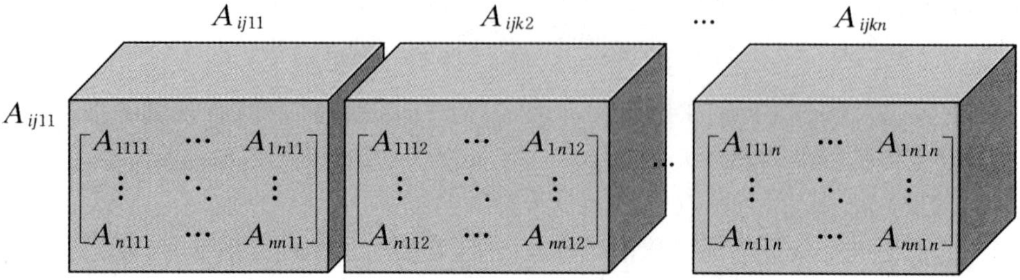

图 2.2.4

五阶张量 A_{ijkpq}，在 n 维空间中有 n^5 个有序数，可表示为 n^3 个 $n\times n$ 阶矩阵，似乎是一堵墙面($n=3$ 时如图 2.2.5 所示)，其中，每块砖为 n 个 $n\times n$ 阶矩阵构成的立方体，每一堵墙面由 n 个立方体阵列构成。

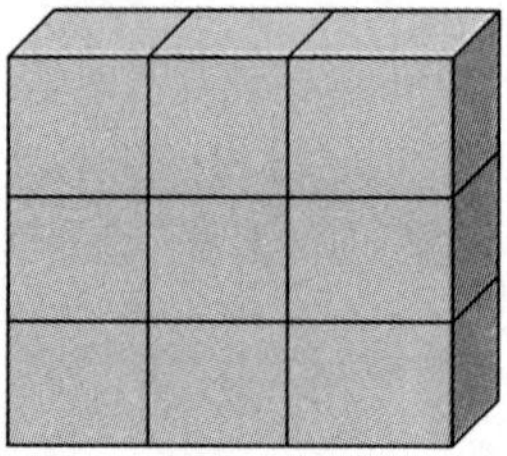

图 2.2.5

六阶张量 A_{ijkpqr}，在 n 维空间中有 n^6 个有序数，可表示为 n^4 个 $n\times n$ 阶矩阵，或 n^3 个立方体，或 n^2 条阵列，或 n 堵墙面。它似乎是一厚堵墙，又似乎是一个魔方($n=3$ 时如图 2.2.6 所示)。

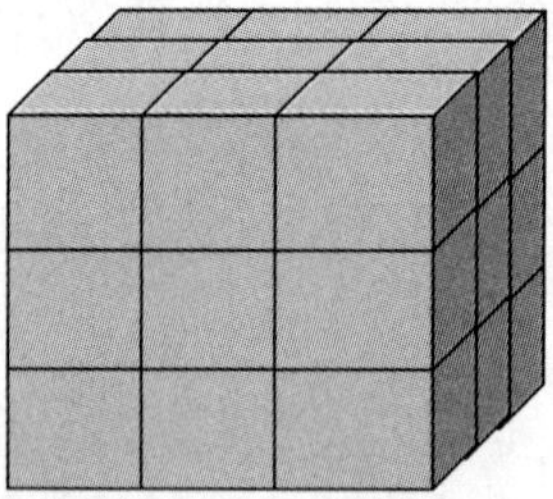

图 2.2.6

可以把魔方看成一个新的“立方体”，以此类推。

2.2.2 几个常用张量

1. 度量张量

在式(2.1.14)中引入了 g_{ij}, g^{ij}, g_i^j，即

$$\boldsymbol{g}_i \cdot \boldsymbol{g}_j = g_{ij}$$

$$\boldsymbol{g}^i \cdot \boldsymbol{g}^j = g^{ij}$$

$$\boldsymbol{g}_i \cdot \boldsymbol{g}^j = g_i^j$$

容易证明 g_{ij}, g^{ij} 为某一张量的分量。

根据张量的分量定义可知，要证明 g_{ij} 是某二阶张量的分量，只需证明其遵守二阶张量分量的变换关系。根据式(2.1.36)，有

$$g_{i'j'} = \boldsymbol{g}_{i'} \cdot \boldsymbol{g}_{j'} = \boldsymbol{\beta}_{i'}^{i} \boldsymbol{g}_i \cdot \boldsymbol{\beta}_{j'}^{j} \boldsymbol{g}_j = \boldsymbol{\beta}_{i'}^{i} \boldsymbol{\beta}_{j'}^{j} g_{ij}$$

即为二阶协变张量。同样也可证明 g^{ij} 为二阶逆变张量。

定义 2.2.8 由分量 g_{ij}, g^{ij} 形成的张量分别成为协变度量张量(或度量张量的协变分量)和逆变度量张量(或度量张量的逆变分量)。度量张量的并乘定义形式为

$$\boldsymbol{G} = g_{ij} \boldsymbol{g}^i \boldsymbol{g}^j = g^{ij} \boldsymbol{g}_i \boldsymbol{g}_j = \delta_i^{\cdot j} \boldsymbol{g}^i \boldsymbol{g}_j = \delta_{\cdot j}^{i} \boldsymbol{g}_i \boldsymbol{g}^j \tag{2.2.8}$$

因为两矢量点乘是可以互换位置的，故有

$$g_{ij} = g_{ji}$$

$$g^{ij} = g^{ji}$$

所以，度量张量又是对称张量。

特别地，$g_i^{\cdot j} = \boldsymbol{g}_i \cdot \boldsymbol{g}^j = \delta_i^j$，$g_{\cdot i}^{j} = \boldsymbol{g}^j \cdot \boldsymbol{g}_i = \delta_i^j$，又称为单位张量。

因为 $\boldsymbol{g}_i (i = 1, 2, \cdots, n)$，$\boldsymbol{g}^j (j = 1, 2, \cdots, n)$ 两组基矢量都是线性独立的，$\boldsymbol{g}_i$ 可表示为 $\boldsymbol{g}^j$ 的线性组合，令 $\boldsymbol{g}_i = \alpha_{ij} \boldsymbol{g}^j$，点乘 $\boldsymbol{g}_k$ 得

$$\boldsymbol{g}_i \cdot \boldsymbol{g}_k = \alpha_{ij} \boldsymbol{g}^j \cdot \boldsymbol{g}_k = \alpha_{ij} \delta_k^j = \alpha_{ik}$$

由式(2.1.14)可知 $\alpha_{ik} = g_{ik}$。同理，令 $\boldsymbol{g}^j = \alpha^{jm} \boldsymbol{g}_m$ 可证得 $\alpha^{jm} = g^{jm}$。即

$$\begin{aligned} \boldsymbol{g}_i &= g_{ij} \boldsymbol{g}^j \\ \boldsymbol{g}^j &= g^{ji} \boldsymbol{g}_i \end{aligned} \tag{2.2.9}$$

故

$$\boldsymbol{g}_i \cdot \boldsymbol{g}^j = g_{ik} \boldsymbol{g}^k \cdot g^{jm} \boldsymbol{g}_m = g_{ik} g^{jm} \delta_m^k = g_{ik} g^{jk}$$

由 $\boldsymbol{g}_i \cdot \boldsymbol{g}^j = \delta_i^j$ 得

$$g_{ik} g^{jk} = \delta_i^j \tag{2.2.10a}$$

其矩阵形式为

$$[g_{ik}] = [g^{jk}]^{-1} \tag{2.2.10b}$$

即协变度量张量 g_{ik} 与逆变度量张量 g^{jk} 互逆。

为了让大家更深刻地理解度量张量的内涵，我们来看看其几何角度上的定义。

在 n 维坐标系中，坐标轴为 $x^i(i=1,\cdots,n)$，点 y^i 到 $y^i+\mathrm{d}y^i$ 的距离平方为

$$\mathrm{d}s^2 = \mathrm{d}y^m\mathrm{d}y^m = (\mathrm{d}y^1)^2 + (\mathrm{d}y^2)^2 + \cdots + (\mathrm{d}y^n)^2$$

其中，$y^i = y^i(x^1, x^2, \cdots, x^n)(i=1,\cdots,n)$。又

$$\mathrm{d}y^m = \frac{\partial y^m}{\partial x^j}\mathrm{d}x^j \quad (m = 1,\cdots,n)$$

所以，有

$$\mathrm{d}s^2 = \mathrm{d}y^m\mathrm{d}y^m = \frac{\partial y^m}{\partial x^i}\frac{\partial y^m}{\partial x^j}\mathrm{d}x^i\mathrm{d}x^j$$

令 $g_{ij}=\dfrac{\partial y^m}{\partial x^i}\dfrac{\partial y^m}{\partial x^j}(i,j=1,\cdots,n)$，称为坐标 $x^i(i=1,\cdots,n)$空间的度量。则有

$$\mathrm{d}s^2 = \frac{\partial y^m}{\partial x^i}\frac{\partial y^m}{\partial x^j}\mathrm{d}x^i\mathrm{d}x^j = g_{ij}\mathrm{d}x^i\mathrm{d}x^j$$

由于 g_{ij} 具有张量特性，故又称为度量张量(协变度量张量分量)。

(1) 指标的升降

对于矢量 $\boldsymbol{a} = a^i\boldsymbol{g}_i = a_j\boldsymbol{g}^j(i,j=1,2,3)$，代入式(2.2.9)有

$$\begin{aligned} a^i\boldsymbol{g}_i\cdot\boldsymbol{g}_j &= a_j\boldsymbol{g}^j\cdot\boldsymbol{g}_j \text{ 即 } a_j = a^i g_{ij} \\ a^i\boldsymbol{g}_i\cdot\boldsymbol{g}^i &= a_j\boldsymbol{g}^j\cdot\boldsymbol{g}^i \text{ 即 } a^i = a_j g^{ij} \end{aligned} \tag{2.2.11}$$

其中，a^i，a_j 即上一节所述的矢量的逆变和协变分量，又称为一阶逆变张量和一阶协变张量。

式(2.2.9)和式(2.2.11)统称为指标的升降(即上升或下降)，其中协变度量张量 g_{ij} 起的是降指标作用，逆变度量张量 g^{ij} 起的是升指标作用。指标的升降对任何张量均适用，如

$$\begin{aligned} A^{i_2\cdots i_q}_{j_1 j_2\cdots j_p} &= g_{j_1 i_1}A^{i_1 i_2\cdots i_q}_{j_2\cdots j_p} \\ A^{m}_{\cdot jk} &= g^{mi}A_{ijk} \\ A^{i\cdot k}_{\cdot m} &= g_{mj}A^{ijk} \\ A_i^{\cdot nm} &= g^{mk}g^{nj}A_{ijk} \\ A_{mjk} &= g_{im}A^{i}_{\cdot jk} \end{aligned}$$

(2) 拉梅(Lamé)系数

在曲线坐标系中，如果 x^1，x^2，x^3 三坐标线处处正交，则称为正交曲线坐标系，如柱坐标系和球坐标系。其中，在柱坐标系中，由式(2.1.27a)和式(2.1.30)有

$$\begin{aligned} \boldsymbol{g}_1 &= \cos x^2\boldsymbol{i} + \sin x^2\boldsymbol{j} \\ \boldsymbol{g}_2 &= -x^1\sin x^2\boldsymbol{i} + x^1\cos x^2\boldsymbol{j} \\ \boldsymbol{g}_3 &= 1\boldsymbol{k} \end{aligned}$$

所以

$$g_{11}=g_{33}=1,\quad g_{22}=(x^1)^2,\quad g_{ij}=g^{ij}=0\quad(i\neq j,i,j=1,2,3)$$
$$g^{11}=g^{33}=1,\quad g^{22}=(x^1)^{-2}\tag{2.2.12a}$$

在球坐标系中,由式(2.1.27b),有

$$\boldsymbol{g}_1=\sin x^2\cos x^3\boldsymbol{i}+\sin x^2\sin x^3\boldsymbol{j}+\cos x^2\boldsymbol{k}$$
$$\boldsymbol{g}_2=x^1\cos x^2\cos x^3\boldsymbol{i}+x^1\cos x^2\sin x^3\boldsymbol{j}-x^1\sin x^2\boldsymbol{k}$$
$$\boldsymbol{g}_3=-x^1\sin x^2\sin x^3\boldsymbol{i}+x^1\sin x^2\cos x^3\boldsymbol{j}$$

所以

$$\begin{aligned}&g_{11}=1,\quad g_{22}=(x^1)^2,\quad g_{33}=(x^1\sin x^2)^2\\&g_{ij}=g^{ij}=0\quad(i\neq j,i,j=1,2,3)\\&g^{11}=1,\quad g_{22}=(x^1)^{-2},\quad g_{33}=(x^1\sin x^2)^{-2}\end{aligned}\tag{2.2.12b}$$

由式(2.1.35),其长度的平方为

$$\begin{aligned}ds^2&=d\boldsymbol{r}\cdot d\boldsymbol{r}=dx^i\boldsymbol{g}_i\cdot dx^i\boldsymbol{g}_i\\&=(dx^i)^2g_{ii}\quad(i=1,2,3)\end{aligned}$$

定义 2.2.9　拉梅系数 $h_i(i=1,2,3)$为基矢量的长度

$$h_i=|\boldsymbol{g}_i|=\sqrt{g_{ii}}\tag{2.2.13}$$

h_i 几何意义为坐标 x^i 有单位增量 dx^i 时坐标曲线所变化的弧长增量(图 2.2.7)。即

$$\begin{aligned}ds^2&=(h_idx^i)^2=(ds_1)^2+(ds_2)^2+(ds_3)^2\\&=(h_1dx^1)^2+(h_2dx^2)^2+(h_3dx^3)^2\end{aligned}\tag{2.2.14}$$

如在柱坐标系中,$h_1=h_3=1,h_2=x^1$;在球坐标系中,$h_1=1,h_2=x^1,h_3=x^1\sin x^2$,结合图 2.2.8 进行理解。

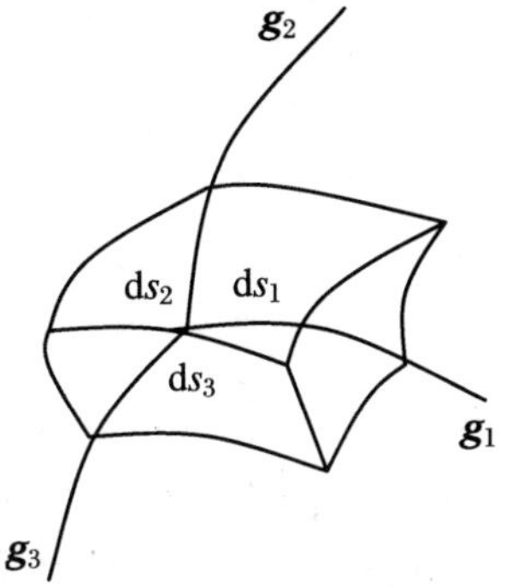

图 2.2.7

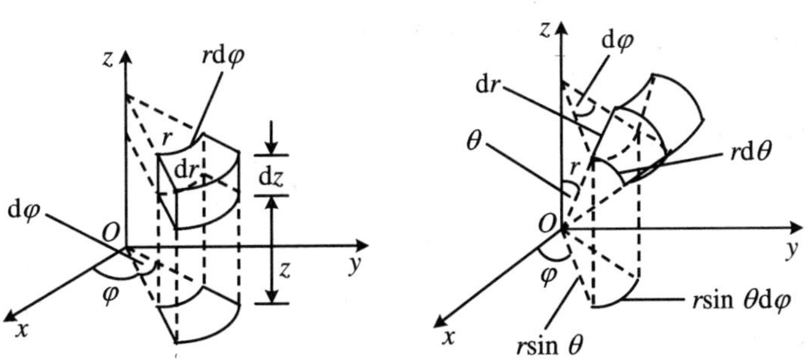

(a)　(b)

图 2.2.8

在 n 维空间中,正交曲线坐标系下的度量张量为

$$g_{ij}=\begin{cases}(h_i)^2 & (i=j)\\ 0 & (i\neq j)\end{cases}$$
$$g^{ij}=\begin{cases}\dfrac{1}{(h_i)^2} & (i=j)\\ 0 & (i\neq j)\end{cases} \tag{2.2.15a}$$

即

$$[g_{ij}]=\begin{bmatrix}(h_1)^2 & & & \\ & (h_2)^2 & & \\ & & \ddots & \\ & & & (h_n)^2\end{bmatrix}$$
$$[g^{ij}]=\begin{bmatrix}\dfrac{1}{(h_1)^2} & & & \\ & \dfrac{1}{(h_2)^2} & & \\ & & \ddots & \\ & & & \dfrac{1}{(h_n)^2}\end{bmatrix} \tag{2.2.15b}$$

且有

$$\sqrt{g}=\sqrt{g_{11}g_{22}\cdots g_{nn}}=h_1h_2\cdots h_n \tag{2.2.15c}$$

式中,$h_i(i=1,2,\cdots,n)$为拉梅系数。

(3) 微分算子在正交曲线坐标系中的表达式

由前面的介绍可知,在正交曲线坐标系中,有矢径的微分为

$$\mathrm{d}\boldsymbol{r}=h_1\mathrm{d}x^1\boldsymbol{e}_1+h_2\mathrm{d}x^2\boldsymbol{e}_2+h_3\mathrm{d}x^3\boldsymbol{e}_3$$

式中,$\boldsymbol{e}_1,\boldsymbol{e}_2,\boldsymbol{e}_3$ 为 x^1,x^2,x^3 方向上的单位矢量。对应增量的弧长微分为

$$\mathrm{d}s^2=\mathrm{d}s_1^2+\mathrm{d}s_2^2+\mathrm{d}s_3^2=(h_1\mathrm{d}x^1)^2+(h_2\mathrm{d}x^2)^2+(h_3\mathrm{d}x^3)^2$$

以 $\mathrm{d}s_1,\mathrm{d}s_2,\mathrm{d}s_3$ 为边的平行六面体的体积为

$$\mathrm{d}V=h_1h_2h_3\mathrm{d}x^1\mathrm{d}x^2\mathrm{d}x^3$$

对应的各面面积为

$$\begin{cases}\mathrm{d}S_1=h_2h_3\mathrm{d}x^2\mathrm{d}x^3\\ \mathrm{d}S_2=h_1h_3\mathrm{d}x^1\mathrm{d}x^3\\ \mathrm{d}S_3=h_1h_2\mathrm{d}x^1\mathrm{d}x^2\end{cases}$$

以及在柱坐标系中有

$$h_1=h_3=1,\quad h_2=r$$

在球坐标系中有

$$h_1 = 1,\quad h_2 = r,\quad h_3 = r\sin\theta$$

① 梯度在正交曲线坐标系中的表达式

标量 u 的梯度($\mathbf{grad}\ u$)在正交曲线坐标系上的投影分别是该方向上的方向导数$\frac{\partial u}{\partial s_1},\frac{\partial u}{\partial s_2},\frac{\partial u}{\partial s_3}$,所以有

$$\mathbf{grad}\ u = \nabla u = \frac{1}{h_1}\frac{\partial u}{\partial x^1}\boldsymbol{e}_1 + \frac{1}{h_2}\frac{\partial u}{\partial x^2}\boldsymbol{e}_2 + \frac{1}{h_3}\frac{\partial u}{\partial x^3}\boldsymbol{e}_3 \tag{2.2.16}$$

即为 $\mathbf{grad}\ u$ 在正交曲线坐标系中的表达式。如在柱坐标系和球坐标系中的形式分别为

$$\mathbf{grad}\ u = \nabla u = \frac{\partial u}{\partial r}\boldsymbol{e}_r + \frac{1}{r}\frac{\partial u}{\partial \theta}\boldsymbol{e}_\theta + \frac{\partial u}{\partial z}\boldsymbol{e}_z \tag{2.2.17}$$

$$\mathbf{grad}\ u = \nabla u = \frac{\partial u}{\partial r}\boldsymbol{e}_r + \frac{1}{r}\frac{\partial u}{\partial \theta}\boldsymbol{e}_\theta + \frac{1}{r\sin\theta}\frac{\partial u}{\partial \varphi}\boldsymbol{e}_\varphi \tag{2.2.18}$$

② 散度在正交曲线坐标系中的表达式

由散度的定义可知 $\mathrm{div}\ \boldsymbol{a} = \nabla\cdot\boldsymbol{a} = \lim\limits_{\Delta\Omega\to M}\dfrac{\oint\!\!\!\oint_{\Delta s}\boldsymbol{a}\cdot\mathrm{d}\boldsymbol{s}}{\Delta v}$,其中矢量 $\boldsymbol{a}$ 经过六个面的总通量为

$$\oint\!\!\!\oint_{\Delta s}\boldsymbol{a}\cdot\mathrm{d}\boldsymbol{s} = \left[\frac{\partial(a_1h_2h_3)}{\partial x^1} + \frac{\partial(a_2h_3h_1)}{\partial x^2} + \frac{\partial(a_3h_1h_2)}{\partial x^3}\right]\mathrm{d}x^1\mathrm{d}x^2\mathrm{d}x^3 \tag{2.2.19}$$

所以,有

$$\begin{aligned}\mathrm{div}\ \boldsymbol{a} = \nabla\cdot\boldsymbol{a} &= \lim_{\Delta\Omega\to M}\frac{\oint\!\!\!\oint_{\Delta s}\boldsymbol{a}\cdot\mathrm{d}\boldsymbol{s}}{\Delta v}\\ &= \frac{1}{h_1h_2h_3}\left[\frac{\partial(a_1h_2h_3)}{\partial x^1} + \frac{\partial(a_2h_3h_1)}{\partial x^2} + \frac{\partial(a_3h_1h_2)}{\partial x^3}\right]\end{aligned} \tag{2.2.20}$$

即为 $\mathrm{div}\ \boldsymbol{a}$ 在正交曲线坐标系中的表达式。如在柱坐标系和球坐标系中的形式分别为

$$\mathrm{div}\ \boldsymbol{a} = \nabla\cdot\boldsymbol{a} = \frac{1}{r}\frac{\partial(ra_r)}{\partial r} + \frac{1}{r}\frac{\partial a_\theta}{\partial\theta} + \frac{\partial a_z}{\partial z} \tag{2.2.21}$$

$$\mathrm{div}\ \boldsymbol{a} = \nabla\cdot\boldsymbol{a} = \frac{1}{r^2}\frac{\partial(r^2a_r)}{\partial r} + \frac{1}{r\sin\theta}\frac{\partial(\sin\theta a_\theta)}{\partial\theta} + \frac{1}{r\sin\theta}\frac{\partial a_\varphi}{\partial\varphi} \tag{2.2.22}$$

③ 旋度在正交曲线坐标系中的表达式

由旋度的定义可知

$$\mathbf{curl}\ \boldsymbol{a}\cdot\boldsymbol{e}_n = \lim_{\Delta s\to M}\frac{\oint_{\Delta L}\boldsymbol{a}\cdot\mathrm{d}\boldsymbol{L}}{\Delta s} \tag{2.2.23}$$

试求 curl $\boldsymbol{a}$ 在x^1 轴上的投影,此时取 n 为x^1 的正方向,面为 $\mathrm{d}S_1$,则可求得矢量 $\boldsymbol{a}$ 的环量为$\left[\frac{\partial(h_3 a_3)}{\partial x^2}-\frac{\partial(h_2 a_2)}{\partial x^3}\right]\mathrm{d}x^2\mathrm{d}x^3$,所以有

$$(\mathbf{curl}\ \boldsymbol{a})_1=\frac{1}{h_2 h_3}\left[\frac{\partial(h_3 a_3)}{\partial x^2}-\frac{\partial(h_2 a_2)}{\partial x^3}\right] \tag{2.2.24a}$$

同理,可求得

$$\begin{aligned}(\mathbf{curl}\ \boldsymbol{a})_2&=\frac{1}{h_3 h_1}\left[\frac{\partial(h_1 a_1)}{\partial x^3}-\frac{\partial(h_3 a_3)}{\partial x^1}\right]\\(\mathbf{curl}\ \boldsymbol{a})_3&=\frac{1}{h_1 h_2}\left[\frac{\partial(h_2 a_2)}{\partial x^1}-\frac{\partial(h_1 a_1)}{\partial x^2}\right]\end{aligned} \tag{2.2.24b}$$

可合成为

$$\mathbf{curl}\ \boldsymbol{a}=\frac{1}{h_1 h_2 h_3}\begin{vmatrix}h_1\boldsymbol{e}_1 & h_2\boldsymbol{e}_2 & h_3\boldsymbol{e}_3\\ \dfrac{\partial}{\partial x^1} & \dfrac{\partial}{\partial x^2} & \dfrac{\partial}{\partial x^3}\\ h_1 a_1 & h_2 a_2 & h_3 a_3\end{vmatrix} \tag{2.2.25}$$

即为 curl $\boldsymbol{a}$ 在正交曲线坐标系中的表达式。如在柱坐标系和球坐标系中的形式分别为

$$\begin{cases}(\mathbf{curl}\ \boldsymbol{a})_r=\dfrac{1}{r}\dfrac{\partial a_z}{\partial\theta}-\dfrac{\partial a_\theta}{\partial z}\\(\mathbf{curl}\ \boldsymbol{a})_\theta=\dfrac{\partial a_r}{\partial z}-\dfrac{\partial a_z}{\partial r}\\(\mathbf{curl}\ \boldsymbol{a})_z=\dfrac{1}{r}\left[\dfrac{\partial(ra_\theta)}{\partial_r}-\dfrac{\partial a_r}{\partial\theta}\right]\end{cases} \tag{2.2.26}$$

$$\begin{cases}(\mathbf{curl}\ \boldsymbol{a})_r=\dfrac{1}{r\sin\theta}\left[\dfrac{\partial(a_\varphi\sin\theta)}{\partial_\theta}-\dfrac{\partial a_\theta}{\partial\varphi}\right]\\(\mathbf{curl}\ \boldsymbol{a})_\theta=\dfrac{1}{r\sin\theta}\dfrac{\partial a_r}{\partial\varphi}-\dfrac{1}{r}\dfrac{\partial(ra_\varphi)}{\partial r}\\(\mathbf{curl}\ \boldsymbol{a})_\varphi=\dfrac{1}{r}\left[\dfrac{\partial(ra_\theta)}{\partial r}-\dfrac{\partial a_r}{\partial\theta}\right]\end{cases} \tag{2.2.27}$$

④ 拉普拉斯算子在正交曲线坐标系中的表达式

令 $\boldsymbol{a}=\mathbf{grad}\ u$ 代入 div $\boldsymbol{a}$ 在正交曲线坐标系中的表达式(2.2.20)中,并结合式(2.2.16),可得

$$\Delta u=\frac{1}{h_1 h_2 h_3}\left[\frac{\partial}{\partial x^1}\left(\frac{h_2 h_3}{h_1}\frac{\partial u}{\partial x^1}\right)+\frac{\partial}{\partial x^2}\left(\frac{h_3 h_1}{h_2}\frac{\partial u}{\partial x^2}\right)+\frac{\partial}{\partial x^3}\left(\frac{h_1 h_2}{h_3}\frac{\partial u}{\partial x^3}\right)\right] \tag{2.2.28}$$

即为 Δu 在正交曲线坐标系中的表达式。如在柱坐标系和球坐标系中的形式分别为

$$\Delta u = \frac{1}{r}\frac{\partial}{\partial r}\left(r\frac{\partial u}{\partial r}\right) + \frac{1}{r^2}\frac{\partial^2 u}{\partial \theta^2} + \frac{\partial^2 u}{\partial z^2} \tag{2.2.29}$$

$$\Delta u = \frac{1}{r^2}\frac{\partial}{\partial r}\left(r^2\frac{\partial u}{\partial r}\right) + \frac{1}{r^2 \sin\theta}\frac{\partial}{\partial \theta}\left(\sin\theta\frac{\partial u}{\partial \theta}\right) + \frac{1}{r^2\sin^2\theta}\frac{\partial^2 u}{\partial \varphi^2} \tag{2.2.30}$$

2. Levi-Civita 符号

（1）置换符号

引入置换符号（或排列符号、Ricci 符号），其定义为

$$e_{i_1\cdots i_n} = e^{i_1\cdots i_n} = \begin{cases} 1 & (i_n\cdots i_n \text{ 是 } 1\cdots n \text{ 的偶排列}) \\ -1 & (i_1\cdots i_n \text{ 是 } 1\cdots n \text{ 的奇排列}) \\ 0 & (\text{有重复指标}) \end{cases} \tag{2.2.31a}$$

在三维直角坐标系中，可写为

$$e_{ijk} = e^{ijk} = \begin{cases} 1 & (ijk \text{ 是 } 123 \text{ 的偶排列}) \\ -1 & (ijk \text{ 是 } 123 \text{ 的奇排列}) \\ 0 & (\text{有重复指标}) \end{cases}$$

即

$$e_{ijk} = e_{jki} = e_{kij} = -e_{jik} = -e_{ikj} = -e_{kji}$$

利用置换符号可以将很多运算简化。

引入广义克罗内克（Kronecker）δ 符号，即

$$\delta^{ij\cdots k}_{nm\cdots p} = \begin{vmatrix} \delta^i_m & \delta^i_n & \cdots & \delta^i_p \\ \delta^j_m & \delta^j_n & \cdots & \delta^j_p \\ \vdots & \vdots & \ddots & \vdots \\ \delta^k_m & \delta^k_n & \cdots & \delta^k_p \end{vmatrix} \tag{2.2.32a}$$

在三维直角坐标系中，可写为

$$\delta^{ijk}_{mnp} = \begin{vmatrix} \delta^i_m & \delta^i_n & \delta^i_p \\ \delta^j_m & \delta^j_n & \delta^j_p \\ \delta^k_m & \delta^k_n & \delta^k_p \end{vmatrix} \quad (i,j,k,m,n,p = 1,2,3)$$

由于上式排列中的任一置换都改变行列式的符号，所以行列式可表示为

$$\delta^{ijk}_{mnp} = \begin{vmatrix} \delta^i_m & \delta^i_n & \delta^i_p \\ \delta^j_m & \delta^j_n & \delta^j_p \\ \delta^k_m & \delta^k_n & \delta^k_p \end{vmatrix} = e^{ijk}e_{mnp} \tag{2.2.32b}$$

展开上述行列式，得

$$e^{ijk}e_{mnp} = \delta^i_m\delta^j_n\delta^k_p - \delta^i_m\delta^j_p\delta^k_n + \delta^i_n\delta^j_p\delta^k_m - \delta^i_n\delta^j_m\delta^k_p + \delta^i_p\delta^j_m\delta^k_n - \delta^i_p\delta^j_n\delta^k_m$$

令指标 $p = k$，可得

$$e^{ijk}e_{mnk} = \delta^i_m\delta^j_n\delta^k_k - \delta^i_m\delta^j_k\delta^k_n + \delta^i_n\delta^j_k\delta^k_m - \delta^i_n\delta^j_m\delta^k_k + \delta^i_k\delta^j_m\delta^k_n - \delta^i_k\delta^j_n\delta^k_m$$

$$= (\delta^i_m\delta^j_n - \delta^i_n\delta^j_m)\delta^k_k + (\delta^i_k\delta^j_m - \delta^i_m\delta^j_k)\delta^k_n + (\delta^i_n\delta^j_k - \delta^i_k\delta^j_n)\delta^k_m$$
$$= 3(\delta^i_m\delta^j_n - \delta^i_n\delta^j_m) - (\delta^i_m\delta^j_n - \delta^i_n\delta^j_m) - (\delta^i_m\delta^j_n - \delta^i_n\delta^j_m)$$
$$= \delta^i_m\delta^j_n - \delta^i_n\delta^j_m$$

即

$$e^{ijk}e_{mnk} = e^{kij}e_{kmn} = \delta^{ijk}_{mnk} = \delta^{ij}_{mn} = \begin{vmatrix} \delta^i_m & \delta^i_n \\ \delta^j_m & \delta^j_n \end{vmatrix} = \delta^i_m\delta^j_n - \delta^i_n\delta^j_m \tag{2.2.33a}$$

称为 e-δ 恒等式。

同理,下列等式也为 e-δ 恒等式:

$$e_{ijk}e^{mnk} = \delta^m_i\delta^n_j - \delta^n_i\delta^m_j \tag{2.2.33b}$$

$$e_{ijk}e_{mnk} = \delta_{im}\delta_{jn} - \delta_{in}\delta_{jm} \tag{2.2.33c}$$

由 e-δ 恒等式可得

$$\begin{aligned} e^{ijk}e_{mjk} &= \delta^i_m\delta^j_j - \delta^i_j\delta^j_m = 2\delta^i_m \\ e^{ijk}e_{ijk} &= 2\delta^i_i = 6 \end{aligned} \tag{2.2.34}$$

同样,利用 e-δ 恒等式,可以用广义克罗内克(Kronecker)δ 符号来定义置换符号,有

$$\begin{aligned} e_{i_1i_2i_3\cdots i_n} &= \delta^{123\cdots n}_{i_1i_2i_3\cdots i_n} \\ e^{i_1i_2i_3\cdots i_n} &= \delta^{i_1i_2i_3\cdots i_n}_{123\cdots n} \end{aligned} \tag{2.2.31b}$$

可以说,置换符号是一类特殊的广义克罗内克 δ 符号。

此外,置换符号的性质还有

$$\begin{aligned} & e^{i_1i_2\cdots i_n}e_{i_1i_2\cdots i_n} = n! \\ & e_{k_1k_2\cdots k_m i_1i_2\cdots i_{n-m}}e^{j_1j_2\cdots j_m i_1i_2\cdots i_{n-m}} = (n-m)!\,\delta^{j_1j_2\cdots j_m}_{k_1k_2\cdots k_m} \\ & \delta^{j_1j_2\cdots j_m}_{k_1k_2\cdots k_m}A_{j_1j_2\cdots j_m} = m!\,A_{k_1k_2\cdots k_m} \end{aligned} \tag{2.2.35}$$

其中,形如式 $B^{j_1j_2\cdots j_{n-m}} = \dfrac{1}{m!}e^{j_1j_2\cdots j_{n-m}i_1i_2\cdots i_m}A_{i_1i_2\cdots i_m}$ $(m \leqslant n)$ 中 $\boldsymbol{B}$ 又称为$\boldsymbol{A}$ 的对偶张量。

以一矩阵 $\boldsymbol{A} = [a_{ij}]_{n\times n}$对应的行列式为例,来说明置换符号的简化作用。

$$|\boldsymbol{A}| = e_{i_1i_2i_i\cdots i_n}a_{1i_1}a_{2i_2}a_{3i_3}\cdots a_{ni_n}$$

若在三维直角坐标系中,则有

$$\begin{aligned} |\boldsymbol{A}| &= e_{ijk}a_{1i}a_{2j}a_{3k} \\ &= e_{ijk}a_{i1}a_{j2}a_{k3} \\ &= e_{ijk}a^i_1a^j_2a^k_3 \\ &= e_{ijk}a^1_ia^2_ja^3_k \end{aligned}$$

可见,上式下标123改成231或312,其正负号不变,若改成132、213或321,则其相差一个负号。这种性质可表示为

$$|\boldsymbol{A}|e_{mnp}=e_{ijk}a^i_m a^j_n a^k_p$$

同理,可得

$$|\boldsymbol{A}|e^{mnp}=e^{ijk}a^m_i a^n_j a^p_k$$

$$|\boldsymbol{A}|e_{mnp}=e_{ijk}a_{im}a_{jn}a_{kp}$$

若

$$|\boldsymbol{A}|=\begin{vmatrix} a^1_1 & a^1_2 & a^1_3 \\ a^2_1 & a^2_2 & a^2_3 \\ a^3_1 & a^3_2 & a^3_3 \end{vmatrix}$$

展开得

$$\begin{aligned}|\boldsymbol{A}|&=e_{mnp}a^m_1 a^n_2 a^p_3\\&=e^{ijk}a^1_i a^2_j a^3_k\end{aligned}$$

令 A^i_r 为行列式 $|\boldsymbol{A}|$ 中元素 a^r_i 的代数余子式,则有 a^m_1 的代数余子式为

$$A^1_m=e_{mnp}a^n_2 a^p_3$$

又因为 $|\boldsymbol{A}|=e_{mnp}a^m_1 a^n_2 a^p_3$,所以

$$|\boldsymbol{A}|=a^m_1 A^1_m=a^1_1 A^1_1+a^2_1 A^1_2+a^3_1 A^1_3$$

即行列式 $|\boldsymbol{A}|$ 可由第一列的元素及其对应的代数余子式乘积之和得到。

同理,有

$$A^2_n=e_{mnp}a^m_1 a^p_3$$

$$A^3_p=e_{mnp}a^m_1 a^n_2\quad |\boldsymbol{A}|=a^n_2 A^2_n=a^1_2 A^2_1+a^2_2 A^2_2+a^3_2 A^2_3$$

$$|\boldsymbol{A}|=a^p_3 A^3_p=a^1_3 A^3_1+a^2_3 A^3_2+a^3_3 A^3_3$$

由式(2.2.32b),上式可变换为

$$A^1_m=e^{123}e_{mnp}a^n_2 a^p_3=\frac{1}{2!}e^{1jk}e_{mnp}a^n_j a^p_k=\frac{1}{2!}\delta^{1jk}_{mnp}a^n_j a^p_k$$

$$A^2_m=e^{123}e_{nmp}a^n_1 a^p_3=\frac{1}{2!}e^{2jk}e_{mnp}a^n_j a^p_k=\frac{1}{2!}\delta^{2jk}_{mnp}a^n_j a^p_k$$

$$A^3_m=e^{123}e_{pnm}a^p_1 a^n_2=\frac{1}{2!}e^{3jk}e_{mnp}a^n_j a^p_k=\frac{1}{2!}\delta^{3jk}_{mnp}a^n_j a^p_k$$

综合以上三式为

$$A^i_m=\frac{1}{2!}\delta^{ijk}_{mnp}a^n_j a^p_k$$

所以

$$a^r_m A^i_r=\frac{1}{2!}\delta^{ijk}_{rnp}a^n_j a^p_k a^r_m=\frac{1}{2!}e^{ijk}e_{rnp}a^r_m a^n_j a^p_k=\frac{1}{2!}e^{ijk}e_{mjk}|\boldsymbol{A}|=\frac{1}{2!}\delta^{ijk}_{mjk}|\boldsymbol{A}|$$

把式(2.2.34)代入,得

$$a^r_m A^i_r = \frac{1}{2!}\delta^{ijk}_{mjk} \mid \boldsymbol{A} \mid = \delta^i_m \mid \boldsymbol{A} \mid$$

同理,有

$$a^m_r A^r_i = = \mid \boldsymbol{A} \mid \delta^m_i$$

(2) Levi-Civita 符号

在三维直角坐标系中,设其单位基矢量为 $\boldsymbol{e}_1,\boldsymbol{e}_2,\boldsymbol{e}_3$(即前文所述的 $\boldsymbol{i},\boldsymbol{j},\boldsymbol{k}$),有

$$[\boldsymbol{e}_1,\boldsymbol{e}_2,\boldsymbol{e}_3] = \boldsymbol{e}_1 \cdot (\boldsymbol{e}_2 \times \boldsymbol{e}_3) = 1$$

其变化规则同置换符号,即可把置换符号看成是三个单位基矢量的混合积

$$[\boldsymbol{e}_i,\boldsymbol{e}_j,\boldsymbol{e}_k] = e_{ijk} \quad (i,j,k = 1,2,3) \tag{2.2.36}$$

对于斜角直线坐标系或曲线坐标系,由式(2.1.18)和式(2.1.21)有

$$\begin{aligned} [\boldsymbol{g}_i,\boldsymbol{g}_j,\boldsymbol{g}_k] &= \sqrt{g}\, e_{ijk} \\ [\boldsymbol{g}^i,\boldsymbol{g}^j,\boldsymbol{g}^k] &= \frac{1}{\sqrt{g}} e^{ijk} \end{aligned} \tag{2.2.37}$$

可以证明基矢量的混合积具备张量特性,符合三阶张量分量的变换关系,故又称为置换张量。为了书写简便,引入 Levi-Civita 符号来表达置换张量,即

$$\begin{aligned} \varepsilon_{ijk} &= [\boldsymbol{g}_i,\boldsymbol{g}_j,\boldsymbol{g}_k] = \sqrt{g}\, e_{ijk} \\ \varepsilon^{ijk} &= [\boldsymbol{g}^i,\boldsymbol{g}^j,\boldsymbol{g}^k] = \frac{1}{\sqrt{g}} e^{ijk} \end{aligned} \tag{2.2.38a}$$

有

$$\varepsilon_{ijk} = \begin{cases} +\sqrt{g} & (i,j,k\ \text{是偶排列}) \\ -\sqrt{g} & (i,j,k\ \text{是奇排列}) \\ 0 & (\text{有重复指标}) \end{cases} \tag{2.2.38b}$$

$$\varepsilon^{ijk} = \begin{cases} +\dfrac{1}{\sqrt{g}} & (i,j,k\ \text{是偶排列}) \\ -\dfrac{1}{\sqrt{g}} & (i,j,k\ \text{是奇排列}) \\ 0 & (\text{有重复指标}) \end{cases} \tag{2.2.38c}$$

所以,Levi-Civita 符号(或置换张量、Eddington 张量)的并乘定义形式为

$$\boldsymbol{\varepsilon} = \varepsilon_{ijk}\boldsymbol{g}^i\boldsymbol{g}^j\boldsymbol{g}^k = \varepsilon^{ijk}\boldsymbol{g}_i\boldsymbol{g}_j\boldsymbol{g}_k \tag{2.2.39}$$

且有

$$\begin{aligned} \varepsilon^{mnp} &= \varepsilon_{ijk} g^{im} g^{jn} g^{kp} \\ \varepsilon_{mnp} &= \varepsilon^{ijk} g_{im} g_{jn} g_{kp} \end{aligned} \tag{2.2.40}$$

在三维空间中,设矢量 $\boldsymbol{c} = c_i\boldsymbol{g}^i$,$\boldsymbol{a} = a^j\boldsymbol{g}_j$,$\boldsymbol{b} = b^k\boldsymbol{g}_k$,且 $\boldsymbol{c} = \boldsymbol{a} \times \boldsymbol{b}$。有

$$\boldsymbol{c} = a^j\boldsymbol{g}_j \times b^k\boldsymbol{g}_k = a^j b^k (\boldsymbol{g}_j \times \boldsymbol{g}_k)$$

$$\boldsymbol{c} \cdot \boldsymbol{g}_i = c_i = a^j b^k (\boldsymbol{g}_j \times \boldsymbol{g}_k) \cdot \boldsymbol{g}_i$$

即

$$\boldsymbol{c} = c_i \boldsymbol{g}^i = \varepsilon_{ijk} a^j b^k \boldsymbol{g}^i$$

所以

$$\boldsymbol{g}_j \times \boldsymbol{g}_k = \varepsilon_{ijk} \boldsymbol{g}^i \tag{2.2.41a}$$

同理,有

$$\boldsymbol{g}^j \times \boldsymbol{g}^k = \varepsilon^{ijk} \boldsymbol{g}_i \tag{2.2.41b}$$

需要注意的是,置换符号只是一个指标符号,其不具备张量的特性,而 Levi-Civita 符号和克罗内克 δ 符号具备张量特性。特别地,在直角坐标系中,由式(2.2.38a)可知,置换符号与 Levi-Civita 符号(即置换张量)等价。

例 2.2.1 在三维直角坐标系中,证明 $\boldsymbol{a} \times (\boldsymbol{b} \times \boldsymbol{c}) = (\boldsymbol{c} \cdot \boldsymbol{a})\boldsymbol{b} - (\boldsymbol{a} \cdot \boldsymbol{b})\boldsymbol{c}$。

证明

$$\begin{aligned}
\boldsymbol{a} \times (\boldsymbol{b} \times \boldsymbol{c}) &= a_i \boldsymbol{e}_i \times (b_j \boldsymbol{e}_j \times c_k \boldsymbol{e}_k) \\
&= \varepsilon_{jkm} a_i b_j c_k \boldsymbol{e}_i \times \boldsymbol{e}_m \\
&= \varepsilon_{jkm} \varepsilon_{imn} a_i b_j c_k \boldsymbol{e}_n
\end{aligned}$$

利用式(2.2.33c)可得

$$\begin{aligned}
\boldsymbol{a} \times (\boldsymbol{b} \times \boldsymbol{c}) &= \varepsilon_{jkm} \varepsilon_{imn} a_i b_j c_k \boldsymbol{e}_n \\
&= \varepsilon_{jkm} \varepsilon_{nim} a_i b_j c_k \boldsymbol{e}_n \\
&= (\delta_{jn}\delta_{ki} - \delta_{ji}\delta_{kn}) a_i b_j c_k \boldsymbol{e}_n \\
&= a_i b_j c_i \boldsymbol{e}_j - a_i b_i c_k \boldsymbol{e}_k \\
&= (\boldsymbol{c} \cdot \boldsymbol{a})\boldsymbol{b} - (\boldsymbol{a} \cdot \boldsymbol{b})\boldsymbol{c}
\end{aligned}$$

在上式证明过程中,ε_{jkm} 可写成 e_{jkm}。

例 2.2.2 在三维直角坐标系中,证明 $\boldsymbol{a} \cdot (\boldsymbol{b} \times \boldsymbol{c}) = \boldsymbol{b} \cdot (\boldsymbol{c} \times \boldsymbol{a})$。

证明 等式左边为

$$\begin{aligned}
\boldsymbol{a} \cdot (\boldsymbol{b} \times \boldsymbol{c}) &= \boldsymbol{a} \cdot e_{jki} b_j c_k \boldsymbol{e}_i \\
&= a_i e_{jki} b_j c_k \\
&= b_j (e_{kij} c_k a_i)
\end{aligned}$$

等式右边为

$$\begin{aligned}
\boldsymbol{b} \cdot (\boldsymbol{c} \times \boldsymbol{a}) &= \boldsymbol{b} \cdot e_{kij} c_k a_i \boldsymbol{e}_j \\
&= b_j e_{kij} c_k a_i
\end{aligned}$$

证毕。

2.3 张量运算基础

在介绍了张量的基本概念后，我们将在这一节介绍张量的基本运算，主要有张量的加法、减法、乘法、缩并及商法则。张量运算的不变性是指经过这些运算后得到的一个新的完全确定的张量，其仍然独立于坐标系的选择，这就具有了物理意义，体现了自然规律（特别是对于工程技术研究）。

2.3.1 张量加减

1. 两张量相等

在 n 维空间中，若两个 k 阶张量 $\boldsymbol{A}$，$\boldsymbol{B}$ 在同一坐标系中的 n^k 个协变分量（或逆变分量、或一混合分量）一一相等，即

$$A_{i_1 i_2 \cdots i_k} = B_{i_1 i_2 \cdots i_k} \tag{2.3.1a}$$

或

$$A^{i_1 i_2 \cdots i_k} = B^{i_1 i_2 \cdots i_k} \tag{2.3.1b}$$

或如下一张量混合分量一一相等：

$$A^{i_1 i_2}_{\cdot\cdot i_3 \cdots i_k} = B^{i_1 i_2}_{\cdot\cdot i_3 \cdots i_k} \tag{2.3.1c}$$

则称 $\boldsymbol{A}$，$\boldsymbol{B}$ 两张量其他一切分量均一一相等，且在任意坐标系中的一切对应分量均一一相等，即 $\boldsymbol{A}=\boldsymbol{B}$。

2. 两张量相加减

设有两同阶张量 $\boldsymbol{A}$，$\boldsymbol{B}$，把张量 $\boldsymbol{A}$ 的每一个坐标（即协变分量、逆变分量或混合分量）与张量 $\boldsymbol{B}$ 相应的坐标相加（或相减），和（或差）为一个同阶新张量 $\boldsymbol{C}$ 的相应坐标，即 $\boldsymbol{C}=\boldsymbol{A}\pm\boldsymbol{B}$。如

$$C^{ij}_{\cdot\cdot mn} = A^{ij}_{\cdot\cdot mn} \pm B^{ij}_{\cdot\cdot mn} \tag{2.3.2}$$

证明 因为 $A^{ij}_{\cdot\cdot mn}$，$B^{ij}_{\cdot\cdot mn}$ 是张量，有

$$A^{i'j'}_{\cdot\cdot m'n'} = \beta^{i'}_{i}\beta^{j'}_{j}\beta^{m}_{m'}\beta^{n}_{n'}A^{ij}_{\cdot\cdot mn}$$

$$B^{ij}_{\cdot\cdot mn} = \beta^{i'}_{i}\beta^{j'}_{j}\beta^{m}_{m'}\beta^{n}_{n'}B^{ij}_{\cdot\cdot mn}$$

相加（或相减）得

$$\begin{aligned} A^{i'j'}_{\cdot\cdot m'n'} \pm B^{i'j'}_{\cdot\cdot m'n'} &= \beta^{i'}_{i}\beta^{j'}_{j}\beta^{m}_{m'}\beta^{n}_{n'}A^{ij}_{\cdot\cdot mn} \pm \beta^{i'}_{i}\beta^{j'}_{j}\beta^{m}_{m'}\beta^{n}_{n'}B^{ij}_{\cdot\cdot mn} \\ &= \beta^{i'}_{i}\beta^{j'}_{j}\beta^{m}_{m'}\beta^{n}_{n'}(A^{ij}_{\cdot\cdot mn} \pm B^{ij}_{\cdot\cdot mn}) \end{aligned}$$

即

$$C^{i'j'}_{\cdot\cdot m'n'} = \beta^{i'}_{i}\beta^{j'}_{j}\beta^{m}_{m'}\beta^{n}_{n'}C^{ij}_{\cdot\cdot mn}$$

符合张量的分量定义，即 **C** 为张量，且与 **A**，**B** 同阶。

2.3.2　张量乘法

1. 标量和张量相乘

若将张量 **A** 在某一坐标系中的协变分量(或逆变分量、或一混合分量)乘以标量 k(即零阶张量)，结果为一个同阶新张量 **B** 的相应分量，即

$$kA_{i_1i_2\cdots i_k} = B_{i_1i_2\cdots i_k} \tag{2.3.3a}$$

或

$$kA^{i_1i_2\cdots i_k} = B^{i_1i_2\cdots i_k} \tag{2.3.3b}$$

或如下张量混合分量一一相等：

$$kA^{i_1i_2}_{\cdot\cdot i_3\cdots i_k} = B^{i_1i_2}_{\cdot\cdot i_3\cdots i_k} \tag{2.3.3c}$$

且在任意坐标系中的任一对应分量该等式均成立，即 $k\boldsymbol{A}=\boldsymbol{B}$。

2. 张量的外乘

张量之间，不管其阶数是否相同，都能相乘。它们的乘积也是一个张量，积的阶数等于相乘因子的阶数之和。这样的乘法称为张量的外乘(或外积、并乘、张量积)，即 $\boldsymbol{AB}=\boldsymbol{C}$(或 $\boldsymbol{A}\otimes\boldsymbol{B}=\boldsymbol{C}$)。如

$$\begin{aligned} A^{ij}B_k^{\cdot m} &= C^{ij\cdot m}_{\cdot\cdot k} \\ a^ib_pD_q^{\cdot jm} &= E^{i\cdot\cdot jm}_{\cdot pq} \end{aligned} \tag{2.3.4a}$$

其张量并乘定义模式分别为

$$\begin{aligned} A^{ij}\boldsymbol{g}_i\boldsymbol{g}_jB_k^{\cdot m}\boldsymbol{g}^k\boldsymbol{g}_m &= C^{ij\cdot m}_{\cdot\cdot k}\boldsymbol{g}_i\boldsymbol{g}_j\boldsymbol{g}^k\boldsymbol{g}_m \\ a^i\boldsymbol{g}_ib_p\boldsymbol{g}^pD_q^{\cdot jm}\boldsymbol{g}^q\boldsymbol{g}_j\boldsymbol{g}_m &= E^{i\cdot\cdot jm}_{\cdot pq}\boldsymbol{g}_i\boldsymbol{g}^p\boldsymbol{g}^q\boldsymbol{g}_j\boldsymbol{g}_m \end{aligned} \tag{2.3.4b}$$

式中，**A**，**B**，**C**，**D**，**E** 分别为二阶、二阶、四阶、三阶、五阶张量，**a**，**b** 为矢量。这体现了并乘关系，其前后位置关系是固定的，不能调换(此即小圆点的作用)。

利用 Levi-Civita 符号可以定义张量的叉乘(或叉积)。如

$$\begin{aligned} \boldsymbol{A}\times\boldsymbol{B} &= A_{ij}\boldsymbol{g}^i\boldsymbol{g}^j\times B_{mn}\boldsymbol{g}^m\boldsymbol{g}^n = \varepsilon^{jmk}A_{ij}B_{mn}\boldsymbol{g}^i\boldsymbol{g}_k\boldsymbol{g}^n \\ \boldsymbol{A}\times\boldsymbol{B} &= A^i_{\cdot j}\boldsymbol{g}_i\boldsymbol{g}^j\times B^{mn}\boldsymbol{g}_m\boldsymbol{g}_n = \varepsilon_{kmp}A^i_{\cdot j}B^{mn}g^{jk}\boldsymbol{g}_i\boldsymbol{g}^p\boldsymbol{g}_n \end{aligned} \tag{2.3.5}$$

可见，张量的外乘与叉乘本质不同，有时在不同的文献中这些名词概念容易混淆，需要注意。

3. 张量的缩并

同一张量的某一上标与另一下标相同时，表示对应的两个基矢量进行点乘，该过程即为缩并。若在 n 维空间中，对于给定的 $k+m$ 阶张量 $A^{\cdots j_1j_2\cdots j_m}_{i_1i_2\cdots i_k}$，则其第 p 个协变指标和第 q 个逆变指标的缩并为

$$B^{\underbrace{\cdots}_{k-1} j_1 j_2 \cdots j_{m-1}}_{i_1 i_2 \cdots i_{k-1}} = A^{\underbrace{\cdots}_{k} j_1 \cdots j_{q-1} i j_{q+1} \cdots j_m}_{i_1 \cdots i_{p-1} i i_{p+1} \cdots i_k} \left(= \sum_{i=1}^{n} A^{\underbrace{\cdots}_{k} j_1 \cdots j_{q-1} i j_{q+1} \cdots j_m}_{i_1 \cdots i_{p-1} i i_{p+1} \cdots i_k} \right) \tag{2.3.6}$$

如，一五阶混合张量 $\boldsymbol{A} = A^{ij}_{\cdot\cdot pqr} \boldsymbol{g}_i \boldsymbol{g}_j \boldsymbol{g}^p \boldsymbol{g}^q \boldsymbol{g}^r$，令 $j = r$，有

$$\begin{aligned} \boldsymbol{B} &= A^{ij}_{\cdot\cdot pqr} \boldsymbol{g}_i \boldsymbol{g}^p \boldsymbol{g}^q (\boldsymbol{g}_j \cdot \boldsymbol{g}^r) \\ &= A^{ij}_{\cdot\cdot pqr} \boldsymbol{g}_i \boldsymbol{g}^p \boldsymbol{g}^q \delta^r_j \\ &= A^{ij}_{\cdot\cdot pqj} \boldsymbol{g}_i \boldsymbol{g}^p \boldsymbol{g}^q \\ &= B^{i}_{\cdot pq} \boldsymbol{g}_i \boldsymbol{g}^p \boldsymbol{g}^q \end{aligned}$$

可见，张量每缩并一次，就消去两个基矢量，其阶数就降低两阶。

4. 张量的内乘

当两个张量相乘时，如果一个张量的某一上标与另一张量的某一下标相同，即为此两个张量先外乘后缩并，该过程为两张量的内乘(或内积、连并)。

如，两混合张量 $\boldsymbol{A} = A^{i}_{\cdot mn}$，$\boldsymbol{B} = B^{pq}_{\cdot\cdot rst}$，外乘后有

$$\boldsymbol{C} = \boldsymbol{AB} = A^{i}_{\cdot mn} B^{pq}_{\cdot\cdot rst} \boldsymbol{g}_i \boldsymbol{g}^m \boldsymbol{g}^n \boldsymbol{g}_p \boldsymbol{g}_q \boldsymbol{g}^r \boldsymbol{g}^s \boldsymbol{g}^t$$

$\boldsymbol{C}$ 为 8 阶张量，令 $n = q$，有

$$\begin{aligned} C &= A^{i}_{\cdot mn} B^{pq}_{\cdot\cdot rst} (\boldsymbol{g}^n \cdot \boldsymbol{g}_q) \boldsymbol{g}_i \boldsymbol{g}^m \boldsymbol{g}_p \boldsymbol{g}^r \boldsymbol{g}^s \boldsymbol{g}^t \\ &= A^{i}_{\cdot m} B^{p}_{\cdot rst} \boldsymbol{g}_i \boldsymbol{g}^m \boldsymbol{g}_p \boldsymbol{g}^r \boldsymbol{g}^s \boldsymbol{g}^t \\ &= C^{i \cdot p}_{\cdot m \cdot rst} \boldsymbol{g}_i \boldsymbol{g}^m \boldsymbol{g}_p \boldsymbol{g}^r \boldsymbol{g}^s \boldsymbol{g}^t \end{aligned} \tag{2.3.7}$$

由外乘和缩并可知，两张量内乘后的阶数为两张量阶数之和减去两倍的缩并次数。如两个一阶张量(矢量)内乘为零阶张量(标量)，即 $1+1-2\times1=0$。

结合矢量的双重运算，可扩展出张量的点乘(或点积)。对于给定的 $k+m$ 阶张量 $\boldsymbol{A} = A^{\underbrace{\cdots}_{k} j_1 \cdots j_m}_{i_1 \cdots i_k} \boldsymbol{g}^{i_1} \cdots \boldsymbol{g}^{i_k} \boldsymbol{g}_{j_1} \cdots \boldsymbol{g}_{j_m}$ 和 $p+q$ 阶张量 $\boldsymbol{B} = B^{\underbrace{\cdots}_{p} j_1 \cdots j_q}_{i_1 \cdots i_p} \boldsymbol{g}^{i_1} \cdots \boldsymbol{g}^{i_p} \boldsymbol{g}_{j_1} \cdots \boldsymbol{g}_{j_q}$，设 $m < p < k+m$，$p+q > k+m$，$r = k+m$，则 r 重点乘为

$$\begin{aligned} \boldsymbol{C} &= \boldsymbol{A} \underset{r}{\cdot} \boldsymbol{B} = A^{\underbrace{\cdots}_{k} j_1 \cdots j_m}_{i_1 \cdots i_k} \boldsymbol{g}^{i_1} \cdots \boldsymbol{g}^{i_k} \boldsymbol{g}_{j_1} \cdots \boldsymbol{g}_{j_m} \underset{r}{\cdot} B^{\underbrace{\cdots}_{p} t_1 \cdots t_q}_{s_1 \cdots s_p} \boldsymbol{g}^{s_1} \cdots \boldsymbol{g}^{s_p} \boldsymbol{g}_{t_1} \cdots \boldsymbol{g}_{t_q} \\ &= A^{\underbrace{\cdots}_{k} j_1 \cdots j_m}_{i_1 \cdots i_k} \boldsymbol{B}^{\underbrace{\cdots}_{p} t_1 \cdots t_q}_{s_1 \cdots s_p} \delta^{s_1}_{j_m} \cdots \delta^{s_m}_{j_1} \boldsymbol{g}^{i_k s_{m+1}} \cdots \boldsymbol{g}^{i_{k+m-p} s_p} \boldsymbol{g}_{i_{k+m-p-1} t_1} \cdots \boldsymbol{g}_{i_1 t_{k+m-p}} \boldsymbol{g}_{t_{k+m-p+1}} \cdots \boldsymbol{g}_{t_q} \end{aligned} \tag{2.3.8}$$

其结果为 $p+q-k-m$ 阶张量 $\boldsymbol{C}$。类似于矢量点乘运算，$\boldsymbol{A} \cdot \boldsymbol{B}$ 表示张量的一重点乘(简称点乘)，$\boldsymbol{A} : \boldsymbol{B}$ 表示张量的二重点乘。

在介绍了张量的叉乘和点乘后，作为矢量的扩展，张量也可以进行混合积、多重积运算。如

$$\boldsymbol{A} \overset{\times}{\cdot} \boldsymbol{B} = (A_{ij} \boldsymbol{g}^i \boldsymbol{g}^j) \underset{\times}{\cdot} (B_{mn} \boldsymbol{g}^m \boldsymbol{g}^n) = A_{ij} B_{mn} (\boldsymbol{g}^j \times \boldsymbol{g}^m)(\boldsymbol{g}^i \cdot \boldsymbol{g}^n) = A_{ij} B_{mn} g^{in} \varepsilon^{jmk} \boldsymbol{g}_k$$

$$\begin{aligned} \boldsymbol{A} \overset{\times}{\times} \boldsymbol{B} &= (A_{ij} \boldsymbol{g}^i \boldsymbol{g}^j) \overset{\times}{\times} (B_{mn} \boldsymbol{g}^m \boldsymbol{g}^n) = A_{ij} B_{mn} (\boldsymbol{g}^j \times \boldsymbol{g}^m)(\boldsymbol{g}^i \times \boldsymbol{g}^n) \\ &= A_{ij} B_{mn} \varepsilon^{jmk} \varepsilon^{inp} \boldsymbol{g}_k \boldsymbol{g}_p \end{aligned}$$

$$
\begin{aligned}
\boldsymbol{C} \overset{\cdot 2}{\underset{2}{\times}} \boldsymbol{D} &= (C_{ijkp}\boldsymbol{g}^i\boldsymbol{g}^j\boldsymbol{g}^k\boldsymbol{g}^p) \overset{\cdot 2}{\underset{2}{\times}} (D_{mnrs}\boldsymbol{g}^m\boldsymbol{g}^n\boldsymbol{g}^r\boldsymbol{g}^s) \\
&= C_{ijkp}D_{mnrs}(\boldsymbol{g}^p \cdot \boldsymbol{g}^m)(\boldsymbol{g}^k \cdot \boldsymbol{g}^n)(\boldsymbol{g}^j \times \boldsymbol{g}^r)(\boldsymbol{g}^i \times \boldsymbol{g}^s) \\
&= C_{ijkp}D_{mnrs}g^{pm}g^{kn}\varepsilon^{jrq}\varepsilon^{ist}\boldsymbol{g}_q\boldsymbol{g}_t
\end{aligned}
\tag{2.3.9}
$$

通过张量乘法使我们了解到，那些伟大的数学家和物理学家是如何处理问题的，例如为了更简洁地阐述广义相对论，爱因斯坦和格罗斯曼提出了系统的张量分析方法；为了简化求和公式爱因斯坦发明了求和约定；为了解决基矢量间的点乘和叉乘问题，发明了克罗内克（Kronecker）δ 符号和 Levi-Civita 符号。这些都是先遇到独特的问题，然后再有创造性改进或进步的。

2.3.3　张量的商法则

判断一组有序数是否构成张量，在第 2.2.1 节张量定义中介绍了一种方法，即查看其从一个坐标系变换到另一个坐标系时是否符合式(2.2.6)所示的坐标变换关系。由于有时这样的验证方法比较繁琐，下面介绍另一种判断一组有序数是否构成张量的较为简便的方法。

设 $A^{j_1 j_2 \cdots j_n}_{\underbrace{\quad}_{n} i_1 i_2 \cdots i_m}$ 为 m 阶协变 n 阶逆变张量，$B(j_1,\cdots,j_p,i_1,\cdots,i_q)$ 为一有序数组，且 $p \geqslant n$，$q \geqslant m$，如果 $\boldsymbol{B}$ 与 $\boldsymbol{A}$ 的内乘为一 $q-n$ 阶协变 $p-m$ 阶逆变张量 $\boldsymbol{C}$，即

$$
\boldsymbol{B}(j_1,\cdots,j_p,i_1,\cdots,i_q)\boldsymbol{A}^{j_1 j_2 \cdots j_n}_{\underbrace{\quad}_{n} i_1 i_2 \cdots i_m} = \boldsymbol{C}^{i_{m+1}\cdots i_p}_{\underbrace{\quad}_{p-m} j_{n+1}\cdots j_q}
\tag{2.3.10}
$$

则 $\boldsymbol{B}$ 必为 q 阶协变 p 阶逆变张量。这就是张量的商法则（或链式法则、张量识别定理）。如，若 $\boldsymbol{B}(i,j,k)a_m = \boldsymbol{C}_{jk}$，则 $\boldsymbol{B}(i,j,k) = \boldsymbol{B}^i_{jk}$。证明如下：

由张量 C_{jk} 的坐标变换关系可知

$$
\boldsymbol{B}(i',j',k')a_{m'} = \boldsymbol{C}_{j'k'} = \beta^j_{j'}\beta^{k'}_k\boldsymbol{C}_{jk}
$$

代入 $\boldsymbol{B}(i,j,k)a_m = \boldsymbol{C}_{jk}$ 得

$$
\boldsymbol{B}(i',j',k')a_{m'} = \beta^j_{j'}\beta^{k'}_k\boldsymbol{C}_{jk} = \beta^j_{j'}\beta^{k'}_k\boldsymbol{B}(i,j,k)a_i
$$

又因为 $a_i = \beta^{i'}_i a_{i'}$，代入上式得

$$
\boldsymbol{B}(i',j',k')a_{m'} = \beta^j_{j'}\beta^{k'}_k\boldsymbol{B}(i,j,k)a_i = \beta^j_{j'}\beta^{k'}_k\boldsymbol{B}(i,j,k)\beta^{i'}_i a_{i'}
$$

即

$$
\boldsymbol{B}(i',j',k')a_{m'} = \beta^j_{j'}\beta^k_{k'}\beta^{i'}_i\boldsymbol{B}(i,j,k)a_{i'}
$$

移项得

$$
[\boldsymbol{B}(i',j',k') - \beta^j_{j'}\beta^{k'}_k\beta^{i'}_i\boldsymbol{B}(i,j,k)]a_{i'} = 0
$$

对任何张量 a_i 都满足，故方括号中的量必为零，即得

$$
\boldsymbol{B}(i',j',k') = \beta^{i'}_i\beta^j_{j'}\beta^k_{k'}\boldsymbol{B}(i,j,k)
$$

这正是张量 $\boldsymbol{B}^i_{jk}$ 的在坐标变换中的变换关系。

此例可以推广至其他阶的张量,证明模式一样。

简言之,对于任意 p 阶张量 $\boldsymbol{A}$,若 $\boldsymbol{B}$ 和 $\boldsymbol{A}$ 内积(缩并 p 次)结果为一个 q 阶张量 $\boldsymbol{C}$,则 $\boldsymbol{B}$ 为 $p+q$ 阶张量。

2.3.4 张量的转置与对称

1. 张量的转置

把矩阵理论中转置的概念扩展到张量的转置。

调换张量分量的指标顺序,同时把对应的基矢量的排列顺序进行调换,这样得到的一个同阶新张量,称为原张量的转置张量。对高阶张量而言,对不同的指标的转置,其结果是不同的。

如,对五阶张量 $\boldsymbol{A} = A^{ij\cdot\cdot\cdot}_{\cdot\cdot pqr}\boldsymbol{g}_i\boldsymbol{g}_j\boldsymbol{g}^p\boldsymbol{g}^q\boldsymbol{g}^r$ 的第 1,2 指标的转置张量是

$$\boldsymbol{B} = A^{ji\cdot\cdot\cdot}_{\cdot\cdot pqr}\boldsymbol{g}_j\boldsymbol{g}_i\boldsymbol{g}^p\boldsymbol{g}^q\boldsymbol{g}^r \tag{2.3.11a}$$

第 1,3 指标的转置张量是

$$\boldsymbol{C} = A_{p\cdot\cdot qr}^{\cdot ji\cdot\cdot}\boldsymbol{g}^p\boldsymbol{g}_j\boldsymbol{g}_i\boldsymbol{g}^q\boldsymbol{g}^r \tag{2.3.11b}$$

有 $\boldsymbol{A}\neq\boldsymbol{B}\neq\boldsymbol{C}$。

需要注意的是,有的文献把转置张量定义为只调换分量顺序而不改变基矢量的顺序,在此不采用,原因参见第 3.1.1 节中二阶张量转置的有关公式推导。

2. 张量的对称

若只调换两个张量分量指标顺序,而基矢量顺序保持不变,所得张量仍然保持不变,则称该张量对于这两个指标具有对称性。

如,上例的五阶张量 $\boldsymbol{A}$,若满足 $A^{ij\cdot\cdot\cdot}_{\cdot\cdot pqr} = A^{ji\cdot\cdot\cdot}_{\cdot\cdot pqr}$,则称张量 $\boldsymbol{A}$ 对其 1,2 指标来说是对称张量。

若调换两个张量分量指标顺序后,所得新张量的分量均与原张量的对应分量差一正负号,则称该张量对于这两个指标具有反对称性。

如,上例的五阶张量 $\boldsymbol{A}$,若满足 $A^{ij\cdot\cdot\cdot}_{\cdot\cdot pqr} = -A^{ji\cdot\cdot\cdot}_{\cdot\cdot pqr}$,则称张量 $\boldsymbol{A}$ 对其 1,2 指标来说是反对称张量。

利用张量加减的运算,可以将任一张量分解成一对称张量和一反对称张量之和。其中,应用最广的为二阶张量的分解,如二阶逆变张量

$$A^{ij} = \frac{1}{2}(A^{ij} + A^{ji}) + \frac{1}{2}(A^{ij} - A^{ji}) \tag{2.3.12a}$$

令 $P^{ij} = \frac{1}{2}(A^{ij} + A^{ji})$,有

$$P^{ij} = P^{ji}$$

是对称的,即为对称张量分量。

令 $T^{ij}=\frac{1}{2}(A^{ij}-A^{ji})$，有

$$T^{ij}=\frac{1}{2}(A^{ij}-A^{ji})=-\frac{1}{2}(A^{ji}-A^{ij})=-T^{ji}$$

是反对称的，即为反对称张量分量。

所以，式(2.3.12a)又可写为

$$A^{ij}=P^{ij}+T^{ij} \tag{2.3.12b}$$

注意，因为一般在张量的分量表示法中，只书写其分量。所以，在没有特别说明是对称或反对称张量时，一般默认张量分量的指标顺序与基矢量的顺序是对应相同的。如，张量 $\boldsymbol{A}=A^{ij}{}_{\cdot\cdot pqr}\boldsymbol{g}_i\boldsymbol{g}_j\boldsymbol{g}^p\boldsymbol{g}^q\boldsymbol{g}^r$，写成分量形式 $A^{ij}{}_{\cdot\cdot pqr}$。

第3章　二 阶 张 量

二阶张量是工程应用中最为广泛的一类张量，在工程力学中最为常见(如应力张量、应变张量等)，所以在介绍了张量概念及张量运算基础后专门拿出一章来描述。

3.1　二阶张量基础

3.1.1　二阶张量概念

1. 含义

如2.2.1中张量定义的描述，我们可以全面地对二阶张量进行定义。

在 n 维空间中，如果一个量在任一坐标系中都可以用两个指标编号的 n^2 个有序数 A_{ij}(或 A^{ij}，$A_{i}^{\cdot j}$，$A^{i}_{\cdot j}$)表示，且坐标变换时它们分别服从

$$\begin{aligned} A_{i'j'} &= \beta^{i}_{i'}\beta^{j}_{j'}A_{ij} \\ A^{i'j'} &= \beta^{i'}_{i}\beta^{j'}_{j}A^{ij} \\ A_{i'}^{\cdot j'} &= \beta^{i}_{i'}\beta^{j'}_{j}A_{i}^{\cdot j} \\ A^{i'}_{\cdot j'} &= \beta^{i'}_{i}\beta^{j}_{j'}A^{i}_{\cdot j} \end{aligned} \tag{3.1.1}$$

则称这个量为二阶张量。其中，A_{ij}，A^{ij}，$A_{i}^{\cdot j}$ 或 $A^{i}_{\cdot j}$ 分别为二阶张量的协变分量、逆变分量、混合分量。有

$$\boldsymbol{A} = A_{ij}\boldsymbol{g}^{i}\boldsymbol{g}^{j} = A^{ij}\boldsymbol{g}_{i}\boldsymbol{g}_{j} = A_{i}^{\cdot j}\boldsymbol{g}^{i}\boldsymbol{g}_{j} = A^{i}_{\cdot j}\boldsymbol{g}_{i}\boldsymbol{g}^{j} \tag{3.1.2}$$

如在三维直角坐标系中，二阶张量 $\boldsymbol{A}$ 可表示为

$$\begin{aligned} \boldsymbol{A} = & A_{11}\boldsymbol{e}_1\boldsymbol{e}_1 + A_{12}\boldsymbol{e}_1\boldsymbol{e}_2 + A_{13}\boldsymbol{e}_1\boldsymbol{e}_3 \\ & + A_{21}\boldsymbol{e}_2\boldsymbol{e}_1 + A_{22}\boldsymbol{e}_2\boldsymbol{e}_2 + A_{23}\boldsymbol{e}_2\boldsymbol{e}_3 \\ & + A_{31}\boldsymbol{e}_3\boldsymbol{e}_1 + A_{32}\boldsymbol{e}_3\boldsymbol{e}_2 + A_{33}\boldsymbol{e}_3\boldsymbol{e}_3 \end{aligned}$$

由度量张量对指标的升降关系可知，在某一坐标系中，只要给定上面四类分量的其中一类，即可通过度量张量得出该坐标系下的其他三类张量分量。如已知 A_{ij}，则有

$$A^{ij} = g^{ik}A_{km}g^{mj}$$
$$A_{i}^{\cdot j} = A_{im}g^{mj} \tag{3.1.3}$$
$$A_{\cdot j}^{i} = g^{ik}A_{kj}$$

同时,对于其他任一坐标系中的张量分量也可利用坐标变换关系求得。由式(3.1.3)可以看出,一张量分量(如,协变分量)与某度量张量的组合只是改变了该张量的分量性质,即得到该张量的其他分量,而张量并没有发生变化。所以,在第2.3节中张量运算结果的张量分量中,如式(2.3.9)中的 $C_{ijkp}D_{mnrs}g^{pm}g^{kn}\varepsilon^{jrq}\varepsilon^{ist}\boldsymbol{g}_q\boldsymbol{g}_t$,$C_{ijkp}$ 与 D_{mnrs} 的相对位置固定,不能调换;而 g^{pm} 与 g^{kn} 的位置则可随意放置(如 $g^{pm}C_{ijkp}\cdot g^{kn}D_{mnrs}\varepsilon^{jrq}\varepsilon^{ist}\boldsymbol{g}_q\boldsymbol{g}_t$ 等),并不改变张量本身。

在第2.2.1节中提到,二阶协变张量 $\boldsymbol{A}_{ij}$ 在 n 维空间中可表示为 $n\times n$ 阶矩阵,即

$$\boldsymbol{A}_{ij} = \begin{bmatrix} A_{11} & \cdots & A_{1n} \\ \vdots & \ddots & \vdots \\ A_{n1} & \cdots & A_{nn} \end{bmatrix} \tag{3.1.4a}$$

同理,有

$$\boldsymbol{A}^{ij} = \begin{bmatrix} A^{11} & \cdots & A^{1n} \\ \vdots & \ddots & \vdots \\ A^{n1} & \cdots & A^{nn} \end{bmatrix}$$
$$\boldsymbol{A}_{i}^{\cdot j} = \begin{bmatrix} A_{1}^{\cdot 1} & \cdots & A_{1}^{\cdot n} \\ \vdots & \ddots & \vdots \\ A_{n}^{\cdot 1} & \cdots & A_{n}^{\cdot n} \end{bmatrix} \tag{3.1.4b}$$
$$\boldsymbol{A}_{\cdot j}^{i} = \begin{bmatrix} A_{\cdot 1}^{1} & \cdots & A_{\cdot n}^{1} \\ \vdots & \ddots & \vdots \\ A_{\cdot 1}^{n} & \cdots & A_{\cdot n}^{n} \end{bmatrix}$$

综合式(3.1.3)和式(3.1.4)可以看出,张量分量间变换关系符合矩阵乘法法则,且多个矩阵相乘符合结合律(即不必在各矩阵间另加括号)。如,矩阵 $\boldsymbol{A}$,$\boldsymbol{B}$,$\boldsymbol{C}$,$\boldsymbol{D}$,$\boldsymbol{E}$ 间的关系为

$$[\boldsymbol{A}]_{k\times m} = [\boldsymbol{B}]_{k\times p}[\boldsymbol{C}]_{p\times q}[\boldsymbol{D}]_{q\times r}[\boldsymbol{E}]_{r\times m}$$

且四个矩阵的乘积 $\boldsymbol{BCDE}$ 可写成

$$\boldsymbol{A} = \boldsymbol{BCDE} = [(\boldsymbol{BC})\boldsymbol{D}]\boldsymbol{E} = [\boldsymbol{B}(\boldsymbol{CD})]\boldsymbol{E} = \boldsymbol{B}[(\boldsymbol{CD})\boldsymbol{E}] = (\boldsymbol{BC})(\boldsymbol{DE})$$

2. 转置与行列式

根据第2.3.4节中张量转置的概念,得到二阶张量 $\boldsymbol{A}$ 的转置 $\boldsymbol{A}^{\mathrm{T}}$,有

$$\boldsymbol{A}^{\mathrm{T}} = \boldsymbol{A}_{ji}\boldsymbol{g}^{j}\boldsymbol{g}^{i} = \boldsymbol{A}^{ji}\boldsymbol{g}_{j}\boldsymbol{g}_{i} = \boldsymbol{A}_{\cdot i}^{j}\boldsymbol{g}_{j}\boldsymbol{g}^{i} = \boldsymbol{A}_{j}^{\cdot i}\boldsymbol{g}^{j}\boldsymbol{g}_{i} \tag{3.1.5}$$

设 $\boldsymbol{A}$,$\boldsymbol{B}$,$\boldsymbol{C}$ 为二阶张量,$\boldsymbol{u}$,$\boldsymbol{v}$ 为矢量,有

$$(\boldsymbol{A}\cdot\boldsymbol{B})^{\mathrm{T}}=\boldsymbol{B}^{\mathrm{T}}\cdot\boldsymbol{A}^{\mathrm{T}} \tag{3.1.6a}$$

$$(\boldsymbol{v}\cdot\boldsymbol{C}\cdot\boldsymbol{u})^{\mathrm{T}}=\boldsymbol{u}\cdot\boldsymbol{C}^{\mathrm{T}}\cdot\boldsymbol{v} \tag{3.1.6b}$$

证明 对于式(3.1.6a),设 $\boldsymbol{A}=\boldsymbol{A}_{ij}\boldsymbol{g}^i\boldsymbol{g}^j$, $\boldsymbol{B}=\boldsymbol{B}_{mn}\boldsymbol{g}^m\boldsymbol{g}^n$,则有

$$\begin{aligned}(\boldsymbol{A}\cdot\boldsymbol{B})^{\mathrm{T}}&=(\boldsymbol{A}_{ij}\boldsymbol{g}^i\boldsymbol{g}^j\cdot\boldsymbol{B}_{mn}\boldsymbol{g}^m\boldsymbol{g}^n)^{\mathrm{T}}\\&=(\boldsymbol{A}_{ij}g^{jm}\cdot\boldsymbol{B}_{mn}\boldsymbol{g}^i\boldsymbol{g}^n)^{\mathrm{T}}\\&=(\boldsymbol{A}_i^m\boldsymbol{B}_{mn}\boldsymbol{g}^i\boldsymbol{g}^n)^{\mathrm{T}}\end{aligned}$$

由于矩阵的转置规则为$(\boldsymbol{AB})^{\mathrm{T}}=\boldsymbol{B}^{\mathrm{T}}\boldsymbol{A}^{\mathrm{T}}$,得

$$(\boldsymbol{A}\cdot\boldsymbol{B})^{\mathrm{T}}=(\boldsymbol{A}_i^{\cdot m}\boldsymbol{B}_{mn}\boldsymbol{g}^i\boldsymbol{g}^n)^{\mathrm{T}}=\boldsymbol{B}_{nm}\boldsymbol{A}_{\cdot i}^{m}\boldsymbol{g}^n\boldsymbol{g}^i$$

又因为

$$\begin{aligned}\boldsymbol{B}^{\mathrm{T}}\cdot\boldsymbol{A}^{\mathrm{T}}&=(\boldsymbol{B}_{mn}\boldsymbol{g}^m\boldsymbol{g}^n)^{\mathrm{T}}\cdot(\boldsymbol{A}_{ij}\boldsymbol{g}^j\boldsymbol{g}^i)^{\mathrm{T}}\\&=\boldsymbol{B}_{nm}\boldsymbol{g}^n\boldsymbol{g}^m\cdot\boldsymbol{A}_{ji}\boldsymbol{g}^j\boldsymbol{g}^i\\&=\boldsymbol{B}_{nm}\boldsymbol{A}_{ji}\boldsymbol{g}^{mj}\boldsymbol{g}^n\boldsymbol{g}^i\\&=\boldsymbol{B}_{nm}\boldsymbol{A}_{\cdot i}^{m}\boldsymbol{g}^n\boldsymbol{g}^i\end{aligned}$$

即等号左右两边相等,原式(3.1.6a)得证。

对于式(3.1.6b),设 $\boldsymbol{C}=\boldsymbol{C}_{ij}\boldsymbol{g}^i\boldsymbol{g}^j$, $\boldsymbol{u}=u_m\boldsymbol{g}^m$, $v=v_n\boldsymbol{g}^n$,则有

$$\begin{aligned}(\boldsymbol{v}\cdot\boldsymbol{C}\cdot\boldsymbol{u}^{\mathrm{T}})&=(v_n\boldsymbol{g}^n\cdot\boldsymbol{C}_{ij}\boldsymbol{g}^i\boldsymbol{g}^j\cdot\boldsymbol{u}_m\boldsymbol{g}^m)^{\mathrm{T}}\\&=(v_n\boldsymbol{g}^{ni}\boldsymbol{C}_{ij}u_m\boldsymbol{g}^{jm})^{\mathrm{T}}\\&=(v^i\boldsymbol{C}_{ij}\boldsymbol{u}^j)^{\mathrm{T}}\\&=u^j\boldsymbol{C}_{ji}v^i\end{aligned}$$

又因为

$$\begin{aligned}\boldsymbol{u}\cdot\boldsymbol{C}^{\mathrm{T}}\cdot\boldsymbol{v}&=u_m\boldsymbol{g}^m\cdot(\boldsymbol{C}_{ij}\boldsymbol{g}^i\boldsymbol{g}^j)^{\mathrm{T}}\cdot v_n\boldsymbol{g}^n\\&=u_m\boldsymbol{g}^{mj}\boldsymbol{C}_{ji}v_n\boldsymbol{g}^{in}\\&=u^j\boldsymbol{C}_{ji}v^i\end{aligned}$$

即等号左右两边相等,原式(3.1.6b)得证。

二阶张量的分量矩阵对应的行列式分别为 $\det(\boldsymbol{A}_{ij})$, $\det(\boldsymbol{A}^{ij})$, $\det(\boldsymbol{A}_i^{\cdot j})$和$\det(\boldsymbol{A}^i_{\cdot j})$(或$|\boldsymbol{A}_{ij}|$, $|\boldsymbol{A}^{ij}|$, $|\boldsymbol{A}_i^{\cdot j}|$和$|\boldsymbol{A}^i_{\cdot j}|$),根据方阵乘积的行列式与各方阵行列式之间的关系,有

$$\det(\boldsymbol{ABC})=\det\boldsymbol{A}\det\boldsymbol{B}\det\boldsymbol{C}$$

由式(3.1.3)可得

$$\begin{aligned}&\det(\boldsymbol{A}^{ij})=\det(\boldsymbol{g}^{ik})\det(\boldsymbol{A}_{km})\det(\boldsymbol{g}^{mj})\\&\det(\boldsymbol{A}_i^{\cdot j})=\det(\boldsymbol{A}_{im})\det(\boldsymbol{g}^{mj})\\&\det(\boldsymbol{A}^i_{\cdot j})=\det(\boldsymbol{g}^{ik})\det(\boldsymbol{A}_{kj})\end{aligned} \tag{3.1.7}$$

若在三维空间中,由 2.1.1 中所述我们知道 $g=\det(\boldsymbol{g}_{ij})=\begin{vmatrix}g_{11}&g_{12}&g_{13}\\g_{21}&g_{22}&g_{23}\\g_{31}&g_{32}&g_{33}\end{vmatrix}$,

其对指标循环取值保持不变,即

$$g=\begin{vmatrix} g_{11} & g_{12} & g_{13} \\ g_{21} & g_{22} & g_{23} \\ g_{31} & g_{32} & g_{33} \end{vmatrix}=\begin{vmatrix} g_{12} & g_{13} & g_{11} \\ g_{22} & g_{23} & g_{21} \\ g_{32} & g_{33} & g_{31} \end{vmatrix}=\begin{vmatrix} g_{13} & g_{11} & g_{12} \\ g_{23} & g_{21} & g_{22} \\ g_{33} & g_{31} & g_{32} \end{vmatrix}$$

结合式(2.2.10)$[\boldsymbol{g}_{ik}]=[\boldsymbol{g}^{jk}]^{-1}$,则在三维空间中,式(3.1.7)变换为

$$\det(\boldsymbol{A}^{ij})=\det([\boldsymbol{g}_{jk}]^{-1})\det(\boldsymbol{A}_{ij})\det([\boldsymbol{g}_{ki}]^{-1})=\frac{1}{g^2}\det(\boldsymbol{A}_{ij})$$

$$\det(\boldsymbol{A}_{i}^{\cdot j})=\det([\boldsymbol{g}_{jk}]^{-1})\det(\boldsymbol{A}_{ij})=\frac{1}{g}\det(\boldsymbol{A}_{ij}) \tag{3.1.8a}$$

$$\det(\boldsymbol{A}^{i}_{\cdot j})=\det([\boldsymbol{g}_{ki}]^{-1})\det(\boldsymbol{A}_{ij})=\frac{1}{g}\det(\boldsymbol{A}_{ij})$$

有

$$\det(\boldsymbol{A}_{ij})=g^2\det(\boldsymbol{A}^{ij})=g\det(\boldsymbol{A}_{i}^{\cdot j})=g\det(\boldsymbol{A}^{i}_{\cdot j}) \tag{3.1.8b}$$

若在三维直角坐标系中,则互为对偶的坐标系重叠,即指标不必区分上下标,张量的各类分量也无区别。

3.1.2　二阶张量运算

1. 二阶张量的相加与标量乘

在第2.3节所述张量运算的基础上,二阶张量的运算具有典型的矩阵特征。如,设在 n 维空间中有二阶协变张量(分量)$\boldsymbol{A}_{ij}$,$\boldsymbol{B}_{ij}$,α 为标量(常数),$\boldsymbol{c}_i$,$\boldsymbol{d}_i$,$\boldsymbol{e}_i$ 为矢量(分量),则

$$\boldsymbol{A}_{ij}+\boldsymbol{B}_{ij}=\begin{bmatrix} A_{11}+B_{11} & \cdots & A_{1n}+B_{1n} \\ \vdots & \ddots & \vdots \\ A_{n1}+B_{n1} & \cdots & A_{nn}+B_{nn} \end{bmatrix} \tag{3.1.9}$$

$$\alpha\boldsymbol{A}_{ij}=\begin{bmatrix} \alpha A_{11} & \cdots & \alpha A_{1n} \\ \vdots & \ddots & \vdots \\ \alpha A_{n1} & \cdots & \alpha A_{nn} \end{bmatrix} \tag{3.1.10a}$$

$$\det(\alpha\boldsymbol{A}_{ij})=\begin{vmatrix} \alpha A_{11} & \cdots & \alpha A_{1n} \\ \vdots & \ddots & \vdots \\ \alpha A_{n1} & \cdots & \alpha A_{nn} \end{vmatrix}=\alpha^n\det(\boldsymbol{A}_{ij}) \tag{3.1.10b}$$

2. 二阶张量的点乘、叉乘、双重运算

二阶张量 $\boldsymbol{A}$ 右点乘矢量 $\boldsymbol{c}$ 和左点乘矢量 $\boldsymbol{c}$ 分别表示为

$$\begin{aligned} &\boldsymbol{A}\cdot\boldsymbol{c}=\boldsymbol{d}\quad 即\quad \boldsymbol{A}_{ij}\boldsymbol{g}^i\boldsymbol{g}^j\cdot\boldsymbol{c}_k\boldsymbol{g}^k=\boldsymbol{A}_{ij}\boldsymbol{g}^{jk}\boldsymbol{c}_k\boldsymbol{g}^i=\boldsymbol{A}_{ij}\boldsymbol{c}^j\boldsymbol{g}^i=d_i\boldsymbol{g}^i \\ &\boldsymbol{c}\cdot\boldsymbol{A}=\boldsymbol{e}\quad 即\quad \boldsymbol{c}_k\boldsymbol{g}^k\cdot\boldsymbol{A}_{ij}\boldsymbol{g}^i\boldsymbol{g}^j=\boldsymbol{c}_k\boldsymbol{g}^{ki}\boldsymbol{A}_{ij}\boldsymbol{g}^j=\boldsymbol{c}^i\boldsymbol{A}_{ij}\boldsymbol{g}^j=e_j\boldsymbol{g}^j \end{aligned} \tag{3.1.11}$$

若在三维空间中，二阶张量 $\boldsymbol{A}$ 与矢量 $\boldsymbol{c}$ 乘积的矩阵表示为：

右乘 $\boldsymbol{A}_{ij}\boldsymbol{c}^j$ 表示矩阵与列向量相乘

$$\begin{bmatrix} A_{11} & A_{12} & A_{13} \\ A_{21} & A_{22} & A_{23} \\ A_{31} & A_{32} & A_{33} \end{bmatrix} \begin{bmatrix} c^1 \\ c^2 \\ c^3 \end{bmatrix}$$

左乘 $\boldsymbol{c}^i\boldsymbol{A}_{ij}$ 表示矩阵与行向量相乘

$$\begin{bmatrix} c^1 & c^2 & c^3 \end{bmatrix} \begin{bmatrix} A_{11} & A_{12} & A_{13} \\ A_{21} & A_{22} & A_{23} \\ A_{31} & A_{32} & A_{33} \end{bmatrix}$$

且二阶张量与矢量点乘具有线性性质，即

$$\boldsymbol{A} \cdot (\alpha \boldsymbol{u} + \beta \boldsymbol{v}) = \alpha \boldsymbol{A} \cdot \boldsymbol{u} + \beta \boldsymbol{A} \cdot \boldsymbol{v} \tag{3.1.12}$$

式中，$\boldsymbol{A}$ 为二阶张量，$\boldsymbol{u}$，$\boldsymbol{v}$ 为矢量，α，β 为常数。

可见，与矩阵相同，二阶张量与矢量的点乘（$\boldsymbol{A} \cdot \boldsymbol{c} = \boldsymbol{d}$）也对应一个线性变换，即将矢量空间的任一矢量 $\boldsymbol{c}$ 映射为另一矢量 $\boldsymbol{d}$ 的线性变换。

二阶张量 $\boldsymbol{A}$ 与度量张量 $\boldsymbol{G}$ 的点乘仍为其自身，即

$$\boldsymbol{A} \cdot \boldsymbol{G} = \boldsymbol{G} \cdot \boldsymbol{A} = \boldsymbol{A} \tag{3.1.13}$$

n 个二阶张量点乘，其结果仍为一二阶张量，即

$$\begin{aligned} \boldsymbol{A} \cdot \boldsymbol{B} \cdot \boldsymbol{C} \cdot \cdots &= \boldsymbol{A}_{i_1 j_1} \boldsymbol{g}^{i_1} \boldsymbol{g}^{j_1} \cdot \boldsymbol{B}_{i_2 j_2} \boldsymbol{g}^{i_2} \boldsymbol{g}^{j_2} \cdot \boldsymbol{C}_{i_3 j_3} \boldsymbol{g}^{i_3} \boldsymbol{g}^{j_3} \cdot \cdots \\ &= \boldsymbol{A}_{i_1 j_1} \boldsymbol{g}^{j_1 i_2} \boldsymbol{B}_{i_2 j_2} \boldsymbol{g}^{j_2 i_3} \boldsymbol{C}_{i_3 j_3} \boldsymbol{g}^{j_3 \cdots} \cdots \boldsymbol{g}^{i_1} \boldsymbol{g}^{j_n} \end{aligned} \tag{3.1.14}$$

二阶张量与二阶张量的点积和双重运算（以 $\overset{\cdot}{\times}$ 为例）如下：

$$\boldsymbol{A} \times \boldsymbol{B} = \boldsymbol{A}_{ij} \boldsymbol{g}^i \boldsymbol{g}^j \times \boldsymbol{B}_{mn} \boldsymbol{g}^m \boldsymbol{g}^n = \boldsymbol{A}_{ij} \boldsymbol{B}_{mn} \boldsymbol{g}^i (\boldsymbol{g}^j \times \boldsymbol{g}^m) \boldsymbol{g}^n = \boldsymbol{A}_{ij} \boldsymbol{B}_{mn} \varepsilon^{jmk} \boldsymbol{g}^i \boldsymbol{g}_k \boldsymbol{g}^n \tag{3.1.15}$$

$$\begin{aligned} \boldsymbol{A} \overset{\cdot}{\times} \boldsymbol{B} &= \boldsymbol{A}_{ij} \boldsymbol{g}^i \boldsymbol{g}^j \overset{\cdot}{\times} \boldsymbol{B}_{mn} \boldsymbol{g}^m \boldsymbol{g}^n \\ &= \boldsymbol{A}_{ij} \boldsymbol{B}_{mn} (\boldsymbol{g}^j \cdot \boldsymbol{g}^m)(\boldsymbol{g}^i \times \boldsymbol{g}^n) \\ &= \boldsymbol{A}_{ij} \boldsymbol{B}_{mn} \boldsymbol{g}^{jm} \varepsilon^{ink} \boldsymbol{g}_k \\ &= \boldsymbol{A}_{ij} \boldsymbol{B}^{m}_{\cdot n} \varepsilon^{ink} \boldsymbol{g}_k \end{aligned} \tag{3.1.16}$$

3. 二阶张量的坐标变换

二阶张量符合式(3.1.1)所示的变换关系，在三维直角坐标系中，设旧坐标系 x_i 下的标准正交基为 $\boldsymbol{e}_i$（$i = 1,2,3$），新坐标系 x_i' 下的标准正交基为 $\boldsymbol{e}_i'$，则有

$$\boldsymbol{A}_{i'j'} = \boldsymbol{\beta}_{i'i} \boldsymbol{\beta}_{j'j} \boldsymbol{A}_{ij} \tag{3.1.17}$$

例 3.1.1 在三维直角坐标系中，一二阶张量 $\boldsymbol{A}$ 在旧坐标系 x_i 中的表达式为 $\boldsymbol{A} = \boldsymbol{e}_1\boldsymbol{e}_1 + 2\boldsymbol{e}_1\boldsymbol{e}_2 + \boldsymbol{e}_2\boldsymbol{e}_1 - 2\boldsymbol{e}_2\boldsymbol{e}_3 - \boldsymbol{e}_3\boldsymbol{e}_1 + 3\boldsymbol{e}_3\boldsymbol{e}_3$，如果张量分量在新旧坐标系之间

的变换关系为 $\boldsymbol{A}_{i'j'}=\boldsymbol{\beta}_{i'i}\boldsymbol{\beta}_{j'j}\boldsymbol{A}_{ij}$，其中变换系数 β_{ij} 所组成的矩阵为 $\begin{bmatrix}0 & 0 & 1\\ -1 & 0 & 0\\ 0 & 1 & 0\end{bmatrix}$，试求二阶张量 $\boldsymbol{A}$ 在新坐标系 x_i' 中的表达式。

解 由分量变换关系为 $\boldsymbol{A}_{i'j'}=\boldsymbol{\beta}_{i'i}\boldsymbol{\beta}_{j'j}\boldsymbol{A}_{ij}$ 可得

$$A_{1'1'}=\boldsymbol{\beta}_{1i}\boldsymbol{\beta}_{1j}\boldsymbol{A}_{ij}=\beta_{13}\beta_{13}A_{33}=1\times1\times3=3$$
$$A_{1'2'}=\boldsymbol{\beta}_{1i}\boldsymbol{\beta}_{2j}\boldsymbol{A}_{ij}=\beta_{13}\beta_{21}A_{31}=1\times(-1)\times(-1)=1$$
$$A_{1'3'}=\boldsymbol{\beta}_{1i}\boldsymbol{\beta}_{3j}\boldsymbol{A}_{ij}=\beta_{13}\beta_{32}A_{32}=1\times1\times0=0$$
$$A_{2'1'}=\boldsymbol{\beta}_{2i}\boldsymbol{\beta}_{1j}\boldsymbol{A}_{ij}=\beta_{21}\beta_{13}A_{13}=(-1)\times1\times0=0$$
$$A_{2'2'}=\boldsymbol{\beta}_{2i}\boldsymbol{\beta}_{2j}\boldsymbol{A}_{ij}=\beta_{21}\beta_{21}A_{11}=(-1)\times(-1)\times1=1$$
$$A_{2'3'}=\boldsymbol{\beta}_{2i}\boldsymbol{\beta}_{3j}\boldsymbol{A}_{ij}=\beta_{21}\beta_{32}A_{12}=(-1)\times1\times2=-2$$
$$A_{3'1'}=\boldsymbol{\beta}_{3i}\boldsymbol{\beta}_{1j}\boldsymbol{A}_{ij}=\beta_{32}\beta_{13}A_{23}=1\times1\times(-2)=-2$$
$$A_{3'2'}=\boldsymbol{\beta}_{3i}\boldsymbol{\beta}_{2j}\boldsymbol{A}_{ij}=\beta_{32}\beta_{21}A_{21}=1\times(-1)\times1=-1$$
$$A_{3'3'}=\boldsymbol{\beta}_{3i}\boldsymbol{\beta}_{3j}\boldsymbol{A}_{ij}=\beta_{32}\beta_{32}A_{22}=1\times1\times0=0$$

所以，二阶张量 $\boldsymbol{A}$ 在新坐标系 x_i' 中的表达式为

$$\boldsymbol{A}=\boldsymbol{A}_{i'j'}\boldsymbol{e}_i'\boldsymbol{e}_j'=3\boldsymbol{e}_1'\boldsymbol{e}_1'+\boldsymbol{e}_1'\boldsymbol{e}_2'+\boldsymbol{e}_2'\boldsymbol{e}_2'-2\boldsymbol{e}_2'\boldsymbol{e}_3'-2\boldsymbol{e}_3'\boldsymbol{e}_1'-\boldsymbol{e}_3'\boldsymbol{e}_2'$$

其实，二阶张量 $\boldsymbol{A}$ 在新坐标系 x_i' 中的表达式也可以直接由分量变换关系 $\boldsymbol{A}_{i'j'}=\boldsymbol{\beta}_{i'i}\boldsymbol{\beta}_{j'j}\boldsymbol{A}_{ij}$ 得到，即

$$\begin{aligned}\boldsymbol{A}_{i'j'}&=\boldsymbol{\beta}_{i'i}\boldsymbol{\beta}_{j'j}\boldsymbol{A}_{ij}=\boldsymbol{\beta}_{ij}\boldsymbol{A}_{ij}\boldsymbol{\beta}_{ij}^{\mathrm{T}}\\&=\begin{bmatrix}0 & 0 & 1\\ -1 & 0 & 0\\ 0 & 1 & 0\end{bmatrix}\begin{bmatrix}1 & 2 & 0\\ 1 & 0 & -2\\ -1 & 0 & 3\end{bmatrix}\begin{bmatrix}0 & -1 & 0\\ 0 & 0 & 1\\ 1 & 0 & 0\end{bmatrix}\\&=\begin{bmatrix}-1 & 0 & 3\\ -1 & -2 & 0\\ 1 & 0 & -2\end{bmatrix}\begin{bmatrix}0 & -1 & 0\\ 0 & 0 & 1\\ 1 & 0 & 0\end{bmatrix}\\&=\begin{bmatrix}3 & 1 & 0\\ 0 & 1 & -2\\ -2 & -1 & 0\end{bmatrix}\end{aligned}$$

即得 $\boldsymbol{A}=3\boldsymbol{e}_1'\boldsymbol{e}_1'+\boldsymbol{e}_1'\boldsymbol{e}_2'+\boldsymbol{e}_2'\boldsymbol{e}_2'-2\boldsymbol{e}_2'\boldsymbol{e}_3'-2\boldsymbol{e}_3'\boldsymbol{e}_1'-\boldsymbol{e}_3'\boldsymbol{e}_2'$ 为所求。

3.2 二阶张量特征值和特征矢量

先回顾一下矩阵的相关知识。

定义 3.2.1 设 $\boldsymbol{A}$ 是 n 阶矩阵,如果数 λ 和 n 维非零列矢量 $\boldsymbol{x}$ 使关系式

$$\boldsymbol{Ax} = \lambda \boldsymbol{x} \tag{3.2.1a}$$

成立,则称数 λ 为矩阵 $\boldsymbol{A}$ 的特征值,非零矢量 $\boldsymbol{x}$ 称为 $\boldsymbol{A}$ 的对应于特征值 λ 的特征矢量(或特征向量)。

将式(3.2.1a)改写为

$$(\boldsymbol{A} - \lambda \boldsymbol{E})\boldsymbol{x} = \boldsymbol{0} \tag{3.2.1b}$$

这是 n 个未知数 n 个方程构成的齐次线性方程组,其有非零解的充要条件是系数行列式为零,即

$$\det(\boldsymbol{A} - \lambda \boldsymbol{E}) = |\boldsymbol{A} - \lambda \boldsymbol{E}| = \begin{vmatrix} A_{11} - \lambda & A_{12} & \cdots & A_{1n} \\ A_{21} & A_{22} - \lambda & \cdots & A_{2n} \\ \vdots & \vdots & \ddots & \vdots \\ A_{n1} & A_{n2} & \cdots & A_{nn} - \lambda \end{vmatrix} = 0 \tag{3.2.2a}$$

这个以 λ 为未知数的一元 n 次方程称为 $\boldsymbol{A}$ 的特征方程,它的 n 个根就是 $\boldsymbol{A}$ 的特征值。

式(3.2.2a)可化简为

$$|\boldsymbol{A} - \lambda \boldsymbol{E}| = a_0 + a_1\lambda + \cdots + a_{n-1}\lambda^{n-1} + \lambda^n = 0 \tag{3.2.2b}$$

若 $\lambda_1, \lambda_2, \cdots, \lambda_n$ 为矩阵 $\boldsymbol{A}$ 的特征值,则有

$$a_0 + a_1\lambda + \cdots + a_{n-1}\lambda^{n-1} + \lambda^n = (\lambda_1 - \lambda)(\lambda_2 - \lambda)\cdots(\lambda_n - \lambda) \tag{3.2.3}$$

若令 $\lambda = 0$,由式(3.2.2b)和式(3.2.3)可得

$$\det \boldsymbol{A} = |\boldsymbol{A}| = \lambda_1\lambda_2\cdots\lambda_n \tag{3.2.4}$$

又主对角线元素乘积为 $(A_{11} - \lambda)(A_{22} - \lambda)\cdots(A_{nn} - \lambda)$,对比式(3.2.3)可得矩阵 $\boldsymbol{A}$ 的迹(矩阵 $\boldsymbol{A}$ 的对角线上元素之和)为

$$\operatorname{tr} \boldsymbol{A} = A_{11} + A_{22} + \cdots + A_{nn} = \lambda_1 + \lambda_2 + \cdots + \lambda_n \tag{3.2.5}$$

因为二阶张量具有典型的矩阵特征,类似地,我们可以定义二阶张量的特征值和特征矢量。

定义 3.2.2 对于二阶张量 $\boldsymbol{A}$,其特征值 λ 等于方程

$$|\boldsymbol{A}_{ij} - \lambda \boldsymbol{g}_{ij}| = 0 \tag{3.2.6}$$

的根。

如果在直角坐标系中,度量张量分量即为单位阵 $\boldsymbol{E}$,即化为式(3.2.2)。

定义 3.2.3 对于二阶张量 $\boldsymbol{A}$,如果存在一个非零矢量 $\boldsymbol{u}$ 和一个数 λ_i,使得

$$\boldsymbol{u} \cdot \boldsymbol{A} = \lambda_i \boldsymbol{u} \tag{3.2.7}$$

成立,则称数 λ_i 为二阶张量 $\boldsymbol{A}$ 的一个特征值(或本征值),并称 $\boldsymbol{u}$ 为 $\boldsymbol{A}$ 的一个与特征值 λ_i 相对应的左特征矢量(或左本征矢量);若果存在一个非零矢量 $\boldsymbol{v}$ 和一个数

λ_j,使得

$$\boldsymbol{A} \cdot \boldsymbol{v} = \lambda_j \boldsymbol{v} \tag{3.2.8}$$

成立,则称数 λ_j 为二阶张量$\boldsymbol{A}$ 的一个特征值,并称 $\boldsymbol{v}$ 为$\boldsymbol{A}$ 的一个与特征值λ_j 相对应的右特征矢量(或右本征矢量)。

为了保证非零特征值的存在,式(3.2.7)和式(3.2.8)关于矢量分量的系数行列式必须为零,即为式(3.2.6)。如对于式(3.2.7)有

$$\boldsymbol{U} \cdot \boldsymbol{A} = \lambda_i \boldsymbol{U}$$

$$\boldsymbol{U}_k \boldsymbol{g}^k \cdot \boldsymbol{A}_{mn} \boldsymbol{g}^m = \lambda_i \boldsymbol{U}_k \boldsymbol{g}^k$$

$$\boldsymbol{U}_k \boldsymbol{g}^{km} \boldsymbol{A}_{mn} \boldsymbol{g}^n = \lambda_i \boldsymbol{U}_k \boldsymbol{g}^k$$

$$\boldsymbol{U}_k \boldsymbol{A}^{k}_{\cdot n} \boldsymbol{g}^n - \lambda_i \boldsymbol{U}_k \boldsymbol{g}^k = \boldsymbol{0}$$

$$\boldsymbol{U}_k (\boldsymbol{A}^{k}_{\cdot n} - \lambda_i \delta^k_n) \boldsymbol{g}^n = \boldsymbol{0}$$

$$\boldsymbol{U}_k (\boldsymbol{A}^{k}_{\cdot n} - \lambda_i \delta^k_n) = 0$$

即得

$$| \boldsymbol{A}^{k}_{\cdot n} - \lambda_i \delta^k_n | = 0$$

这就是式(3.2.6)的一种形式。同理,对于式(3.2.8)也有同样的结论。

3.3 二阶张量不变量

3.3.1 张量的基本不变量

如果将二阶张量 $\boldsymbol{A}$ 对应的矩阵$\boldsymbol{A}$ 进行对角化,转化为对角阵 $\boldsymbol{P}^{-1}\boldsymbol{AP}$,其中 $\boldsymbol{P}$ 为特征矢量构成的正交矩阵(即 $\boldsymbol{P}^{\mathrm{T}} = \boldsymbol{P}^{-1}$),即

$$\boldsymbol{P}^{-1}\boldsymbol{AP} = \begin{bmatrix} \lambda_1 & 0 & \cdots & 0 \\ 0 & \lambda_2 & \cdots & 0 \\ \vdots & \vdots & \ddots & \vdots \\ 0 & 0 & \cdots & \lambda_n \end{bmatrix} \tag{3.3.1}$$

这是 $\boldsymbol{A}$ 的一个相似变换。也就是说,若 $\boldsymbol{A}$ 为对称二阶张量,则必存在这样一个坐标系,对称二阶张量的分量在这个坐标系里的分量所形成的矩阵是一个对角阵。称其对角元素为二阶张量 $\boldsymbol{A}$ 的主值(或主分量),坐标系的坐标轴为 $\boldsymbol{A}$ 的主轴,坐标轴对应的方向为 $\boldsymbol{A}$ 的主方向(或主轴方向)。也就是说,一二阶对称张量 $\boldsymbol{A} = \boldsymbol{A}_{ij}\boldsymbol{g}^i\boldsymbol{g}^j$($\boldsymbol{g}^i$ 为初始坐标系的逆变基矢量),必存在一组正交标准化基 $\boldsymbol{e}_1, \boldsymbol{e}_2, \cdots, \boldsymbol{e}_n$,在这组基中,$\boldsymbol{A}$ 可化为一对角阵,即

$$\boldsymbol{A} = A_{11}\boldsymbol{e}_1\boldsymbol{e}_1 + A_{22}\boldsymbol{e}_2\boldsymbol{e}_2 + \cdots + A_{nn}\boldsymbol{e}_n\boldsymbol{e}_n \tag{3.3.2a}$$

$$
\boldsymbol{A} = \begin{bmatrix} A_{11} & 0 & \cdots & 0 \\ 0 & A_{22} & \cdots & 0 \\ \vdots & \vdots & \ddots & \vdots \\ 0 & 0 & \cdots & A_{nn} \end{bmatrix} \tag{3.3.2b}
$$

可见,$\boldsymbol{A}$ 的主值(即其对应的特征值)是与坐标系选择无关的,是张量 $\boldsymbol{A}$ 的不变量。此外,由于张量的其他任何不变量均由主值组合而成,所以又称为对称二阶张量 $\boldsymbol{A}$ 的基本不变量。

从张量本身性质看,二阶张量 $\boldsymbol{A} = A^{i}_{\cdot j}\boldsymbol{g}_i\boldsymbol{g}^j$ 虽然整体不随坐标变换而发生改变,但其分量与基张量均随坐标变换而进行相应变换。若能通过对这些随坐标变换而发生改变的分量进行一定的运算,如通过张量与其自身或某些辅助张量(度量张量、Levi-Civita 符号等)进行缩并、外乘或内乘等运算,能得到一些不随坐标变换而变化的标量,则称这些标量为该张量 $\boldsymbol{A}$ 的标量不变量,简称张量 $\boldsymbol{A}$ 的不变量。如

$$
\boldsymbol{G} : \boldsymbol{A} = \delta^i_j \boldsymbol{g}_i \boldsymbol{g}_j : \boldsymbol{A}_{mn}\boldsymbol{g}^m\boldsymbol{g}^n = \delta^i_j \boldsymbol{A}_{mn}\delta^m_j\delta^n_i = \boldsymbol{A}_{ii} = \mathrm{tr}\,\boldsymbol{A} = C_1 \tag{3.3.3a}
$$

$$
\boldsymbol{A} : \boldsymbol{A} = \boldsymbol{A}^{ij}\boldsymbol{g}_i\boldsymbol{g}_j : \boldsymbol{A}_{mn}\boldsymbol{g}^m\boldsymbol{g}^n = \delta^m_j\delta^n_i\boldsymbol{A}^{ij}\boldsymbol{A}_{mn} = \boldsymbol{A}^{ij}\boldsymbol{A}_{ji} = C_2 \tag{3.3.3b}
$$

也就是说,C_1,C_2在坐标变换下保持不变,它们都是标量,且它们都由 $\boldsymbol{A}$ 的主值组合而成。

3.3.2 迹不变量

在实际应用过程中,通常取主值的组合构成的对称函数作为不变量,如,在三维直线坐标系中取主值函数 $\lambda_1+\lambda_2+\lambda_3$ 或 $\lambda_1^2+\lambda_2^2+\lambda_3^2$ 作为不变量。即

$$
\mathrm{tr}\,\boldsymbol{A} = \lambda_1 + \lambda_2 + \lambda_3 \tag{3.3.4}
$$

为二阶张量 $\boldsymbol{A}$ 对应的矩阵$\boldsymbol{A}$ 的迹,也就是通过张量运算得到的式(3.3.3a)。又因 $\mathrm{tr}\,\boldsymbol{A} = \mathrm{tr}\,(\boldsymbol{P}^{-1}\boldsymbol{A}\boldsymbol{P})$,即有

$$
\begin{aligned}
\mathrm{tr}\,(\boldsymbol{P}^{-1}\boldsymbol{A}\boldsymbol{P})^2 &= \lambda_1^2 + \lambda_2^2 + \cdots + \lambda_n^2 \\
&= \mathrm{tr}\,(\boldsymbol{P}^{-1}\boldsymbol{A}\boldsymbol{P}\boldsymbol{P}^{-1}\boldsymbol{A}\boldsymbol{P}) = \mathrm{tr}\,(\boldsymbol{P}^{-1}\boldsymbol{A}^2\boldsymbol{P}) = \mathrm{tr}\,\boldsymbol{A}^2
\end{aligned}
$$

所以

$$
\mathrm{tr}\,\boldsymbol{A}^2 = \lambda_1^2 + \lambda_2^2 + \lambda_3^2 \tag{3.3.5}
$$

此即式(3.3.3b),以此类推得

$$
\mathrm{tr}\,\boldsymbol{A}^k = \lambda_1^k + \lambda_2^k + \cdots + \lambda_n^k \tag{3.3.6}
$$

它们统称为迹不变量。

3.3.3 特征方程系数不变量

由式(3.2.2)可知二阶张量 $\boldsymbol{A}$ 对应矩阵$\boldsymbol{A}$ 的特征方程为

$$\det(\boldsymbol{A}-\lambda\boldsymbol{E}) = |\boldsymbol{A}-\lambda\boldsymbol{E}| = a_0 + a_1\lambda + \cdots + a_{n-1}\lambda^{n-1} + \lambda^n = 0 \tag{3.3.7}$$

由凯莱-哈密顿(Caylay-Hamilton)定理可知,对于一个 $n\times n$ 矩阵 $\boldsymbol{A}$,若 $\boldsymbol{A}$ 的特征方程为式(3.3.7),则矩阵 $\boldsymbol{A}$ 满足自己的特征方程,即

$$f(\boldsymbol{A}) = a_0\boldsymbol{E} + a_1\boldsymbol{A} + \cdots + a_{n-1}\boldsymbol{A}^{n-1} + \boldsymbol{A}^n = 0 \tag{3.3.8}$$

则在三维直线坐标系中,特征方程为

$$\begin{vmatrix} A_{11}-\boldsymbol{A} & A_{12} & A_{13} \\ A_{21} & A_{22}-\boldsymbol{A} & A_{23} \\ A_{31} & A_{32} & A_{33}-\boldsymbol{A} \end{vmatrix} = \boldsymbol{0}$$

展开后即有

$$f(\boldsymbol{A}) = \boldsymbol{A}^3 - \boldsymbol{I}_1\boldsymbol{A}^2 + \boldsymbol{I}_2\boldsymbol{A} - \boldsymbol{I}_3\boldsymbol{E} = \boldsymbol{0} \tag{3.3.9}$$

其中

$$\boldsymbol{I}_1 = \lambda_1 + \lambda_2 + \lambda_3 \tag{3.3.10a}$$

$$\begin{aligned} \boldsymbol{I}_2 &= \frac{1}{2}[(\mathrm{tr}\,\boldsymbol{A})^2 - \mathrm{tr}\,\boldsymbol{A}^2] \\ &= \frac{1}{2}[(\lambda_1+\lambda_2+\lambda_3)^2 - (\lambda_1^2+\lambda_2^2+\lambda_3^2)] \\ &= \lambda_2\lambda_3 + \lambda_3\lambda_1 + \lambda_1\lambda_2 \end{aligned} \tag{3.3.10b}$$

$$\boldsymbol{I}_3 = \det\boldsymbol{A} = \lambda_1\lambda_2\lambda_3 \tag{3.3.10c}$$

可把它们展开成一、二、三阶主子式之和,即

$$\begin{aligned} \boldsymbol{I}_1 &= A_{11} + A_{22} + A_{33} \\ \boldsymbol{I}_2 &= \begin{vmatrix} A_{22} & A_{32} \\ A_{23} & A_{33} \end{vmatrix} + \begin{vmatrix} A_{11} & A_{31} \\ A_{13} & A_{33} \end{vmatrix} + \begin{vmatrix} A_{11} & A_{21} \\ A_{12} & A_{22} \end{vmatrix} \\ \boldsymbol{I}_3 &= \begin{vmatrix} A_{11} & A_{21} & A_{31} \\ A_{12} & A_{22} & A_{32} \\ A_{13} & A_{23} & A_{33} \end{vmatrix} \end{aligned} \tag{3.3.11}$$

如果从张量的运算角度分析,则式(3.3.10)三式分别为

$$\begin{aligned} \boldsymbol{I}_1 &= \boldsymbol{G} : \boldsymbol{A} = \delta^{i}_{\cdot j}A^{j}_{\cdot i} = \delta_{ij}A_{ij} \\ \boldsymbol{I}_2 &= \frac{1}{2!}\delta^{ij}_{mn}A_{i}^{\cdot m}A_{j}^{\cdot n} = \frac{1}{2!}\delta^{ij}_{mn}A_{im}A_{jn} \\ \boldsymbol{I}_3 &= \frac{1}{3!}\delta^{ijk}_{mnp}A_{i}^{\cdot m}A_{j}^{\cdot n}A_{k}^{\cdot p} = \frac{1}{3!}\delta^{ijk}_{mnp}A_{im}A_{jn}A_{kp} \end{aligned} \tag{3.3.12}$$

我们把这三个系数不变量又分别叫作二阶张量 $\boldsymbol{A}$ 的第一、第二和第三主不变量。

以上分析的前提是实对称二阶张量,所以其特征方程的三个根都是实数,即三个主值都是实数。当特征方程无重根时,即 $\lambda_1\neq\lambda_2\neq\lambda_3$,三个主方向 $\boldsymbol{g}_1,\boldsymbol{g}_2,\boldsymbol{g}_3$ 是唯一的;当特征方程有重根时,则主方向不是唯一的。如,当 $\lambda_1=\lambda_2\neq\lambda_3$ 时,则 λ_3

对应的主方向 $\boldsymbol{g}_3$ 是确定的，而与 $\boldsymbol{g}_3$ 垂直的平面内任意方向都是主方向，可取其中任意两个互相垂直的方向 $\boldsymbol{g}_1,\boldsymbol{g}_2$ 为主方向，但 $\boldsymbol{g}_1,\boldsymbol{g}_2$ 不是唯一的。当 $\lambda_1=\lambda_2=\lambda_3$ 时，即特征方程有三重根，则空间任意一组三维直角坐标系（即任意三个彼此垂直的坐标轴）都可以作为主轴，这时 $\boldsymbol{A}$ 称为球张量。由式（3.2.1a）可知，沿实对称二阶张量 $\boldsymbol{A}$ 的主方向的矢量 $\boldsymbol{x}$，经过 $\boldsymbol{A}$ 所代表的线性变换后，映射为沿其自身的方向且伸缩了 λ 倍的矢量，即 $\boldsymbol{A}\cdot\boldsymbol{x}=\lambda\boldsymbol{x}$。

对于非对称二阶张量，其对应特征方程的根不仅涉及上述三种情形，还有实根和共轭复根的情形，特征方程作用的结果除伸缩（即放大和缩小 λ 倍）之外，还可能存在旋转（即方向发生改变），不做详述。

3.4 二阶张量的分解

3.4.1 二阶张量的加法分解

如第 2.3.4 节中所述，任一二阶张量 $\boldsymbol{A}$ 都可分解成一对称张量和一反对称张量之和，即

$$\boldsymbol{A}=\boldsymbol{P}+\boldsymbol{T} \tag{3.4.1}$$

式中，$\boldsymbol{P},\boldsymbol{T}$ 分别为对称张量和反对称张量，有

$$\boldsymbol{P}=\frac{1}{2}(\boldsymbol{A}+\boldsymbol{A}^{\mathrm{T}}) \tag{3.4.2}$$

$$\boldsymbol{T}=\frac{1}{2}(\boldsymbol{A}-\boldsymbol{A}^{\mathrm{T}}) \tag{3.4.3}$$

若 $\boldsymbol{A}$ 的并矢表达式为

$$\boldsymbol{A}=A_{ij}\boldsymbol{g}^i\boldsymbol{g}^j=A^{ij}\boldsymbol{g}_i\boldsymbol{g}_j=A^{i}_{\cdot j}\boldsymbol{g}_i\boldsymbol{g}^j=A_{i}^{\cdot j}\boldsymbol{g}^i\boldsymbol{g}_j \tag{3.4.4}$$

其对应式（3.4.2）和式（3.4.3）的分量式为

$$\begin{aligned}
&P_{ij}=\frac{1}{2}(A_{ij}+A_{ji}),\quad P^{ij}=\frac{1}{2}(A^{ij}+A^{ij})\\
&P^{i}_{\cdot j}=\frac{1}{2}(A^{i}_{\cdot j}+A_{j}^{\cdot i}),\quad P_{i}^{\cdot j}=\frac{1}{2}(A_{i}^{\cdot j}+A^{j}_{\cdot i})\\
&T_{ij}=\frac{1}{2}(A_{ij}-A_{ji}),\quad T^{ij}=\frac{1}{2}(A^{ij}-A^{ij})\\
&T^{i}_{\cdot j}=\frac{1}{2}(A^{i}_{\cdot j}-A_{j}^{\cdot i}),\quad T_{i}^{\cdot j}=\frac{1}{2}(A_{i}^{\cdot j}-A^{j}_{\cdot i})
\end{aligned} \tag{3.4.5}$$

由于对称张量 $\boldsymbol{P}$ 和反对称张量 $\boldsymbol{T}$ 是由二阶张量 $\boldsymbol{A}$ 唯一确定的，所以张量的加

法分解也是唯一确定的。

一般二阶张量 $\boldsymbol{A}$ 具有 9 个独立分量，而二阶对称张量 $\boldsymbol{P}$ 具有 6 个独立分量，二阶反对称张量 $\boldsymbol{T}$ 具有 3 个独立分量。

通常对于对称二阶张量 $\boldsymbol{P}$，它还可以进一步分解为球张量 $\boldsymbol{B}$ 与偏张量 $\boldsymbol{D}$ 之和，即式(3.4.1)可变换为

$$\boldsymbol{A} = \boldsymbol{P} + \boldsymbol{T} = \boldsymbol{B} + \boldsymbol{D} + \boldsymbol{T} \tag{3.4.6}$$

式中，球张量 $\boldsymbol{B}$ 为

$$\boldsymbol{B} = B_{ij}\boldsymbol{g}^i\boldsymbol{g}^j = \frac{1}{3}I_1^P\delta_j^i\boldsymbol{g}^i\boldsymbol{g}^j \quad (I_1^P \text{ 为张量 } \boldsymbol{P} \text{ 的第一主不变量}) \tag{3.4.7}$$

由第 3.3 节可知，球张量只有一个独立的主值，即

$$B_{ij} = \frac{1}{3}I_1^P\delta_j^i = \begin{cases} \frac{1}{3}(P_{11} + P_{22} + P_{33}) & (i = j) \\ 0 & (i \neq j) \end{cases} \tag{3.4.8}$$

球张量 $\boldsymbol{B}$ 对应的三个主不变量分别为

$$I_1^B = I_1^P, \quad I_2^B = \frac{1}{3}(I_1^P)^2, \quad I_3^B = \frac{1}{27}(I_1^P)^3 \tag{3.4.9}$$

可见，球张量 $\boldsymbol{B}$ 只有一个独立的主不变量，其第一主不变量为对应的对称二阶张量 $\boldsymbol{P}$ 的第一主不变量。

由于球张量的 3 个主值均相等，所以空间任一组垂直直线坐标系的坐标轴都是其主轴，在主轴上任选一组标准化基都是其特征矢量，即

$$B_{11} = B_{22} = B_{33} = \frac{1}{3}I_1^P = \frac{1}{3}(P_{11} + P_{22} + P_{33}) \tag{3.4.10}$$

偏张量 $\boldsymbol{D}$ 为

$$\boldsymbol{D} = \boldsymbol{D}_{ij}\boldsymbol{g}^i\boldsymbol{g}^j = (\boldsymbol{P}_{ij} - \boldsymbol{B}_{ij})\boldsymbol{g}^i\boldsymbol{g}^j \tag{3.4.11}$$

$$\boldsymbol{D}_{ij} = \boldsymbol{P}_{ij} - \frac{1}{3}I_1^P\delta_j^i = \begin{cases} \boldsymbol{P}_{ij} - \frac{1}{3}(P_{11} + P_{22} + P_{33}) & (i = j) \\ \boldsymbol{P}_{ij} & (i \neq j) \end{cases} \tag{3.4.12}$$

可见，偏张量的 9 个分量满足对称条件。若对式(3.4.12)两边取迹，可得偏张量的迹为零，即其第一主不变量为零。所以，偏张量只有 5 个独立的分量。

偏张量的 3 个主不变量分别为

$$\begin{aligned} I_1^D &= 0 \\ I_2^D &= I_2^P - \frac{1}{3}(I_1^P)^2 \\ I_3^D &= I_3^P - \frac{1}{3}I_1^PI_2^P + \frac{2}{27}(I_1^P)^3 \end{aligned} \tag{3.4.13}$$

可见，偏张量 $\boldsymbol{D}$ 只有两个独立的不变量。由于球张量 $\boldsymbol{B}$ 的主方向是任意的，所以

偏张量 $\boldsymbol{D}$ 的主方向就是其对应的对称张量 $\boldsymbol{P}$ 的主方向。

在工程实践中，对于连续介质力学的大变形几何分析，这种基于线性叠加的加法分解是不适用的，必须采用乘法分解。

3.4.2　二阶张量的乘法分解

二阶张量的乘法分解又称为极分解。对于大变形几何分析时，一般要对变形梯度张量进行乘法分解。

定义 3.4.1　设 $\boldsymbol{A}$ 为二阶张量，$\boldsymbol{a}$ 为矢量，且 $\boldsymbol{a}\neq 0$，若满足 $\boldsymbol{a}\cdot\boldsymbol{A}\cdot\boldsymbol{a}>0$，则称 $\boldsymbol{A}$ 为正张量。

定义 3.4.2　设 $\boldsymbol{A}$ 为二阶张量，若行列式值不等于零，即 $|\boldsymbol{A}|\neq 0$，则称 $\boldsymbol{A}$ 为正则的二阶张量；否则称为退化的二阶张量。

定义 3.4.3　若 $\boldsymbol{A}$ 为正则的二阶张量，若其逆与其转置张量相等，则称 $\boldsymbol{A}$ 为正交张量，即

$$\boldsymbol{A}^{-1} = \boldsymbol{A}^{\mathrm{T}} \tag{3.4.14}$$

所以，有

$$\boldsymbol{A}\cdot\boldsymbol{A}^{\mathrm{T}} = \boldsymbol{A}^{\mathrm{T}}\cdot\boldsymbol{A} = \boldsymbol{G} \tag{3.4.15}$$

任一正则的二阶张量 $\boldsymbol{A}$ 必定可以分解为一个正交张量 $\boldsymbol{Q}$（或 $\boldsymbol{Q}_1$）与一个正张量 $\boldsymbol{H}$（或 $\boldsymbol{H}_1$）的点积，即

$$\boldsymbol{A} = \boldsymbol{Q}\cdot\boldsymbol{H} \tag{3.4.16}$$

$$\boldsymbol{A} = \boldsymbol{H}_1\cdot\boldsymbol{Q}_1 \tag{3.4.17}$$

其中，式(3.4.16)称为右极分解，式(3.4.17)称为左极分解，它们是唯一确定的。

例 3.4.1　若二阶张量 $\boldsymbol{A}$ 为 $\boldsymbol{A}=2\boldsymbol{g}_1\boldsymbol{g}_1-2\sqrt{2}\boldsymbol{g}_1\boldsymbol{g}_2+\sqrt{2}\boldsymbol{g}_2\boldsymbol{g}_1-4\boldsymbol{g}_2\boldsymbol{g}_2+2\boldsymbol{g}_2\boldsymbol{g}_3+\boldsymbol{g}_3\boldsymbol{g}_3$，试对其进行加法分解。

解　因为任一二阶张量 $\boldsymbol{A}$ 都可分解成一对称张量 $\boldsymbol{P}$ 和一反对称张量 $\boldsymbol{T}$ 之和，即 $\boldsymbol{A}_{ij}=\boldsymbol{P}_{ij}+\boldsymbol{T}_{ij}$，由式(3.4.2)及式(3.4.3)可得

$$\boldsymbol{P}_{ij} = \frac{1}{2}(\boldsymbol{A}_{ij}+\boldsymbol{A}_{ij}^{\mathrm{T}}) = \frac{1}{2}\left(\begin{bmatrix} 2 & -2\sqrt{2} & 0 \\ \sqrt{2} & -4 & 2 \\ 0 & 0 & 1 \end{bmatrix} + \begin{bmatrix} 2 & \sqrt{2} & 0 \\ -2\sqrt{2} & -4 & 0 \\ 0 & 2 & 1 \end{bmatrix}\right)$$

$$= \begin{bmatrix} 2 & -\dfrac{\sqrt{2}}{2} & 0 \\ -\dfrac{\sqrt{2}}{2} & -4 & 1 \\ 0 & 1 & 1 \end{bmatrix}$$

$$T_{ij} = \frac{1}{2}(A_{ij} - A_{ij}^{\mathrm{T}}) = \frac{1}{2}\left(\begin{bmatrix} 2 & -2\sqrt{2} & 0 \\ \sqrt{2} & -4 & 2 \\ 0 & 0 & 1 \end{bmatrix} - \begin{bmatrix} 2 & \sqrt{2} & 0 \\ -2\sqrt{2} & -4 & 0 \\ 0 & 2 & 1 \end{bmatrix}\right)$$

$$= \begin{bmatrix} 0 & -\frac{3\sqrt{2}}{2} & 0 \\ \frac{3\sqrt{2}}{2} & 0 & 1 \\ 0 & -1 & 0 \end{bmatrix}$$

又因为对称二阶张量 $\boldsymbol{P}$ 还可以进一步分解为球张量 $\boldsymbol{B}$ 与偏张量 $\boldsymbol{D}$ 之和，即 $\boldsymbol{P}_{ij} = \boldsymbol{B}_{ij} + \boldsymbol{D}_{ij}$，由式(3.4.8)和式(3.4.12)可得

$$\boldsymbol{B}_{ij} = \begin{cases} \frac{1}{3}(\boldsymbol{P}_{11} + \boldsymbol{P}_{22} + \boldsymbol{P}_{33}) & (i = j) \\ 0 & (i \neq j) \end{cases} = \begin{bmatrix} -\frac{1}{3} & 0 & 0 \\ 0 & -\frac{1}{3} & 0 \\ 0 & 0 & -\frac{1}{3} \end{bmatrix}$$

$$\boldsymbol{D}_{ij} = \begin{cases} \boldsymbol{P}_{ij} - \frac{1}{3}(\boldsymbol{P}_{11} + \boldsymbol{P}_{22} + \boldsymbol{P}_{33}) & (i = j) \\ \boldsymbol{P}_{ij} & (i \neq j) \end{cases} = \begin{bmatrix} \frac{7}{3} & -\frac{\sqrt{2}}{2} & 0 \\ -\frac{\sqrt{2}}{2} & -\frac{11}{3} & 1 \\ 0 & 1 & \frac{4}{3} \end{bmatrix}$$

所以，二阶张量 $\boldsymbol{A}$ 最后可分解为

球张量

$$\boldsymbol{B} = -\frac{1}{3}(\boldsymbol{g}_1\boldsymbol{g}_1 + \boldsymbol{g}_2\boldsymbol{g}_2 + \boldsymbol{g}_3\boldsymbol{g}_3)$$

偏张量

$$\boldsymbol{P} = \frac{7}{3}\boldsymbol{g}_1\boldsymbol{g}_1 - \frac{\sqrt{2}}{2}\boldsymbol{g}_1\boldsymbol{g}_2 - \frac{\sqrt{2}}{2}\boldsymbol{g}_2\boldsymbol{g}_1 - \frac{11}{3}\boldsymbol{g}_2\boldsymbol{g}_2 + \boldsymbol{g}_2\boldsymbol{g}_3 + \boldsymbol{g}_3\boldsymbol{g}_2 + \frac{4}{3}\boldsymbol{g}_3\boldsymbol{g}_3$$

反对称张量

$$\boldsymbol{T} = -\frac{3\sqrt{2}}{2}\boldsymbol{g}_1\boldsymbol{g}_2 + \frac{3\sqrt{2}}{2}\boldsymbol{g}_2\boldsymbol{g}_1 + \boldsymbol{g}_2\boldsymbol{g}_3 - \boldsymbol{g}_3\boldsymbol{g}_2$$

3.5 各向同性张量

3.5.1 基本概念

一般而言,张量的分量是随坐标变换而变化的,只有标量不随坐标变换而改变。对于二阶张量,只有球张量的分量不随坐标变换而变化。也就是说,在三维直角坐标系中,绝大多数的张量分量经过旋转坐标变换后都将发生改变。如有一矢量 $\boldsymbol{a}$,它在坐标系 $Ox_1x_2x_3$ 中的分量为$(a_1,0,0)$,若保持 x_3 轴不动,让 x_1,x_2 轴绕 x_3 轴旋转 180°,则新旧坐标系之间的关系变为 $x_1'=-x_1$,$x_2'=-x_2$,$x_3'=x_3$。可见,矢量 $\boldsymbol{a}$ 在新坐标系中的分量变为$(-a_1,0,0)$。所以,只要 $\boldsymbol{a}$ 不是零矢量,在新旧坐标系中的分量值则不等。我们把这类张量称为各向异性张量。

相反地,如果张量的每一分量经旋转坐标变换后其值仍不发生改变,即

$$A'_{i_1 i_2 \cdots i_n} = A_{i_1 i_2 \cdots i_n} \tag{3.5.1}$$

则称之为各向同性张量。如,标量、单位张量、Levi-Civita 符号都是各向同性张量。

注意,在三维直角坐标系中,$A_{i_1' i_2' \cdots i_n'}$ 可简写成$A'_{i_1 i_2 \cdots i_n}$。由于各向同性张量的特殊性,本节内容都设置在常用的三维直角坐标系中进行。

3.5.2 置换定理

若新旧坐标系在旋转变换后完全重合,则存在两种可能,即 $x_1'=x_2$,$x_2'=x_3$,$x_3'=x_1$(或 $x_1'=x_3$,$x_2'=x_1$,$x_3'=x_2$)。如果二阶张量 $\boldsymbol{A}_{ij}$ 是各向同性的,则其分量之一 A_{12}应满足 $A_{12}'=A_{12}$;又因为新旧坐标系重合得 $A_{12}=A_{23}=A_{31}$,同理有

$$\begin{cases} A_{21} = A_{32} = A_{13} \\ A_{11} = A_{22} = A_{33} \end{cases}$$

推广至 n 阶张量$A_{i_1' i_2' \cdots i_n'}$,将其每一分量的每一个下标作循环置换,则得 $A_{i_1' i_2' \cdots i_n'}$ 的另一个与之相等的分量,这就是置换定理。

如,对于三阶各向同性张量 A_{ijk}有

$$\begin{aligned}
A_{111} &= A_{222} = A_{333} \\
A_{112} &= A_{223} = A_{331} \\
A_{113} &= A_{221} = A_{332} \\
A_{121} &= A_{232} = A_{313} \\
A_{122} &= A_{233} = A_{311} \\
A_{123} &= A_{231} = A_{312}
\end{aligned}$$

$$A_{211} = A_{322} = A_{133}$$
$$A_{212} = A_{323} = A_{131}$$
$$A_{213} = A_{321} = A_{132}$$

显然,这是各向同性张量必须满足的一个条件。

3.5.3 常用各向同性张量的形式

1. 二阶各向同性张量的形式

若一二阶张量为各向同性张量 A_{ij},则其形式必为 $\lambda\delta_{ij}$,其中 λ 为标量,即

$$A_{ij} = \lambda\delta_{ij} \quad (i,j = 1,2,3) \tag{3.5.2}$$

证明 由置换定理可得,当 $i=j$ 时,有

$$A_{11} = A_{22} = A_{33} = \frac{1}{3}I_1 = \lambda$$

显然,λ 是个标量。

现保持 x_3 轴不动,让 x_1,x_2 轴绕 x_3 轴旋转 180°,则有

$$x'_1 = -x_1, \quad x'_2 = -x_2, \quad x'_3 = x_3$$

对应的变换系数矩阵为

$$\boldsymbol{\beta}_{ij} = \begin{bmatrix} -1 & & \\ & -1 & \\ & & 1 \end{bmatrix}$$

又因为 A_{ij} 为各向同性,有

$$A'_{23} = A_{23} = \boldsymbol{\beta}_{2i}\boldsymbol{\beta}_{3j}A_{ij} = \beta_{22}\beta_{33}A_{23} = -A_{23}$$

显然,只有 $A_{23}=0$ 才能满足。即

$$A_{23} = A_{31} = A_{12} = 0$$

同理,有

$$A_{32} = A_{13} = A_{21} = 0$$

即,当 $i \neq j$ 时,$A_{ij}=\mathbf{0}$。所以,$A_{ij}=\lambda\delta_{ij}$。

2. 三阶各向同性张量的形式

若一三阶张量为各向同性张量 A_{ijk},则其形式必为 $\lambda\varepsilon_{ijk}$(或 λe_{ijk}),其中 λ 为标量,即

$$A_{ijk} = \lambda e_{ijk} = \begin{cases} \lambda & (i,j,k\ \text{为偶排列}) \\ -\lambda & (i,j,k\ \text{为奇排列}) \\ 0 & (\text{有重复指标}) \end{cases} \tag{3.5.3}$$

证明 保持 x_3 轴不动,让 x_1,x_2 轴绕 x_3 轴旋转 180°,则得变换系数矩阵

$$\boldsymbol{\beta}_{ij} = \begin{bmatrix} -1 & & \\ & -1 & \\ & & 1 \end{bmatrix}$$

当 $i = j = k$ 时，由张量分量变换公式有

$$A'_{111} = A_{111} = \boldsymbol{\beta}_{1i}\boldsymbol{\beta}_{1j}\boldsymbol{\beta}_{1k}A_{ijk} = \beta_{11}\beta_{11}\beta_{11}A_{111} = -A_{111}$$

所以，有 $A_{111} = 0$。由置换定理得

$$A_{111} = A_{222} = A_{333} = 0$$

当 i,j,k 有两个相同时，在上述变换下，有

$$A'_{112} = A_{112} = \boldsymbol{\beta}_{1i}\boldsymbol{\beta}_{1j}\boldsymbol{\beta}_{2k}A_{ijk} = \beta_{11}\beta_{11}\beta_{22}A_{112} = -A_{112}$$

所以，有 $A_{112} = A_{223} = A_{331} = 0$。

同理，可得其他 15 个有两个重复指标的分量也为零。

现将旧坐标绕 x_3 轴旋转 90°得到一新坐标系，则有

$$x'_1 = x_2, \quad x'_2 = -x_1, \quad x'_3 = x_3$$

对应的变换系数矩阵为

$$\boldsymbol{\beta}_{ij} = \begin{bmatrix} 0 & 1 & 0 \\ -1 & 0 & 0 \\ 0 & 0 & 1 \end{bmatrix}$$

由张量分量变换公式有

$$A'_{123} = A_{123} = \boldsymbol{\beta}_{1i}\boldsymbol{\beta}_{2j}\boldsymbol{\beta}_{3k}A_{ijk} = \beta_{12}\beta_{21}\beta_{33}A_{213} = -A_{213}$$

所以，由置换定理有

$$A_{123} = A_{231} = A_{312} = \lambda$$

$$A_{213} = A_{321} = A_{132} = -\lambda$$

即为偶排列和奇排列的情形。综合以上情形，原式得证。

3. 四阶各向同性张量的形式

若一四阶张量为各向同性张量 A_{ijmn}，则其形式必为

$$A_{ijmn} = \alpha\delta_{ij}\delta_{mn} + \beta\delta_{im}\delta_{jn} + \gamma\delta_{in}\delta_{jm} \tag{3.5.4}$$

式中，α,β,γ 为标量。

证明思路提示　要证明式(3.5.4)成立，需要证明以下几种情形：

$$A_{ijmn} = \begin{cases} \alpha+\beta+\gamma & (i = j = m = n) \\ \alpha & (i = j \neq m = n) \\ \beta & (i = m \neq j = n) \\ \gamma & (i = n \neq j = m) \\ 0 & (\text{其他情形}) \end{cases}$$

分别作三次坐标旋转证明各指标取值情形，即保持旧坐标系 x_3 轴不动，将

x_1, x_2 轴绕 x_3 轴旋转 180°得变换系数矩阵

$$\boldsymbol{\beta}_{ij} = \begin{bmatrix} -1 & & \\ & -1 & \\ & & 1 \end{bmatrix}$$

利用各向同性张量定义和置换定理证明 1(或 2,3)在指标 i, j, m, n 中出现单数次,就有 $A_{ijmn} = 0$,即为其他情形。

将旧坐标绕 x_3 轴旋转 90°得变换系数矩阵为

$$\boldsymbol{\beta}_{ij} = \begin{bmatrix} 0 & 1 & 0 \\ -1 & 0 & 0 \\ 0 & 0 & 1 \end{bmatrix}$$

利用各向同性张量定义和置换定理证明 i, j, m, n 两两相同的情形。

将旧坐标绕 x_3 轴逆时针旋转 45°得变换系数矩阵为

$$\boldsymbol{\beta}_{ij} = \begin{bmatrix} \dfrac{1}{\sqrt{2}} & \dfrac{1}{\sqrt{2}} & 0 \\ -\dfrac{1}{\sqrt{2}} & \dfrac{1}{\sqrt{2}} & 0 \\ 0 & 0 & 1 \end{bmatrix}$$

利用各向同性张量定义和置换定理证明 i, j, m, n 全相同的情形。具体步骤不再详述。

注意,在式(3.5.4)中,对于任意的旋转变换,α, β, γ 都是 3 个独立的标量。

第 4 章　张量分析基础

前面我们已经介绍了矢量分析和张量的一些基础知识，本章在这基础上介绍张量分析的基础知识，一方面它是矢量分析延伸和扩展，另一方面它又是张量特有性质（独立于坐标系的选择）的体现。本章主要介绍基矢量导数、张量导数、不变微分算子以及张量的物理分量。

4.1　基矢量导数

4.1.1　协变基矢量的导数

1. 基础知识

首先，在第 2.1 节关于坐标系介绍的基础上进一步归纳。

定义 4.1.1　对于 n 维空间中一点，给定实数组$(x^1,x^2,\cdots,x^n)$与之对应，若满足

(1) 不同的点对应于不同的数组，即当且仅当 $x^i = y^i\ (i=1,2,\cdots,n)$时，$P(x^1,x^2,\cdots,x^n)$点与 $Q(y^1,y^2,\cdots,y^n)$点是同一点；

(2) 任意数组$(x^1,x^2,\cdots,x^n)$代表空间一个点。

则称这样的数组为 n 维空间的笛卡儿坐标。其对应的笛卡儿坐标系是直角坐标系和斜角直线坐标系的统称。

定义 4.1.2　设在 n 维空间中的某个区域 Ω 上给定了 n 个实光滑函数（至少三阶以上连续可微）

$$x^i = x^i(y^1,\cdots,y^n) \quad (i=1,2,\cdots,n) \tag{4.1.1}$$

其中，$(y^1,y^2,\cdots,y^n)$是 Ω 上点的笛卡儿坐标。若式(4.1.1)满足 Jacobi 行列式不为零，即

$$J = \frac{\partial(x^1,\cdots,x^n)}{\partial(y^1,\cdots,y^n)} \neq 0 \tag{4.1.2}$$

则$(x^1,x^2,\cdots,x^n)$与$(y^1,y^2,\cdots,y^n)$之间存在一一对应关系，故存在反函数

$$y^i = y^i(x^1, \cdots, x^n) \quad (i = 1,2,\cdots,n) \tag{4.1.3}$$

即参数组$(x^1, x^2, \cdots, x^n)$与$(y^1, y^2, \cdots, y^n)$一样，也确定了区域 Ω 上的点，所以，参数组$(x^1, x^2, \cdots, x^n)$也是区域 Ω 上点的坐标。由于当 x^i 变动而 $x^j(j=1,2,\cdots, n; j\neq i)$固定时，数组$(x^1, x^2, \cdots, x^n)$在区域 Ω 内描绘出一族曲线，而不同的 x^i 变动时一共描绘出 n 族曲线，形成了 Ω 内的曲线网，因此，参数组$(x^1, x^2, \cdots, x^n)$又称为曲线坐标(图 4.1.1)。

在给定曲线坐标后，n 维空间的区域 Ω 内每一点，沿每一族曲线均有一个切向量

$$\boldsymbol{g}_i = \left(\frac{\partial y^1}{\partial x^i}, \frac{\partial y^2}{\partial x^i}, \cdots, \frac{\partial y^n}{\partial x^i}\right) = \frac{\partial \boldsymbol{r}}{\partial x^i} = \frac{\partial y^j}{\partial x^i}\boldsymbol{e}_j \quad (i, j = 1,2,\cdots,n) \tag{4.1.4}$$

其中，$\boldsymbol{e}_j$ 为笛卡儿坐标系中的正交单位基矢量。由式(4.1.2)可知，这组向量是线性无关的，可作为 n 维空间的一组基(矢量)，即第 2.1.2 节中所述的协变基矢量。

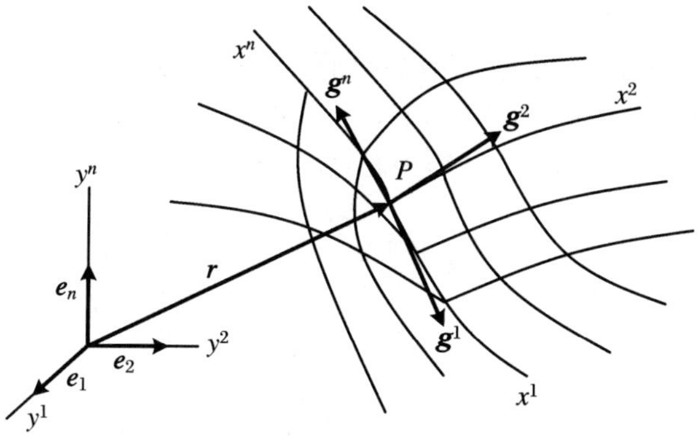

图 4.1.1

显然，这组协变基矢量和 Ω 内的点对应，不同的点其协变基矢量也不同，构成活动标架。也就是说，协变基矢量是随点的位置不同而变动的局部基矢量。既然在一般情形下，区域 Ω 内每一点都给定了一个活动标架，那么也就是给出了整个区域 Ω 上的一个标架场。

在曲线坐标系中，我们要研究的不是个别的张量，而是张量场，即对于空间中每一个点均给定了一个张量，且其阶数是一个常数。如此，区域 Ω 内每一点的张量即可在该点的标架上分解得到张量场函数

$$A(P) = T^{i_1 \cdots i_m}_{j_1 \cdots j_n}(P)\boldsymbol{g}_{i_1}(P)\cdots\boldsymbol{g}_{i_m}(P)\boldsymbol{g}^{j_1}(P)\cdots\boldsymbol{g}^{j_n}(P) \tag{4.1.5}$$

式中，P 为空间中的点，$\boldsymbol{g}^j$ 是点 P 处的对偶基矢量。

既然活动标架(即局部基矢量)与点有关，那么由活动标架所决定的度量张量也是点的函数

$$\boldsymbol{g}_{ij}(P) = \boldsymbol{g}_i(P) \cdot \boldsymbol{g}_j(P) \tag{4.1.6}$$

所以,有

$$\boldsymbol{g}^i(P) = \boldsymbol{g}^{ij}(P)\boldsymbol{g}_j(P) \tag{4.1.7}$$

$$\boldsymbol{g}^{ij}(P)\boldsymbol{g}_{jk}(P) = \delta^i_k \tag{4.1.8}$$

若给定两组曲线坐标 $x^i = x^i(y^1,\cdots,y^n)$ 与 $\widetilde{x}^{i'} = \widetilde{x}^{i'}(y^1,\cdots,y^n)$,则与其对应的协变基矢量(或活动标架)$\boldsymbol{g}_i$ 与 $\widetilde{\boldsymbol{g}}_{i'}$ 为

$$\boldsymbol{g}_i = \left(\frac{\partial y^1}{\partial x^i},\cdots,\frac{\partial y^n}{\partial x^i}\right)$$

$$\widetilde{\boldsymbol{g}}_{i'} = \left(\frac{\partial y^1}{\partial \widetilde{x}^{i'}},\cdots,\frac{\partial y^n}{\partial \widetilde{x}^{i'}}\right) \tag{4.1.9}$$

由链式法则得

$$\widetilde{\boldsymbol{g}}_{i'} = \left(\frac{\partial y^1}{\partial \widetilde{x}^{i'}},\cdots,\frac{\partial y^n}{\partial \widetilde{x}^{i'}}\right) = \left(\frac{\partial y^1}{\partial x^i}\frac{\partial x^i}{\partial \widetilde{x}^{i'}},\cdots,\frac{\partial y^n}{\partial x^i}\frac{\partial x^i}{\partial \widetilde{x}^{i'}}\right) = \frac{\partial x^i}{\partial \widetilde{x}^{i'}}\boldsymbol{g}_i \tag{4.1.10}$$

2. 协变基矢量的导数

由于局部基矢量随空间点而变化,为了了解其变化规律,我们设空间一点 P,其笛卡儿坐标(矢径)为 $\boldsymbol{r} = (y^1,\cdots,y^n)$。若 P 点变化为相邻一点 $\boldsymbol{r}+\mathrm{d}\boldsymbol{r}$,其中改变量 $\mathrm{d}\boldsymbol{r}$ 在曲线坐标$(x^1,x^2,\cdots,x^n)$中的表示为

$$\mathrm{d}\boldsymbol{r} = (\mathrm{d}y^1,\cdots,\mathrm{d}y^n) = \left(\frac{\partial y^1}{\partial x^i},\cdots,\frac{\partial y^n}{\partial x^i}\right)\mathrm{d}x^i = \mathrm{d}x^i\boldsymbol{g}_i \tag{4.1.11}$$

同样地,上式可变换为

$$\boldsymbol{g}_i = \frac{\partial \boldsymbol{r}}{\partial x^i} \tag{4.1.12}$$

由于曲线坐标系的基矢量不像笛卡儿坐标系的基矢量,它在空间不同点处是不同的,故又称为局部基矢量。我们接下来讨论局部基矢量的导数$\dfrac{\partial \boldsymbol{g}_i}{\partial x^j}$。由于$\dfrac{\partial \boldsymbol{g}_i}{\partial x^j}$仍然是矢量,故可在标架场中沿原协变基矢量进行逆变分解为:

$$\frac{\partial \boldsymbol{g}_i}{\partial x^j} = \Gamma^k_{ij}\boldsymbol{g}_k \tag{4.1.13}$$

可见,Γ^k_{ij}是矢量$\dfrac{\partial \boldsymbol{g}_i}{\partial x^j}$的逆变分量,故有

$$\Gamma^k_{ij} = \frac{\partial \boldsymbol{g}_i}{\partial x^j}\cdot\boldsymbol{g}^k \tag{4.1.14}$$

又因为

$$\frac{\partial \boldsymbol{g}_i}{\partial x^j} = \frac{\partial}{\partial x^j}\left(\frac{\partial \boldsymbol{r}}{\partial x^i}\right) = \frac{\partial \boldsymbol{r}^2}{\partial x^j\partial x^i} = \frac{\partial \boldsymbol{r}^2}{\partial x^i\partial x^j} = \frac{\partial}{\partial x^i}\left(\frac{\partial \boldsymbol{r}}{\partial x^j}\right) = \frac{\partial \boldsymbol{g}_j}{\partial x^i}$$

即有

$$\Gamma_{ij}^{k} = \Gamma_{ji}^{k} \tag{4.1.15}$$

对式(4.1.13)与原基矢量点乘有

$$\begin{cases} \dfrac{\partial \boldsymbol{g}_i}{\partial x^j} \cdot \boldsymbol{g}_m = \Gamma_{ij}^{k} \boldsymbol{g}_k \boldsymbol{g}_m = \Gamma_{ij}^{k} g_{km} \\ \dfrac{\partial \boldsymbol{g}_m}{\partial x^j} \cdot \boldsymbol{g}_i = \Gamma_{ij}^{k} g_{ki} \end{cases}$$

两式相加得

$$\frac{\partial(\boldsymbol{g}_i \cdot \boldsymbol{g}_m)}{\partial x^j} = \frac{\partial g_{im}}{\partial x^j} = \Gamma_{ij}^{k} g_{km} + \Gamma_{mj}^{k} g_{ki} = \Gamma_{ijm} + \Gamma_{mji} \tag{4.1.16a}$$

对上式进行指标循环替换得

$$\begin{cases} \dfrac{\partial g_{im}}{\partial x^j} = \Gamma_{ij}^{k} g_{km} + \Gamma_{mi}^{k} g_{kj} \\ \dfrac{\partial g_{ij}}{\partial x^m} = \Gamma_{im}^{k} g_{kj} + \Gamma_{im}^{k} g_{ki} \end{cases} \tag{4.1.16b}$$

将上面三式中得前两式相加，再减去第三式，由于 $\Gamma_{ij}^{k} = \Gamma_{ji}^{k}$，可得

$$\Gamma_{ij}^{k} g_{km} = \frac{1}{2}\left(\frac{\partial g_{im}}{\partial x^j} + \frac{\partial g_{jm}}{\partial x^i} - \frac{\partial g_{ij}}{\partial x^m}\right) = \Gamma_{ijm} \tag{4.1.17}$$

其中，Γ_{ijm} 称为第一类克里斯托费尔(Christoffel)符号(或第一类克里斯托弗符号、第一类克氏记号)，Γ_{ij}^{k} 称为第二类克里斯托费尔符号(或第二类克里斯托弗符号、第二类克氏记号)。有的书籍也用$[ij,m]$和$\begin{pmatrix} k \\ ij \end{pmatrix}$分别表示第一、第二类克里斯托费尔符号。由 $\Gamma_{ij}^{k} = \Gamma_{ji}^{k}$ 可知，Γ_{ijm} 关于 i，j 指标亦对称，即

$$\Gamma_{ijm} = \Gamma_{jim} \tag{4.1.18}$$

由式(4.1.17)可得

$$\Gamma_{ij}^{k} = \frac{1}{2} g^{km}\left(\frac{\partial g_{im}}{\partial x^j} + \frac{\partial g_{jm}}{\partial x^i} - \frac{\partial g_{ij}}{\partial x^m}\right) = g^{km} \Gamma_{ijm} \tag{4.1.19}$$

$$\frac{\partial \boldsymbol{g}_j}{\partial x^i} = \Gamma_{ijk} \boldsymbol{g}^k \tag{4.1.20}$$

$$\Gamma_{ijk} = \frac{\partial \boldsymbol{g}_j}{\partial x^i} \cdot \boldsymbol{g}_k \tag{4.1.21}$$

由式(4.1.17)和式(4.1.19)可知，克里斯托费尔符号恒为零的充要条件是度量张量在整个区域 Ω 上为常数。特别地，在(笛卡儿)直角坐标系下，克里斯托费尔符号恒为零。

值得注意的是，第二类克里斯托费尔符号不是张量。简易证明思路：若一个张量在某一坐标系中的所有分量为零，则在任一坐标系中张量的分量也均为零(如

$A_{i'_1\cdots i'_n}=\beta^{i_1\cdots i_n}_{i'_1\cdots i'_n}A_{i_1\cdots i_n}$)。在直角坐标系中,协变基矢量 $\boldsymbol{g}_j$ 保持不变,即有 $\Gamma^k_{ij}=0$;然而在曲线坐标系中,协变基矢量是随点变化的,即 $\Gamma^k_{ij}\neq 0$。所以,Γ^k_{ij} 不是张量分量。同样,Γ_{ijm} 也不具备张量特性。

4.1.2 逆变基矢量的导数

根据逆变基矢量和协变基矢量的对偶关系

$$\boldsymbol{g}^i\cdot\boldsymbol{g}_k=\delta^i_k$$

让上式对 x^j 求导,得

$$\frac{\partial\boldsymbol{g}^i}{\partial x^j}\cdot\boldsymbol{g}_k+\frac{\partial\boldsymbol{g}_k}{\partial x^j}\cdot\boldsymbol{g}^i=0 \tag{4.1.22}$$

由式(4.1.14b)有

$$\frac{\partial\boldsymbol{g}^i}{\partial x^j}\cdot\boldsymbol{g}_k=-\frac{\partial\boldsymbol{g}_k}{\partial x^j}\cdot\boldsymbol{g}^i=-\Gamma^i_{kj} \tag{4.1.23}$$

可见,$-\Gamma^i_{kj}$ 是矢量 $\dfrac{\partial\boldsymbol{g}^i}{\partial x^j}$ 的协变分量。所以,有

$$\frac{\partial\boldsymbol{g}^i}{\partial x^j}=-\Gamma^i_{kj}\boldsymbol{g}^k \tag{4.1.24}$$

例 4.1.1 试证 $\Gamma^i_{ij}=\dfrac{\partial(\ln\sqrt{g})}{\partial x^j}$。

证明 根据 $\sqrt{g}=(\boldsymbol{g}_1\times\boldsymbol{g}_2)\cdot\boldsymbol{g}_3$,其对曲线坐标的导数为

$$\begin{aligned}\frac{\partial\sqrt{g}}{\partial x^j}&=\left(\frac{\partial\boldsymbol{g}_1}{\partial x^j}\times\boldsymbol{g}_2\right)\cdot\boldsymbol{g}_3+\left(\boldsymbol{g}_1\times\frac{\partial\boldsymbol{g}_2}{\partial x^j}\right)\cdot\boldsymbol{g}_3+(\boldsymbol{g}_1\times\boldsymbol{g}_2)\cdot\frac{\partial\boldsymbol{g}_3}{\partial x^j}\\&=(\Gamma^k_{1j}\boldsymbol{g}_k\times\boldsymbol{g}_2)\cdot\boldsymbol{g}_3+(\boldsymbol{g}_1\times\Gamma^k_{2j}\boldsymbol{g}_k)\cdot\boldsymbol{g}_3+(\boldsymbol{g}_1\times\boldsymbol{g}_2)\cdot\Gamma^k_{3j}\boldsymbol{g}_k\\&=(\Gamma^1_{1j}\boldsymbol{g}_1\times\boldsymbol{g}_2)\cdot\boldsymbol{g}_3+(\boldsymbol{g}_1\times\Gamma^2_{2j}\boldsymbol{g}_2)\cdot\boldsymbol{g}_3+(\boldsymbol{g}_1\times\boldsymbol{g}_2)\cdot\Gamma^3_{3j}\boldsymbol{g}_3\\&=\Gamma^i_{ij}(\boldsymbol{g}_1\times\boldsymbol{g}_2)\cdot\boldsymbol{g}_3\\&=\Gamma^i_{ij}\sqrt{g}\end{aligned}$$

即

$$\Gamma^i_{ij}=\frac{1}{\sqrt{g}}\frac{\partial\sqrt{g}}{\partial x^j}=\frac{\partial(\ln\sqrt{g})}{\partial x^j} \tag{4.1.25}$$

对任何坐标系都成立。

4.2 张 量 导 数

4.2.1 矢量逆变分量的协变导数

由上一节基矢量的导数知识可知，协变基矢量 $\boldsymbol{g}_i$ 的微分可表示为

$$\mathrm{d}\boldsymbol{g}_i = \frac{\partial \boldsymbol{g}_i}{\partial x^j}\mathrm{d}x^j \tag{4.2.1}$$

接下来我们讨论空间中矢量场的协变导数，同样，这也就是空间中矢量场的微分结构。

对于给定曲线坐标 $x^i(i=1,2,\cdots,n)$的 n 维空间，若存在一矢量场 $\boldsymbol{a}$，它在标架场中的可分解为

$$\boldsymbol{a} = a^i\boldsymbol{g}_i$$

由于向量场是 n 维空间中点的函数，其微分为

$$\mathrm{d}\boldsymbol{a} = a^i\mathrm{d}\boldsymbol{g}_i + (\mathrm{d}a^i)\boldsymbol{g}_i \tag{4.2.2}$$

代入式(4.1.13)和式(4.1.26)，得

$$\mathrm{d}\boldsymbol{a} = \Gamma^i_{jk}a^j\mathrm{d}x^k\boldsymbol{g}_i + (\mathrm{d}a^i)\boldsymbol{g}_i = (\Gamma^i_{jk}a^j\mathrm{d}x^k + \mathrm{d}a^i)\boldsymbol{g}_i \tag{4.2.3}$$

即 $\mathrm{d}\boldsymbol{a}$ 在标架场的坐标为

$$(\mathrm{d}\boldsymbol{a})^i = \Gamma^i_{jk}a^j\mathrm{d}x^k + \mathrm{d}a^i \tag{4.2.4}$$

显然，一般情况下，$(\mathrm{d}\boldsymbol{a})^i \neq \mathrm{d}a^i$。$\mathrm{d}a^i$ 称为矢量的相对微分，即分量的微分；$\mathrm{d}\boldsymbol{a}$ 称为矢量的绝对微分。他们之间的差别 $\Gamma^i_{jk}a^j\mathrm{d}x^k$ 表示活动标架本身的伸缩或旋转效应，当该项为零时，即标架没有变化，则绝对微分和相对微分相同。

对式(4.2.3)进行变换，有

$$\mathrm{d}\boldsymbol{a} = \left(\Gamma^i_{jk}a^j\mathrm{d}x^k + \frac{\partial a^i}{\partial x^k}\mathrm{d}x^k\right)\boldsymbol{g}_i = \left(\Gamma^i_{jk}a^j + \frac{\partial a^i}{\partial x^k}\right)\mathrm{d}x^k\boldsymbol{g}_i \tag{4.2.5a}$$

其中，系数$\left(\Gamma^i_{jk}a^j + \frac{\partial a^i}{\partial x^k}\right)$记为$a^i|_k$（或$\nabla_k a^i$，$\mathrm{d}_k a^i$，$a^i_{,k}$），即

$$a^i|_k = \Gamma^i_{jk}a^j + \frac{\partial a^i}{\partial x^k} \tag{4.2.6}$$

所以，式(4.2.5a)可变换为

$$\frac{\partial \boldsymbol{a}}{\partial x^k} = \left(\Gamma^i_{jk}a^j + \frac{\partial a^i}{\partial x^k}\right)\boldsymbol{g}_i = a^i|_k\boldsymbol{g}_i \tag{4.2.5b}$$

由于在坐标变换下，$\frac{\partial \boldsymbol{a}}{\partial x^k}$和$\boldsymbol{g}_i$ 都是一阶协变量，由张量的商法则可得$a^i|_k$ 必为一

阶协变一阶逆变的二阶混合张量,故称之为矢量 $\boldsymbol{a}$ 的逆变分量 a^i 的协变导数。

可以用矢量的协变导数来定义它的方向导数。设 $\boldsymbol{b}$ 是空间中的一矢量场,则矢量场 $\boldsymbol{a}$ 沿方向 $\boldsymbol{b}$ 的方向导数可定义为

$$\boldsymbol{a}|_b = b^k \boldsymbol{a}|_k \tag{4.2.7}$$

若矢量场 $\boldsymbol{a}$ 对应一常矢,由式(4.2.5a)有

$$a^i|_k = 0 \tag{4.2.8}$$

反之,若式(4.2.8)成立,则矢量场为一常矢量场。且该性质与活动标架的选取无关。

式(4.2.8)也可变换为

$$\Gamma^i_{jk} a^j \mathrm{d}x^k + \mathrm{d}a^i = 0 \tag{4.2.9}$$

若 $\boldsymbol{a}$ 是一条由参数 t 确定的曲线 $x^i = x^i(t)$ 上的矢量,则有

$$\Gamma^i_{jk} a^j \frac{\mathrm{d}x^k}{\mathrm{d}t} + \frac{\mathrm{d}a^i}{\mathrm{d}t} = 0 \tag{4.2.10}$$

推广至一般矢量 $\boldsymbol{a}(x)$。若 $\boldsymbol{a}(x)$ 是沿曲线 $x^i = x^i(t)$ 的矢量场,有

$$\frac{\mathrm{d}\boldsymbol{a}}{\mathrm{d}t} = \frac{\partial \boldsymbol{a}}{\partial x^k} \frac{\mathrm{d}x^k}{\mathrm{d}t} \tag{4.2.11}$$

由式(4.2.5)可知$\dfrac{\partial \boldsymbol{a}}{\partial x^k} = a^i|_k \boldsymbol{g}_i$,所以

$$\frac{\mathrm{d}\boldsymbol{a}}{\mathrm{d}t} = a^i|_k \frac{\mathrm{d}x^k}{\mathrm{d}t} \boldsymbol{g}_i \tag{4.2.12}$$

由式(4.2.6)$a^i|_k = \Gamma^i_{jk} a^j + \dfrac{\partial a^i}{\partial x^k}$,可得

$$\frac{\mathrm{d}\boldsymbol{a}}{\mathrm{d}t} = \left(\Gamma^i_{jk} a^j + \frac{\partial a^i}{\partial x^k}\right) \frac{\mathrm{d}x^k}{\mathrm{d}t} \boldsymbol{g}_i = \left(\Gamma^i_{jk} a^j \frac{\mathrm{d}x^k}{\mathrm{d}t} + \frac{\mathrm{d}a^i}{\mathrm{d}t}\right) \boldsymbol{g}_i \tag{4.2.13}$$

其中,系数$\left(\Gamma^i_{jk} a^j \dfrac{\mathrm{d}x^k}{\mathrm{d}t} + \dfrac{\mathrm{d}a^i}{\mathrm{d}t}\right)$称为矢量分量 a^i 的对参数 t 的全导数。其第一项 $\Gamma^i_{jk} a^j \dfrac{\mathrm{d}x^k}{\mathrm{d}t}$反映的是基矢量随参数 t 的变化,第二项反映的是矢量分量 a^i 随参数 t 的变化。若矢量坐标不随参数 t 变化,即$\dfrac{\mathrm{d}x^k}{\mathrm{d}t} = 0$;或基矢量不随矢量坐标变化(如在直角坐标系中),即 $\Gamma^i_{jk} = 0$;则第一项为零,全导数等于分量导数,即 $\left(\dfrac{\mathrm{d}\boldsymbol{a}}{\mathrm{d}t}\right)^i = \dfrac{\mathrm{d}a^i}{\mathrm{d}t}$。

若矢量 $\boldsymbol{a}$ 为 $\boldsymbol{a} = \boldsymbol{a}(x, t)$,显含参数 t,则有

$$\frac{\mathrm{d}\boldsymbol{a}}{\mathrm{d}t} = \left(\frac{\partial \boldsymbol{a}}{\partial t}\right)_{x^k} + \left(\frac{\partial \boldsymbol{a}}{\partial x^k}\right)_t \frac{\mathrm{d}x^k}{\mathrm{d}t} = \left(\frac{\partial a^i}{\partial t} + a^i|_k \frac{\mathrm{d}x^k}{\mathrm{d}t}\right) \boldsymbol{g}_i \tag{4.2.14}$$

其中，系数$\left(\frac{\partial a^i}{\partial t}+a^i|_k\frac{\mathrm{d}x^k}{\mathrm{d}t}\right)$又称为$a^i$的物质导数，在工程类书籍上常用$\frac{D(\cdot)}{Dt}$表示；$\left(\frac{\partial \boldsymbol{a}}{\partial t}\right)_{x^k}$表示矢量$\boldsymbol{a}$保持坐标不变（即固定空间点位$x^k$）而对参数$t$的偏导数；$\left(\frac{\partial \boldsymbol{a}}{\partial x^k}\right)_t$表示矢量$\boldsymbol{a}$保持参数$t$不变而对坐标的偏导数；$\frac{\partial a^i}{\partial t}$称为局部导数，表示固定$x^k$后矢量分量$a^i$对参数$t$的求导；$a^i|_k\frac{\mathrm{d}x^k}{\mathrm{d}t}$称为位变导数（或迁移导数），表示矢量迁移到相邻的空间点位时，矢量分量a^i发生的变化。

4.2.2　矢量协变分量的协变导数

前面讨论了矢量逆变分量的协变导数，接下来针对其对偶空间，我们来讨论矢量协变分量的协变导数。

设$\boldsymbol{a}$是n维空间中的某一常矢，由式(4.2.8)可得

$$\mathrm{d}a^i=-\Gamma^i_{jk}a^j\mathrm{d}x^k \tag{4.2.15}$$

设在对偶空间存在一矢量场$\boldsymbol{b}=b_i\boldsymbol{g}^i$，有

$$\boldsymbol{b}\cdot\boldsymbol{a}=b_i\boldsymbol{g}^i\cdot a^j\boldsymbol{g}_j=b_ia^i \tag{4.2.16}$$

由于$\boldsymbol{a}$为一常矢，有$\mathrm{d}\boldsymbol{a}=0$，得上式微分为

$$\begin{aligned}d(\boldsymbol{b}\cdot\boldsymbol{a})&=(\mathrm{d}\boldsymbol{b})\cdot\boldsymbol{a}=\mathrm{d}(b_ia^i)\\&=b_i\mathrm{d}a^i+a^i\mathrm{d}b_i\\&=-\Gamma^i_{jk}b_ia^j\mathrm{d}x^k+a^i\mathrm{d}b_i\\&=(\mathrm{d}b_i-\Gamma^j_{ik}b_j\mathrm{d}x^k)a^i\end{aligned} \tag{4.2.17}$$

由$\boldsymbol{a}=a^i\boldsymbol{g}_i$，可得

$$\mathrm{d}\boldsymbol{b}=\mathrm{d}b_i\boldsymbol{g}^i-\Gamma^j_{ik}b_j\mathrm{d}x^k\boldsymbol{g}^i \tag{4.2.18}$$

即$\mathrm{d}\boldsymbol{b}$在标架场的坐标为

$$(\mathrm{d}\boldsymbol{b})_i=\mathrm{d}b_i-\Gamma^j_{ik}b_j\mathrm{d}x^k \tag{4.2.19}$$

对式(4.2.18)进行变换，有

$$\frac{\partial \boldsymbol{b}}{\partial x^k}=\left(\frac{\partial b_i}{\partial x^k}-\Gamma^j_{ik}b_j\right)\boldsymbol{g}^i \tag{4.2.20}$$

若记$b_i|_k=\frac{\partial b_i}{\partial x^k}-\Gamma^j_{ik}b_j$，则有

$$\frac{\partial \boldsymbol{b}}{\partial x^k}=b_i|_k\boldsymbol{g}^i \tag{4.2.21}$$

由于$\frac{\partial \boldsymbol{b}}{\partial x^k}$和$\boldsymbol{g}^i$在坐标变换下分别满足一阶协变和一阶逆变的变换关系，按照商法则可知$b_i|_k$必为二阶协变张量，称之为矢量$\boldsymbol{b}$的协变分量b_i的协变导数。

设 $\boldsymbol{b}$ 是 n 维空间中的某一常矢，由式(4.2.18)可得

$$\mathrm{d}b_i = \Gamma^j_{ik} b_j \mathrm{d}x^k \tag{4.2.22}$$

由式(4.2.21)可知，对于矢量 $\boldsymbol{a}$ 有

$$\frac{\partial \boldsymbol{a}}{\partial x^k} = a_i|_k g^i = a_i|_k g^{ij} \boldsymbol{g}_j \tag{4.2.23a}$$

通过指标循环替代得

$$\frac{\partial \boldsymbol{a}}{\partial x^k} = a_j|_k \boldsymbol{g}^{ji} g_i \tag{4.2.23b}$$

结合式(4.2.5) $\dfrac{\partial \boldsymbol{a}}{\partial x^k} = a^i|_k \boldsymbol{g}_i$ 可得

$$a^i|_k = g^{ji} a_j|_k \tag{4.2.24}$$

可见，$a^i|_k$ 和 $a_j|_k$ 可以通过度量张量对非求导指标的升降进行转换，即为同一个二阶张量的不同分量，统称为矢量 $\boldsymbol{a}$ 的协变导数。

4.2.3 矢量的逆变导数

我们已经知道，矢量分量的协变导数是一个协变阶数比其协变阶数高一阶的新张量(二阶张量)。若利用度量张量 g^{ij} 和矢量的协变导数相乘来提升其求导指标，则可得矢量的逆变导数，有

$$\begin{aligned} a^i|^j &= g^{kj} a^i|^k \\ a^i|^j &= g^{kj} a^i|^k \end{aligned} \tag{4.2.25}$$

显然，矢量分量的逆变导数是一个比其逆变阶数高一阶的新张量(二阶张量)。矢量的协变导数和逆变导数统称为矢量的张量导数。

4.2.4 张量的张量导数

接下来我们来讨论二阶张量的张量导数。

设二阶张量 $\boldsymbol{A} = A^{i}_{\cdot j} \boldsymbol{g}_i \boldsymbol{g}^j$，有

$$\begin{aligned} \frac{\partial \boldsymbol{A}}{\partial x^k} &= \frac{\partial (A^{i}_{\cdot j} \boldsymbol{g}_i \boldsymbol{g}^j)}{\partial x^k} = \frac{\partial A^{i}_{\cdot j}}{\partial x^k} \boldsymbol{g}_i \boldsymbol{g}^j + A^{i}_{\cdot j} \frac{\partial \boldsymbol{g}_i}{\partial x^k} \boldsymbol{g}^j + A^{i}_{\cdot j} \boldsymbol{g}_i \frac{\partial \boldsymbol{g}^j}{\partial x^k} \\ &= \frac{\partial A^{i}_{\cdot j}}{\partial x^k} \boldsymbol{g}_i \boldsymbol{g}^j + A^{i}_{\cdot j} \Gamma^m_{ik} \boldsymbol{g}_m \boldsymbol{g}^j - A^{i}_{\cdot j} \boldsymbol{g}_i \Gamma^j_{mk} \boldsymbol{g}^m \\ &= \frac{\partial A^{i}_{\cdot j}}{\partial x^k} \boldsymbol{g}_i \boldsymbol{g}^j + A^{m}_{\cdot j} \Gamma^i_{mk} \boldsymbol{g}_i \boldsymbol{g}^j - A^{i}_{\cdot m} \Gamma^m_{jk} \boldsymbol{g}_i \boldsymbol{g}^j \end{aligned} \tag{4.2.26}$$

定义

$$A^{i}_{\cdot j}|_k = \frac{\partial A^{i}_{\cdot j}}{\partial x^k} + A^{m}_{\cdot j} \Gamma^i_{mk} - A^{i}_{\cdot m} \Gamma^m_{jk} \tag{4.2.27a}$$

有

$$\frac{\partial \boldsymbol{A}}{\partial x^k} = A^{i}_{\cdot j}\big|_k \boldsymbol{g}_i \boldsymbol{g}^j \tag{4.2.28a}$$

在坐标变换下，$\frac{\partial \boldsymbol{A}}{\partial x^k}$，$\boldsymbol{g}_i$ 和 $\boldsymbol{g}^j$ 分别满足一阶协变、一阶协变和一阶逆变的变换关系，按照商法则可知$A^{i}_{\cdot j}\big|_k$ 必为一阶逆变二阶协变的三阶混合张量，称之为二阶张量 $\boldsymbol{A}$ 的协变导数。

同样，可求得

$$\begin{aligned} A_{i}^{\cdot j}\big|_k &= \frac{\partial A_{i}^{\cdot j}}{\partial x^k} - A_{m}^{\cdot j}\Gamma^m_{ik} + A_{i}^{\cdot m}\Gamma^j_{mk} \\ A^{ij}\big|_k &= \frac{\partial A^{ij}}{\partial x^k} + A^{mj}\Gamma^i_{mk} + A^{im}\Gamma^j_{mk} \\ A_{ij}\big|_k &= \frac{\partial A_{ij}}{\partial x^k} - A_{mj}\Gamma^m_{ik} - A_{im}\Gamma^m_{jk} \end{aligned} \tag{4.2.27b}$$

所以，有

$$\frac{\partial \boldsymbol{A}}{\partial x^k} = A^{i}_{\cdot j}\big|_k \boldsymbol{g}_i \boldsymbol{g}^j = A_{i}^{\cdot j}\big|_k \boldsymbol{g}^i \boldsymbol{g}_j = A^{ij}\big|_k \boldsymbol{g}_i \boldsymbol{g}_j = A_{ij}\big|_k \boldsymbol{g}^i \boldsymbol{g}^j \tag{4.2.28b}$$

二阶张量 $\boldsymbol{A}$ 的逆变导数为

$$\begin{aligned} A_{ij}\big|^k &= g^{km} A_{ij}\big|_m \\ A^{ij}\big|^k &= g^{km} A^{ij}\big|_m \\ A^{i}_{\cdot j}\big|^k &= g^{km} A^{i}_{\cdot j}\big|_m \\ A_{j}^{\cdot i}\big|^k &= g^{km} A_{j}^{\cdot j}\big|_m \end{aligned} \tag{4.2.29}$$

二阶张量 $\boldsymbol{A}$ 的协变导数和逆变导数统称为二阶张量$\boldsymbol{A}$ 的张量导数。

值得注意的是，由式(4.1.16a)和式(4.2.27b)的第三式$A_{ij}\big|_k = \frac{\partial A_{ij}}{\partial x^k} - A_{mj}\Gamma^m_{ik} - A_{im}\Gamma^m_{jk}$可算得

$$g_{ij}\big|_k = \frac{\partial g_{ij}}{\partial x^k} - g_{mj}\Gamma^m_{ik} - g_{im}\Gamma^m_{jk} = 0 \tag{4.2.30}$$

又$(g_{ik}g^{kj})\big|_n = \delta^j_i\big|_n = 0$，有

$$g_{ik}(g^{kj})\big|_n + (g_{ik})\big|_n g^{kj} = 0$$

即

$$g^{kj}\big|_n = 0 \tag{4.2.31}$$

可见，度量张量 g_{ij}，g^{ij}，$g^j_i(\delta^j_i)$的协变导数为零，这称为 Ricci 定理。也就是说，g_{ij}，g^{ij}，$g^j_i(\delta^j_i)$在运算过程中可以像常数 c 一样提出来。从几何角度来说，空间各处的度量是均匀的，所以可以当作常量来看待。如

$$\frac{\partial(g^{ij}a_i)}{\partial x^k} = g^{ij}\frac{\partial a_i}{\partial x^k}$$

$$\frac{\partial(g_{ij}a^i)}{\partial x^k} = g_{ij}\frac{\partial a^i}{\partial x^k}$$

推广至 $q+p$ 阶张量 $A^{\underbrace{\cdots}_{q}i_1 i_2\cdots i_p}_{j_1 j_2\cdots j_q}$。现任取 q 个常矢量 $\boldsymbol{a}_{j_1},\boldsymbol{a}_{j_2},\cdots,\boldsymbol{a}_{j_q}$ 和 p 个对偶空间中的常矢量 $\boldsymbol{b}^{i_1},\boldsymbol{b}^{i_2},\cdots,\boldsymbol{b}^{i_p}$，由张量的多重线性函数定义有

$$\boldsymbol{A}(\boldsymbol{a}_1,\cdots,\boldsymbol{a}_q,\boldsymbol{b}^1,\cdots,\boldsymbol{b}^p) = A^{\underbrace{\cdots}_{q}i_1 i_2\cdots i_p}_{j_1 j_2\cdots j_q}a_1^{j_1}\cdots a_q^{j_q}b_{i_1}^1\cdots b_{i_p}^p\boldsymbol{g}^{j_1}\cdots\boldsymbol{g}^{j_q}\boldsymbol{g}_{i_1}\cdots\boldsymbol{g}_{i_p} \tag{4.2.32}$$

由于 $\boldsymbol{a}_1,\boldsymbol{a}_2,\cdots,\boldsymbol{a}_q$ 和 $\boldsymbol{b}^1,\boldsymbol{b}^2,\cdots,\boldsymbol{b}^p$ 都是常矢量，即 $\mathrm{d}\boldsymbol{g}^m=0,\mathrm{d}\boldsymbol{g}_n=0(m=1,\cdots,q;n=1,\cdots,p)$，故有

$$\begin{aligned}\mathrm{d}a_m^i &= -a_m^j\Gamma_{jk}^i\mathrm{d}x^k\\ \mathrm{d}b_i^n &= b_j^n\Gamma_{ik}^j\mathrm{d}x^k\end{aligned} \tag{4.2.33}$$

对式(4.2.32)进行微分，有

$$\begin{aligned}
&\mathrm{d}(\boldsymbol{A})\cdot\boldsymbol{g}^{i_p}\cdot\cdots\cdot\boldsymbol{g}^{i_1}\cdot\boldsymbol{g}_{j_q}\cdot\cdots\cdot\boldsymbol{g}_{j_1}\\
&=\mathrm{d}\left(A^{\underbrace{\cdots}_{q}i_1 i_2\cdots i_p}_{j_1 j_2\cdots j_q}a_1^{j_1}\cdots a_q^{j_q}b_{i_1}^1\cdots b_{i_p}^p\right)\\
&=\mathrm{d}\left(A^{\underbrace{\cdots}_{q}i_1 i_2\cdots i_p}_{j_1 j_2\cdots j_q}\right)a_1^{j_1}\cdots a_q^{j_q}b_{i_1}^1\cdots b_{i_p}^p+A^{\underbrace{\cdots}_{q}i_1 i_2\cdots i_p}_{j_1 j_2\cdots j_q}d(a_1^{j_1}\cdots a_q^{j_q}b_{i_1}^1\cdots b_{i_p}^p)\\
&=d\left(A^{\underbrace{\cdots}_{q}i_1 i_2\cdots i_p}_{j_1 j_2\cdots j_q}\right)a_1^{j_1}\cdots a_q^{j_q}b_{i_1}^1\cdots b_{i_p}^p-A^{\underbrace{\cdots}_{q}i_1 i_2\cdots i_p}_{j_1 j_2\cdots j_q}(a_1^j\Gamma_{jk}^{j_1}\mathrm{d}x^k)a_2^{j_2}\cdots a_q^{j_q}b_{i_1}^1\cdots b_{i_p}^p\\
&\quad-\cdots-A^{\underbrace{\cdots}_{q}i_1 i_2\cdots i_p}_{j_1 j_2\cdots j_q}a_1^{j_1}\cdots a_{q-1}^{j_{q-1}}(a_q^j\Gamma_{jk}^{j_q}\mathrm{d}x^k)b_{i_1}^1\cdots b_{i_p}^p\\
&\quad+A^{\underbrace{\cdots}_{q}i_1 i_2\cdots i_p}_{j_1 j_2\cdots j_q}a_1^{j_1}\cdots a_q^{j_q}(b_j^1\Gamma_{i_1k}^j\mathrm{d}x^k)b_{i_2}^2\cdots b_{i_p}^p\\
&\quad+\cdots+A^{\underbrace{\cdots}_{q}i_1 i_2\cdots i_p}_{j_1 j_2\cdots j_q}a_1^{j_1}\cdots a_q^{j_q}b_{i_1}^1\cdots b_{i_{p-1}}^{p-1}(b_j^p\Gamma_{i_pk}^j\mathrm{d}x^k)\\
&=\left(\mathrm{d}A^{\underbrace{\cdots}_{q}i_1 i_2\cdots i_p}_{j_1 j_2\cdots j_q}-A^{\underbrace{\cdots}_{q}i_1 i_2\cdots i_p}_{j_1 j_2\cdots j_q}\Gamma_{j_1k}^j\mathrm{d}x^k-\cdots-A^{\underbrace{\cdots}_{q}i_1 i_2\cdots i_p}_{j_1 j_2\cdots j_{q-1}j}\Gamma_{j_qk}^j\mathrm{d}x^k\right.\\
&\quad\left.+A^{\underbrace{\cdots}_{q}i_1 i_2\cdots i_p}_{j_1 j_2\cdots j_q}\Gamma_{ik}^{i_1}\mathrm{d}x^k+\cdots+A^{\underbrace{\cdots}_{q}i_1 i_2\cdots i_p}_{j_1 j_2\cdots j_q}\Gamma_{ik}^{i_p}\mathrm{d}x^k\right)a_1^{j_1}\cdots a_q^{j_q}b_{i_1}^1\cdots b_{i_p}^p
\end{aligned}$$

类似地，可以定义 $q+p$ 阶张量的协变导数为

$$\begin{aligned}A^{\underbrace{\cdots}_{q}i_1 i_2\cdots i_p}_{j_1 j_2\cdots j_q}\Big|_k &= \frac{\partial A^{\underbrace{\cdots}_{q}i_1 i_2\cdots i_p}_{j_1 j_2\cdots j_q}}{\partial x^k}-A^{\underbrace{\cdots}_{q}i_1 i_2\cdots i_p}_{j_1 j_2\cdots j_q}\Gamma_{j_1k}^j-\cdots-A^{\underbrace{\cdots}_{q}i_1 i_2\cdots i_p}_{j_1 j_2\cdots j_{q-1}j}\Gamma_{j_qk}^j\\
&\quad+A^{\underbrace{\cdots}_{q}i_1 i_2\cdots i_p}_{j_1 j_2\cdots j_q}\Gamma_{ik}^{i_1}+\cdots+A^{\underbrace{\cdots}_{q}i_1 i_2\cdots i_p}_{j_1 j_2\cdots j_q}\Gamma_{ik}^{i_p}\end{aligned} \tag{4.2.34}$$

则有

$$\frac{\partial\boldsymbol{A}}{\partial x^k} = A^{\underbrace{\cdots}_{q}i_1 i_2\cdots i_p}_{j_1 j_2\cdots j_q}\Big|_k\boldsymbol{g}^{j_1}\cdots\boldsymbol{g}^{j_q}\boldsymbol{g}_{i_1}\cdots\boldsymbol{g}_{i_p} \tag{4.2.35}$$

同样，由张量的商法则可知 $q+p$ 阶张量的协变导数 $A^{\underbrace{\cdots}_{q}i_1 i_2\cdots i_p}_{j_1 j_2\cdots j_q}\Big|_k$ 是一个 $q+1$

阶协变 p 阶逆变的新张量。

同时，利用度量张量可以得到 $q+p$ 张量的逆变导数为

$$A^{\underbrace{\cdots}_{q} i_1 i_2 \cdots i_p}_{j_1 j_2 \cdots j_q}\Big|^{k} = A^{\underbrace{\cdots}_{q} i_1 i_2 \cdots i_p}_{j_1 j_2 \cdots j_q}\Big|_{m} g^{mk} \tag{4.2.36}$$

$q+p$ 阶张量的协变导数和逆变导数统称为 $q+p$ 阶张量的张量导数。

以此类推，可以求张量的高阶张量导数。张量的张量导数（协变导数或逆变导数）是比原来高一阶的新张量，若对它们再求张量导数，则可得到一个又高一阶的新张量，称为原张量的二阶张量导数。如此，依次可以求得更高阶导数。

4.3　不变微分算子

对于给定曲线坐标 $x^i\,(i=1,2,\cdots,n)$ 的 n 维空间，若有光滑的标量函数 $u(x^1,\cdots,x^n)$，矢量函数 $\boldsymbol{a}(x^1,\cdots,x^n)$ 和张量函数 $\boldsymbol{A}(x^1,\cdots,x^n)$，存在几个定义在这些函数上的不变微分算子。

4.3.1　梯度

如第 1.3 节中所述，标量函数 u 的梯度是一个矢量，有

$$\mathbf{grad}\ u = \nabla u = \frac{\partial u}{\partial x^i}\boldsymbol{g}^i = g^{ik}\frac{\partial u}{\partial x^k}\boldsymbol{g}_i \tag{4.3.1}$$

可以看出，标量对坐标的偏导数$\dfrac{\partial u}{\partial x^i}$是协变矢量（即矢量的协变分量）。也就是说，标量 u 对坐标的偏导数$\dfrac{\partial u}{\partial x^i}$在坐标变换下满足一阶协变张量（或矢量的协变分量）的坐标变换关系，即零阶张量（标量）对坐标的偏导数是一个比标量高一阶的一阶张量，也就是标量的梯度张量。

在第 4.2 节中我们已经介绍了矢量的张量导数，即矢量 $\boldsymbol{a}$ 的张量导数（二阶张量）就是其梯度张量。

同样可以推广至任意阶张量。

对于一阶及以上张量，由于其梯度张量为二阶及以上张量，所以其基矢量位置不同所代表的张量就不同，故定义左右梯度。如

矢量 $\boldsymbol{a}$ 的左梯度$\vec{\nabla}\boldsymbol{a}$（或$\nabla\boldsymbol{a}$）为

$$\begin{aligned}\vec{\nabla}\boldsymbol{a} &= \vec{\nabla}_j a^i \boldsymbol{g}^j\boldsymbol{g}_i = a^i\,|_j\boldsymbol{g}^j\boldsymbol{g}_i \\ &= \vec{\nabla}_j a_i \boldsymbol{g}^j\boldsymbol{g}^i = a^i\,|_j\boldsymbol{g}^j\boldsymbol{g}^i \end{aligned} \tag{4.3.2}$$

矢量 $\boldsymbol{a}$ 的右梯度 $\boldsymbol{a}\overleftarrow{\nabla}$(或 $\boldsymbol{a}\nabla$)为

$$\begin{aligned}\boldsymbol{a}\overleftarrow{\nabla} &= a^i\overleftarrow{\nabla}_j\boldsymbol{g}_i\boldsymbol{g}^j = a^i|_j\boldsymbol{g}_i\boldsymbol{g}^j \\ &= a_i\overleftarrow{\nabla}_j\boldsymbol{g}^i\boldsymbol{g}^j = a^i|_j\boldsymbol{g}^i\boldsymbol{g}^j\end{aligned} \tag{4.3.3}$$

二阶张量 $\boldsymbol{A}$ 的左梯度为

$$\begin{aligned}\overrightarrow{\nabla}\boldsymbol{A} &= \overrightarrow{\nabla}_k A^{ij}\boldsymbol{g}^k\boldsymbol{g}_i\boldsymbol{g}_j = A^{ij}|_k\boldsymbol{g}^k\boldsymbol{g}_i\boldsymbol{g}_j \\ &= \overrightarrow{\nabla}_k A_{ij}\boldsymbol{g}^k\boldsymbol{g}^i\boldsymbol{g}^j = A_{ij}|_k\boldsymbol{g}^k\boldsymbol{g}^i\boldsymbol{g}^j \\ &= \overrightarrow{\nabla}_k A^{i}_{\cdot j}\boldsymbol{g}^k\boldsymbol{g}_i\boldsymbol{g}^j = A^{i}_{\cdot j}|_k\boldsymbol{g}^k\boldsymbol{g}_i\boldsymbol{g}^j \\ &= \overrightarrow{\nabla}_k A_{i}^{\cdot j}\boldsymbol{g}^k\boldsymbol{g}^i\boldsymbol{g}_j = A_{i}^{\cdot j}|_k\boldsymbol{g}^k\boldsymbol{g}^i\boldsymbol{g}_j\end{aligned} \tag{4.3.4}$$

二阶张量 $\boldsymbol{A}$ 的右梯度为

$$\begin{aligned}\boldsymbol{A}\overleftarrow{\nabla} &= A^{ij}\overleftarrow{\nabla}_k\boldsymbol{g}_i\boldsymbol{g}_j\boldsymbol{g}^k = A^{ij}|_k\boldsymbol{g}_i\boldsymbol{g}_j\boldsymbol{g}^k \\ &= A_{ij}\overleftarrow{\nabla}_k\boldsymbol{g}^i\boldsymbol{g}^j\boldsymbol{g}^k = A_{ij}|_k\boldsymbol{g}^i\boldsymbol{g}^j\boldsymbol{g}^k \\ &= A^{i}_{\cdot j}\overleftarrow{\nabla}_k\boldsymbol{g}_i\boldsymbol{g}^j\boldsymbol{g}^k = A^{i}_{\cdot j}|_k\boldsymbol{g}_i\boldsymbol{g}^j\boldsymbol{g}^k \\ &= A_{i}^{\cdot j}\overleftarrow{\nabla}_k\boldsymbol{g}^i\boldsymbol{g}_j\boldsymbol{g}^k = A_{i}^{\cdot j}|_k\boldsymbol{g}^i\boldsymbol{g}_j\boldsymbol{g}^k\end{aligned} \tag{4.3.5}$$

推广至 $q+p$ 阶张量 $A^{\overset{q}{\cdots}i_1i_2\cdots i_p}_{j_1j_2\cdots j_q}$,其左、右梯度分别为

$$\begin{aligned}\overrightarrow{\nabla}\boldsymbol{A} &= A^{\overset{q}{\cdots}i_1i_2\cdots i_p}_{j_1j_2\cdots j_q}\Big|_k\boldsymbol{g}^k\boldsymbol{g}^{j_1}\cdots\boldsymbol{g}^{j_q}\boldsymbol{g}_{i_1}\cdots\boldsymbol{g}_{i_p} \\ \boldsymbol{A}\overleftarrow{\nabla} &= {}^{\overset{q}{\cdots}i_1i_2\cdots i_p}_{j_1j_2\cdots j_q}\Big|_k\boldsymbol{g}^{j_1}\cdots\boldsymbol{g}^{j_q}\boldsymbol{g}_{i_1}\cdots\boldsymbol{g}_{i_p}\boldsymbol{g}^k\end{aligned} \tag{4.3.6}$$

显然,通常左、右梯度是不同的张量,只有对于标量函数 u,其左右梯度才相同。在应用过程中通常取右梯度。

4.3.2 散度

张量的散度定义为张量与哈密顿算子∇的点乘,其结果是一个比原张量低一阶的新张量。如矢量 $\boldsymbol{a}$ 的散度为一标量,即

$$\begin{aligned}\operatorname{div}\boldsymbol{a} &= \boldsymbol{a}\cdot\overleftarrow{\nabla} = a^i\overleftarrow{\nabla}_i = a^i|_i = \frac{1}{g}\frac{\partial(\sqrt{g}a^i)}{\partial x^i} \\ &= \overrightarrow{\nabla}\cdot\boldsymbol{a} = \overrightarrow{\nabla}_i a^i = a^i|_i = \frac{1}{g}\frac{\partial(\sqrt{g}a^i)}{\partial x^i}\end{aligned} \tag{4.3.7}$$

即为矢量 $\boldsymbol{a}$ 的梯度张量的迹。

对于 $q+p$ 阶张量 $A^{\overset{q}{\cdots}i_1i_2\cdots i_p}_{j_1j_2\cdots j_q}$,其左、右散度分别为

$$\overrightarrow{\nabla}\cdot\boldsymbol{A} = A^{\overset{q}{\cdots}i_1i_2\cdots i_p}_{j_1j_2\cdots j_q}\Big|_k\boldsymbol{g}^k\cdot\boldsymbol{g}^{j_1}\cdots\boldsymbol{g}^{j_q}\boldsymbol{g}_{i_1}\cdots\boldsymbol{g}_{i_p} = g^{kj_1}A^{\overset{q}{\cdots}i_1i_2\cdots i_p}_{j_1j_2\cdots j_q}\Big|_k\boldsymbol{g}^{j_2}\cdots\boldsymbol{g}^{j_q}\boldsymbol{g}_{i_1}\cdots\boldsymbol{g}_{i_p}$$

$$\boldsymbol{A}\cdot\overleftarrow{\nabla} = A^{\cdots i_1 i_2\cdots i_p}_{\overset{\smile}{q} j_1 j_2\cdots j_q}\Big|_k \boldsymbol{g}^{j_1}\cdots\boldsymbol{g}^{j_q}\boldsymbol{g}_{i_1}\cdots\boldsymbol{g}_{i_p}\cdot\boldsymbol{g}^k = g^{ki_p}A^{\cdots i_1 i_2\cdots i_p}_{\overset{\smile}{q} j_1 j_2\cdots j_q}\Big|_k \boldsymbol{g}^{j_1}\cdots\boldsymbol{g}^{j_q}\boldsymbol{g}_{i_1}\cdots\boldsymbol{g}_{i_{p-1}} \tag{4.3.8}$$

显然,通常左右散度也是不相同的,只有对于矢量 $\boldsymbol{a}$,其左右散度才相同。在应用过程中通常取右散度。

4.3.3 旋度

张量的旋度定义为张量与哈密顿算子∇的叉乘,其结果是一个与原张量同阶的新张量。如矢量 $\boldsymbol{a}$ 的旋度为一新矢量,有左旋度为

$$\mathbf{curl}\ \boldsymbol{a} = \vec{\nabla}\times\boldsymbol{a} = \vec{\nabla}_k\boldsymbol{g}^k\times a_i\boldsymbol{g}^i = a_i|_k\boldsymbol{g}^k\times\boldsymbol{g}^i = \frac{1}{\sqrt{g}}\mathrm{e}^{kij}a_i|_k\boldsymbol{g}_j = \varepsilon^{kij}a_i|_k\boldsymbol{g}_j \tag{4.3.9}$$

在三维空间中有

$$\vec{\nabla}\times\boldsymbol{a} = \frac{1}{\sqrt{g}}\mathrm{e}^{kij}a_i|_k\boldsymbol{g}_j = \varepsilon^{kij}a_i|_k\boldsymbol{g}_j = \frac{1}{\sqrt{g}}\begin{vmatrix}\boldsymbol{g}_1 & \boldsymbol{g}_2 & \boldsymbol{g}_3\\ \dfrac{\partial}{\partial x^1} & \dfrac{\partial}{\partial x^2} & \dfrac{\partial}{\partial x^3}\\ a_1 & a_2 & a_3\end{vmatrix}$$

右旋度为

$$\boldsymbol{a}\times\overleftarrow{\nabla} = -\vec{\nabla}\times\boldsymbol{a} = -\varepsilon^{kij}a_i|_k\boldsymbol{g}_j \tag{4.3.10}$$

显然,通常左右旋度也是不相同的,在应用过程中通常取左散度,因为其形式正好吻合笛卡儿直角坐标系中(参见 1.3.3)的形式。

同样,二阶张量的左右旋度分别为

$$\begin{aligned}\vec{\nabla}\times\boldsymbol{A} &= \vec{\nabla}_k\boldsymbol{g}^k\times A_{ij}\boldsymbol{g}^i\boldsymbol{g}^j = \varepsilon^{kim}A_{ij}\ |\ k\boldsymbol{g}_m\boldsymbol{g}^j\\ \boldsymbol{A}\times\overleftarrow{\nabla} &= A_{ij}\boldsymbol{g}^i\boldsymbol{g}^j\times\vec{\nabla}_k\boldsymbol{g}^k = \varepsilon^{jkm}A_{ij}\ |\ k\boldsymbol{g}^i\boldsymbol{g}_m\end{aligned} \tag{4.3.11}$$

4.3.4 拉普拉斯算子

拉普拉斯算子定义为两个哈密顿算子∇的点乘∇ · ∇,即

$$\Delta = \nabla\cdot\nabla = \nabla_i\boldsymbol{g}^i\cdot\nabla_j\boldsymbol{g}^j = g^{ij}\nabla_i\nabla_j = \nabla^i\nabla_j \tag{4.3.12}$$

是一个求二阶导数的标量算子。如对于 $q+p$ 阶张量 $A^{\cdots i_1 i_2\cdots i_p}_{\overset{\smile}{q} j_1 j_2\cdots j_q}$,有

$$\begin{aligned}\Delta\boldsymbol{A} = \mathrm{div}\,\mathbf{grad}\ \boldsymbol{A} &= g^{mn}\nabla_m\nabla_n A^{\cdots i_1 i_2\cdots i_p}_{\overset{\smile}{q} j_1 j_2\cdots j_q}\boldsymbol{g}^{j_1}\cdots\boldsymbol{g}^{j_q}\boldsymbol{g}_{i_1}\cdots\boldsymbol{g}_{i_p}\\ &= \boldsymbol{g}^{mn}A^{\cdots i_1 i_2\cdots i_p}_{\overset{\smile}{q} j_1 j_2\cdots j_q}\Big|_{nm}\boldsymbol{g}^{j_1}\cdots\boldsymbol{g}^{j_q}\boldsymbol{g}_{i_1}\cdots\boldsymbol{g}_{i_p}\end{aligned}$$

即对张量 $\boldsymbol{A}$ 求其二阶导数。

4.4 张量的物理分量

4.4.1 张量的物理分量

我们引入张量的目的是为了实现用张量描述的自然物理规律在坐标变换下保持不变性。但是,具有一定物理意义的张量,在任意曲线坐标系中的分量并不一定具有原物理量的量纲,因而给物理意义诠释带来了困境。如质点的速度矢量 $\boldsymbol{v}$,其物理意义是质点位置矢量 $\boldsymbol{r}$ 对时间 t 的导数,在曲线坐标 x^i 中有

$$\boldsymbol{v} = \frac{\mathrm{d}\boldsymbol{r}}{\mathrm{d}t} = \frac{\partial \boldsymbol{r}}{\partial x^i}\frac{\mathrm{d}x^i}{\mathrm{d}t} = \boldsymbol{g}_i\frac{\mathrm{d}x^i}{\mathrm{d}t}$$

所以

$$v^i = \frac{\mathrm{d}x^i}{\mathrm{d}t}$$

即为速度 $\boldsymbol{v}$ 的逆变分量。若在柱坐标系中,$(x^1,x^2,x^3)=(r,\theta,z)$,有

$$v^1 = \frac{\mathrm{d}r}{\mathrm{d}t},\quad v^2 = \frac{\mathrm{d}\theta}{\mathrm{d}t},\quad v^3 = \frac{\mathrm{d}z}{\mathrm{d}t}$$

显然,v^2 具有角速度的量纲,而不是通常意义下的速度量纲(如 v^1,v^3)。

究其原因,导致张量不同分量具有不同量纲的原因是因为曲线坐标系中的基矢量不一定是单位矢量。所以,为了统一度量,平衡量纲,更好地阐述张量所表达的物理意义,引入张量的物理分量概念。

首先,引入曲线坐标系中的单位基矢量 $\boldsymbol{e}_i$ 和$\boldsymbol{e}^i$,有

$$\boldsymbol{e}_i = \frac{\boldsymbol{g}_i}{|\boldsymbol{g}_i|} = \frac{\boldsymbol{g}_i}{\sqrt{g_{ii}}}$$

$$\boldsymbol{e}^i = \frac{\boldsymbol{g}^i}{|\boldsymbol{g}^i|} = \frac{\boldsymbol{g}^i}{\sqrt{g^{ii}}} \tag{4.4.1}$$

式中,g_{ii}不表示求和。

设 $\boldsymbol{a}$ 为一矢量,对其进行逆变和协变分解得到

$$\boldsymbol{a} = a^i\boldsymbol{g}_i = a^i\sqrt{g_{ii}}\boldsymbol{e}_i \tag{4.4.2}$$

$$\boldsymbol{a} = a_i\boldsymbol{g}^i = a_i\sqrt{g^{ii}}\boldsymbol{e}^i \tag{4.4.3}$$

其中,系数 $a^{(i)} = a^i\sqrt{g_{ii}}$,$a_{(i)} = a_i\sqrt{g^{ii}}$称为矢量$\boldsymbol{a}$ 的物理分量。

同样地,可将矢量 $\boldsymbol{a}$ 在$\boldsymbol{e}_i$ 和$\boldsymbol{e}^i$ 方向上的投影定义为其物理分量,即

$$a^{(i)} = \boldsymbol{a} \cdot \boldsymbol{e}^i = \boldsymbol{a} \cdot \frac{\boldsymbol{g}^i}{\sqrt{g^{ii}}} = \frac{a^i}{\sqrt{g^{ii}}} \tag{4.4.4}$$

$$a_{(i)} = \boldsymbol{a} \cdot \boldsymbol{e}_i = \boldsymbol{a} \cdot \frac{\boldsymbol{g}_i}{\sqrt{g_{ii}}} = \frac{a_i}{\sqrt{g_{ii}}} \tag{4.4.5}$$

上述两种定义的结果都能确保其量纲统一，但是，在一般情况下，$a^{(i)} = a^i\sqrt{g_{ii}}$ 和 $a^{(i)} = \dfrac{a^i}{\sqrt{g^{ii}}}$，$a_{(i)} = a_i\sqrt{g^{ii}}$ 和 $a_{(i)} = \dfrac{a_i}{\sqrt{g_{ii}}}$ 是互不相等的。只有在正交曲线坐标系中，它们才彼此相等，因为在正交坐标系中

$$g^{ij} = \begin{cases} 0 & (i \neq j) \\ \dfrac{1}{g_{ij}} & (i = j) \end{cases} \tag{4.4.6}$$

所以，在实际研究中多采用正交曲线坐标系。又因为在第 2.2 节中我们介绍了拉梅系数 h_i 为 $h_i = \sqrt{g_{ii}}$，所以

$$a^{(i)} = a^i\sqrt{g_{ii}} = \frac{a^i}{\sqrt{g^{ii}}} = h_i a^i \tag{4.4.7}$$

$$a_{(i)} = a_i\sqrt{g^{ii}} = \frac{a_i}{\sqrt{g_{ii}}} = \frac{a_i}{h_i} \tag{4.4.8}$$

又因为 $\dfrac{a_i}{h_i} = \dfrac{g_{ii}a^i}{h_i} = h_i a^i$，有

$$a^{(i)} = a_{(i)} = a(i) \tag{4.4.9}$$

所以，可不必区分协变、逆变分量。

推广至任一张量 $A^{\because i_1 i_2 \cdots i_p}_{j_1 j_2 \cdots j_q \, \ddot{q}}$，其物理分量为

$$A(j_1 j_2 \cdots j_q i_1 i_2 \cdots i_p) = \frac{h_{i_1} \cdots h_{i_p}}{h_{j_1} \cdots h_{j_q}} A^{\because i_1 i_2 \cdots i_p}_{j_1 j_2 \cdots j_q \, \ddot{q}} \tag{4.4.10}$$

式中，重复指标不求和。

此外，利用第一、第二类克里斯托费尔符号与度量张量的关系可得在正交曲线坐标系中的表示式

$$\begin{aligned} &\Gamma_{ijk} = 0, \quad \Gamma^k_{ij} = 0 && (i \neq j \neq k) \\ &\Gamma_{iji} = h_i \frac{\partial h_i}{\partial x^j}, \quad \Gamma^i_{ij} = \frac{1}{h_i}\frac{\partial h_i}{\partial x^j} && (i \neq j \text{ 或 } i = j) \\ &\Gamma_{iij} = -h_i \frac{\partial h_i}{\partial x^j}, \quad \Gamma^j_{ii} = -\frac{h_i}{h_j^2}\frac{\partial h_i}{\partial x^j} && (i \neq j) \end{aligned} \tag{4.4.11}$$

式中，重复指标不求和。

4.4.2 正交曲线坐标系中常用的物理分量形式

1. 单位基矢量与哈密顿算子

由于 $x^i = x^i(y^1, y^1, y^3)(i = 1,2,3)$，$\boldsymbol{g}_i = \dfrac{\partial \boldsymbol{r}}{\partial x^i} = \dfrac{\partial y^j}{\partial x^i}\boldsymbol{i}_j(i, j = 1,2,3)$，其中 $\boldsymbol{i}_j$ 为三维直角坐标系中的单位基矢量 $\boldsymbol{i}, \boldsymbol{j}, \boldsymbol{k}$。所以，三维正交曲线坐标系中单位基矢量的表达式为

$$\boldsymbol{e}_i = \frac{1}{h_i}\boldsymbol{g}_i = \frac{1}{h_i}\frac{\partial y^j}{\partial x^i}\boldsymbol{i}_j \tag{4.4.12}$$

式中，重复指标 i 不求和；$\dfrac{1}{h_i}\dfrac{\partial y^j}{\partial x^i}$ 为新旧基矢量间的坐标变换系数 β_i^j。

结合第 2.1.2 节和第 2.2.2 节中介绍，有：

在柱坐标系中

$$\boldsymbol{r} = x^1\cos x^2\boldsymbol{i} + x^1\sin x^2\boldsymbol{j} + x^3\boldsymbol{k}$$

$$h_1 = h_3 = 1,\quad h_2 = x^1$$

在球坐标系中

$$\boldsymbol{r} = x^1\sin x^2\cos x^3\boldsymbol{i} + x^1\sin x^2\sin x^3\boldsymbol{j} + x^1\cos x^2\boldsymbol{k}$$

$$h_1 = 1,\quad h_2 = x^1,\quad h_3 = x^1\sin x^2$$

进而，在柱坐标系中

$$\begin{cases} \boldsymbol{e}_1 = \dfrac{1}{h_1}\boldsymbol{g}_1 = \dfrac{1}{h_1}\dfrac{\partial \boldsymbol{r}}{\partial x^1} = \dfrac{1}{h_1} = \dfrac{\partial y^j}{\partial x^1}\boldsymbol{i} = \dfrac{1}{h_1} = \dfrac{\partial y^2}{\partial x^1}\boldsymbol{j} = \dfrac{1}{h_1} = \dfrac{\partial y^3}{\partial x^1}\boldsymbol{k} \\ \quad = \cos x^2\boldsymbol{i} + \sin x^2\boldsymbol{j} \\ \boldsymbol{e}_2 = \dfrac{1}{h_2}\dfrac{\partial y^j}{\partial x^2}\boldsymbol{i} = \dfrac{1}{h_1} = \dfrac{\partial y^1}{\partial x^2}\boldsymbol{i} = \dfrac{1}{h_2} = \dfrac{\partial y^2}{\partial x^2}\boldsymbol{j} = \dfrac{1}{h_2} = \dfrac{\partial y^3}{\partial x^2}\boldsymbol{k} \\ \quad = -\sin x^2\boldsymbol{i} + \cos x^2\boldsymbol{j} \\ \boldsymbol{e}_3 = \dfrac{1}{h_3}\dfrac{\partial y^j}{\partial x^3}\boldsymbol{i}_j = \dfrac{1}{h_3} = \dfrac{\partial y^1}{\partial x^3}\boldsymbol{i} = \dfrac{1}{h_3} = \dfrac{\partial y^2}{\partial x^3}\boldsymbol{j} + \dfrac{1}{h_3} = \dfrac{\partial y^3}{\partial x^3}\boldsymbol{k} = \boldsymbol{k} \end{cases} \tag{4.4.13}$$

在球坐标系中

$$\begin{cases} \boldsymbol{e}_1 = \dfrac{1}{h_1}\boldsymbol{g}_1 = \dfrac{1}{h_1}\dfrac{\partial \boldsymbol{r}}{\partial x^1} = \sin x^2\cos x^3\boldsymbol{i} + \sin x^2\sin x^3\boldsymbol{j} + \cos x^3\boldsymbol{k} \\ \boldsymbol{e}_2 = \dfrac{1}{h_2}\boldsymbol{g}_2 = \dfrac{1}{h_2}\dfrac{\partial \boldsymbol{r}}{\partial x^2} = \cos x^2\cos x^3\boldsymbol{i} + \cos x^2\sin x^3\boldsymbol{j} - \sin x^2\boldsymbol{k} \\ \boldsymbol{e}_3 = \dfrac{1}{h_3}\boldsymbol{g}_3 = \dfrac{1}{h_3}\dfrac{\partial \boldsymbol{r}}{\partial x^3} = -\sin x^3\boldsymbol{i} + \cos x^3\boldsymbol{j} \end{cases} \tag{4.4.14}$$

单位基矢量及其对坐标偏导数的表达式分别为

$$\frac{\partial \boldsymbol{e}_i}{\partial x^j} = \begin{bmatrix} -\frac{1}{h_2}\frac{\partial h_1}{\partial x^2}\boldsymbol{e}_2 - \frac{1}{h_3}\frac{\partial h_1}{\partial x^3}\boldsymbol{e}_3 & \frac{1}{h_1}\frac{\partial h_2}{\partial x^1}\boldsymbol{e}_2 & \frac{1}{h_1}\frac{\partial h_3}{\partial x^1}\boldsymbol{e}_3 \\ \frac{1}{h_2}\frac{\partial h_1}{\partial x^2}\boldsymbol{e}_1 & -\frac{1}{h_3}\frac{\partial h_2}{\partial x^3}\boldsymbol{e}_3 - \frac{1}{h_1}\frac{\partial h_2}{\partial x^1}\boldsymbol{e}_1 & \frac{1}{h_2}\frac{\partial h_3}{\partial x^2}\boldsymbol{e}_3 \\ \frac{1}{h_3}\frac{\partial h_1}{\partial x^3}\boldsymbol{e}_1 & \frac{1}{h_3}\frac{\partial h_2}{\partial x^3}\boldsymbol{e}_2 & -\frac{1}{h_1}\frac{\partial h_3}{\partial x^1}\boldsymbol{e}_1 - \frac{1}{h_2}\frac{\partial h_3}{\partial x^2}\boldsymbol{e}_2 \end{bmatrix} \tag{4.4.15a}$$

可综合为

$$\begin{cases} \dfrac{\partial \boldsymbol{e}_i}{\partial x^i} = -\dfrac{1}{h_j}\dfrac{\partial h_j}{\partial x^i}\boldsymbol{e}_j = -\dfrac{1}{h_j}\dfrac{\partial h_j}{\partial x^k}\boldsymbol{e}_k & (i,j,k\ \text{互不相等}) \\ \dfrac{\partial \boldsymbol{e}_i}{\partial x^j} = \dfrac{1}{h_i}\dfrac{\partial h_j}{\partial x^i}\boldsymbol{e}_j & (i \neq j) \end{cases} \tag{4.4.15b}$$

所以，有

$$\frac{\partial \boldsymbol{e}_i}{\partial x^j}\cdot\boldsymbol{e}_1 = \begin{bmatrix} 0 & 0 & 0 \\ \frac{1}{h_2}\frac{\partial h_1}{\partial x^2} & -\frac{1}{h_1}\frac{\partial h_2}{\partial x^1} & 0 \\ \frac{1}{h_3}\frac{\partial h_1}{\partial x^3} & 0 & -\frac{1}{h_1}\frac{\partial h_3}{\partial x^1} \end{bmatrix}$$

$$\frac{\partial \boldsymbol{e}_i}{\partial x^j}\cdot\boldsymbol{e}_2 = \begin{bmatrix} -\frac{1}{h_2}\frac{\partial h_1}{\partial x^2} & \frac{1}{h_1}\frac{\partial h_2}{\partial x^1} & 0 \\ 0 & 0 & 0 \\ 0 & \frac{1}{h_3}\frac{\partial h_2}{\partial x^3} & -\frac{1}{h_2}\frac{\partial h_3}{\partial x^2} \end{bmatrix} \tag{4.4.16a}$$

$$\frac{\partial \boldsymbol{e}_i}{\partial x^j}\cdot\boldsymbol{e}_3 = \begin{bmatrix} -\frac{1}{h_3}\frac{\partial h_1}{\partial x^3} & 0 & \frac{1}{h_1}\frac{\partial h_3}{\partial x^1} \\ 0 & -\frac{1}{h_3}\frac{\partial h_2}{\partial x^3} & \frac{1}{h_2}\frac{\partial h_3}{\partial x^2} \\ 0 & 0 & 0 \end{bmatrix}$$

可综合为

$$\begin{cases} \dfrac{\partial \boldsymbol{e}_i}{\partial x^i} \cdot \boldsymbol{e}_i = 0 \\ \dfrac{\partial \boldsymbol{e}_i}{\partial x^i} \cdot \boldsymbol{e}_j = -\dfrac{1}{h} \dfrac{\partial h_j}{\partial x^j} \quad (i \neq j) \\ \dfrac{\partial \boldsymbol{e}_i}{\partial x^j} \cdot \boldsymbol{e}_j = \dfrac{1}{h_1} \dfrac{\partial h_j}{\partial x^j} \quad (i \neq j) \\ \dfrac{\partial \boldsymbol{e}_i}{\partial x^j} \cdot \boldsymbol{e}_k = 0 \quad (i,j,k\ \text{互不相等}) \end{cases} \tag{4.4.16b}$$

如在柱坐标系中,因为 $h_1 = h_3 = 1, h_2 = x^1$,有

$$\frac{\partial \boldsymbol{e}_i}{\partial x^j} = \begin{bmatrix} 0 & \dfrac{\partial h_2}{\partial x^1}\boldsymbol{e}_2 & 0 \\ 0 & -\dfrac{\partial h_2}{\partial x^3}\boldsymbol{e}_3 - \dfrac{\partial h_2}{\partial x^1}\boldsymbol{e}_1 & 0 \\ 0 & 0 & 0 \end{bmatrix} = \begin{bmatrix} 0 & \boldsymbol{e}_2 & 0 \\ 0 & -\boldsymbol{e}_1 & 0 \\ 0 & 0 & 0 \end{bmatrix}$$

在球坐标系中,因为 $h_1 = 1, h_2 = x^1, h_3 = x^1 \sin x^2$,有

$$\frac{\partial \boldsymbol{e}_i}{\partial x^j} = \begin{bmatrix} 0 & \dfrac{\partial h_2}{\partial x^1}\boldsymbol{e}_2 & \dfrac{\partial h_3}{\partial x^1}\boldsymbol{e}_3 \\ 0 & -\dfrac{1}{h_3}\dfrac{\partial h_2}{\partial x^3}\boldsymbol{e}_3 - \dfrac{\partial h_2}{\partial x^1}\boldsymbol{e}_1 & \dfrac{1}{h_2}\dfrac{\partial h_3}{\partial x^2}\boldsymbol{e}_3 \\ 0 & \dfrac{1}{h_3}\dfrac{\partial h_2}{\partial x^3}\boldsymbol{e}_2 & -\dfrac{\partial h_3}{\partial x^1}\boldsymbol{e}_1 - \dfrac{1}{h_2}\dfrac{\partial h_3}{\partial x^2}\boldsymbol{e}_2 \end{bmatrix}$$

$$= \begin{bmatrix} 0 & \boldsymbol{e}_2 & \sin x^2 \boldsymbol{e}_3 \\ 0 & -\boldsymbol{e}_1 & \cos x^2 \boldsymbol{e}_3 \\ 0 & 0 & -\sin x^2 \boldsymbol{e}_1 - \cos x^2 \boldsymbol{e}_2 \end{bmatrix}$$

哈密顿算子∇在三维正交曲线坐标系中的表达式为

$$\nabla_{(i)} = \frac{1}{h_i} \frac{\partial}{\partial x^i} \tag{4.4.17}$$

$$\begin{gathered} \nabla = \nabla_{(i)} \boldsymbol{e}_i = \frac{1}{h_i} \frac{\partial}{\partial x^i} \boldsymbol{e}_i \\ \vec{\nabla} = \boldsymbol{e}_i \vec{\nabla}_{(i)} = \boldsymbol{e}_i \frac{1}{h_i} \frac{\vec{\partial}}{\partial x^i} \\ \overleftarrow{\nabla} = \overleftarrow{\nabla}_{(i)} \boldsymbol{e}_i = \frac{1}{h_i} \frac{\overleftarrow{\partial}}{\partial x^i} \boldsymbol{e}_i \end{gathered} \tag{4.4.18}$$

式中,重复指标不求和;$\nabla_{(i)}$表示∇在正交曲线坐标系中的物理分量。

在三维正交曲线坐标系 $x^i (i = 1,2,3)$中,由于按不同方法定义的张量各物理分量式是相同的,用 $a(i)$,$A(ij)$分别表示其物理分量,可利用单位基矢量对坐标的偏导公式和哈密顿算子公式求得一些常用公式的物理分量形式。

2. 标量的梯度

$$\mathbf{grad}\ u = \nabla u = (\boldsymbol{e}_i \nabla_{(i)})u = \left(\boldsymbol{e}_i \frac{1}{h_i} \frac{\partial}{\partial x^i}\right)u = \frac{1}{h_i} \frac{\partial u}{\partial x^i}\boldsymbol{e}_i \tag{4.4.19}$$

3. 矢量的梯度

通常取矢量 $\boldsymbol{a}$ 的右梯度，有

$$\begin{aligned}
\mathbf{grad}\ \boldsymbol{a} &= \boldsymbol{a} \overleftarrow{\nabla} = (a(i)\boldsymbol{e}_i)(\overleftarrow{\nabla}_{(j)}\boldsymbol{e}_j) = (a(i)\boldsymbol{e}_i)\left(\frac{1}{h_j} \frac{\overleftarrow{\partial}}{\partial x^j}\boldsymbol{e}_j\right) \\
&= \frac{1}{h_j} \frac{\partial a(i)}{\partial x^j}\boldsymbol{e}_i\boldsymbol{e}_j + \frac{a(i)}{h_j} \frac{\partial \boldsymbol{e}_i}{\partial x^j}\boldsymbol{e}_j = \frac{1}{h_j} \frac{\partial a(i)}{\partial x^j}\boldsymbol{e}_i\boldsymbol{e}_j + \left(\frac{a(k)}{h_j} \frac{\partial \boldsymbol{e}_k}{\partial x^j} \cdot \boldsymbol{e}_i\right)\boldsymbol{e}_i\boldsymbol{e}_j \\
&= \begin{bmatrix}
\frac{1}{h_1}\left(\frac{\partial a(1)}{\partial x^1} + \frac{a(2)}{h_2}\frac{\partial h_1}{\partial x^2} + \frac{a(3)}{h_3}\frac{\partial h_1}{\partial x^3}\right) & \frac{1}{h_2}\left(\frac{\partial a(1)}{\partial x^2} - \frac{a(2)}{h_1}\frac{\partial h_2}{\partial x^1}\right) & \frac{1}{h_3}\left(\frac{\partial a(1)}{\partial x^3} - \frac{a(3)}{h_1}\frac{\partial h_3}{\partial x^1}\right) \\
\frac{1}{h_1}\left(\frac{\partial a(2)}{\partial x^1} - \frac{a(1)}{h_2}\frac{\partial h_1}{\partial x^2}\right) & \frac{1}{h_2}\left(\frac{\partial a(2)}{\partial x^2} + \frac{a(3)}{h_3}\frac{\partial h_2}{\partial x^3} + \frac{a(1)}{h_1}\frac{\partial h_2}{\partial x^1}\right) & \frac{1}{h_3}\left(\frac{\partial a(2)}{\partial x^3} - \frac{a(3)}{h_2}\frac{\partial h_3}{\partial x^2}\right) \\
\frac{1}{h_1}\left(\frac{\partial a(3)}{\partial x^1} - \frac{1}{h_3}\frac{\partial h_1}{\partial x^3}\right) & \frac{1}{h_2}\left(\frac{\partial a(3)}{\partial x^2} - \frac{a(2)}{h_3}\frac{\partial h_2}{\partial x^3}\right) & \frac{1}{h_3}\left(\frac{\partial a(3)}{\partial x^3} + \frac{a(1)}{h_1}\frac{\partial h_3}{\partial x^1} + \frac{a(2)}{h_2}\frac{\partial h_3}{\partial x^2}\right)
\end{bmatrix}
\end{aligned} \tag{4.4.20}$$

4. 矢量的散度

$$\begin{aligned}
\operatorname{div} \boldsymbol{a} &= \boldsymbol{a} \cdot \overleftarrow{\nabla} = \overrightarrow{\nabla} \cdot \boldsymbol{a} = \boldsymbol{e}_j \overrightarrow{\nabla}_{(j)} \cdot a(i)\boldsymbol{e}_i = \boldsymbol{e}_j \cdot \frac{1}{h_j} \frac{\partial a(i)\boldsymbol{e}_i}{\partial x^j} \\
&= \boldsymbol{e}_j \cdot \boldsymbol{e}_i \frac{1}{h_j} \frac{\partial a(i)}{\partial x^j} + \frac{a(i)}{h_j}\boldsymbol{e}_j \cdot \frac{\partial \boldsymbol{e}_i}{\partial x^j} = \frac{1}{h_j} \frac{\partial a(j)}{\partial x^j} + \frac{a(i)}{h_j}\boldsymbol{e}_j \cdot \frac{\partial \boldsymbol{e}_i}{\partial x^j} \\
&= \frac{1}{h_1 h_2 h_3}\left(\frac{\partial a(1) h_2 h_3}{\partial x^1} + \frac{\partial a(2) h_3 h_1}{\partial x^2} + \frac{\partial a(3) h_1 h_2}{\partial x^3}\right)
\end{aligned} \tag{4.4.21}$$

5. 矢量的旋度

$$\begin{aligned}
\mathbf{curl}\ \boldsymbol{a} &= \overrightarrow{\nabla} \times \boldsymbol{a} = (\boldsymbol{e}_i \overrightarrow{\nabla}_{(i)}) \times (a(j)\boldsymbol{e}_j) = \left(\boldsymbol{e}_i \frac{1}{h_i} \frac{\overrightarrow{\partial}}{\partial x^i}\right) \times (a(j)\boldsymbol{e}_j) \\
&= \boldsymbol{e}_i \times \boldsymbol{e}_j \frac{1}{h_i} \frac{\partial a(j)}{\partial x^i} + \frac{a(j)}{h_i}\boldsymbol{e}_i \times \frac{\partial \boldsymbol{e}_j}{\partial x^i} \\
&= \mathrm{e}_{ijk} \frac{1}{h_i} \frac{\partial a(j)}{\partial x^i}\boldsymbol{e}_k + \left[\left(\frac{a(j)}{h_i}\boldsymbol{e}_i \times \frac{\partial \boldsymbol{e}_j}{\partial x^i}\right) \cdot \boldsymbol{e}_k\right]\boldsymbol{e}_k
\end{aligned}$$

此即矢量 $\mathbf{curl}\ \boldsymbol{a}$ 在基矢量 $\boldsymbol{e}_k$ 上的分解式，代入基矢量对坐标的偏导公式(4.4.15)可得

$$\begin{aligned}
\mathbf{curl}\ \boldsymbol{a} = &\left(\frac{1}{h_2} \frac{\partial a(3)}{\partial x^2} - \frac{1}{h_3} \frac{\partial a(2)}{\partial x^3} + \frac{a(3)}{h_2 h_3} \frac{\partial h_3}{\partial x^2} - \frac{a(2)}{h_2 h_3} \frac{\partial h_2}{\partial x^3}\right)\boldsymbol{e}_1 \\
&+ \left(\frac{1}{h_3} \frac{\partial a(1)}{\partial x^3} - \frac{1}{h_1} \frac{\partial a(3)}{\partial x^1} + \frac{a(1)}{h_1 h_3} \frac{\partial h_1}{\partial x^3} - \frac{a(3)}{h_1 h_3} \frac{\partial h_3}{\partial x^1}\right)\boldsymbol{e}_2
\end{aligned}$$

$$+\left(\frac{1}{h_1}\frac{\partial a(2)}{\partial x^1}-\frac{1}{h_2}\frac{\partial a(1)}{\partial x^2}+\frac{a(2)}{h_1 h_2}\frac{\partial h_2}{\partial x^1}-\frac{a(1)}{h_1 h_2}\frac{\partial h_1}{\partial x^2}\right)\boldsymbol{e}_3$$

$$=\frac{1}{h_2 h_3}\left(\frac{\partial a(3)h_3}{\partial x^2}-\frac{\partial a(2)h_2}{\partial x^3}\right)\boldsymbol{e}_1$$

$$+\frac{1}{h_1 h_3}\left(\frac{\partial a(1)h_1}{\partial x^3}-\frac{\partial a(3)h_3}{\partial x^1}\right)\boldsymbol{e}_2$$

$$+\frac{1}{h_1 h_2}\left(\frac{\partial a(2)h_2}{\partial x^1}-\frac{\partial a(1)h_1}{\partial x^2}\right)\boldsymbol{e}_3 \tag{4.4.22}$$

第 5 章　煤岩变形力学

力学是研究物质在空间的存在和运动形式，其各分支如表 5.1 所示，坐标系则是建立空间概念的有力工具。具体到煤岩固体力学以及瓦斯运移、孔隙水流动等流体力学，其规律是独立于坐标系选择的，即数学工具之张量分析恰好可以扮演这一重要角色。正如达·芬奇(L. da Vinci)所说："力学是数学科学的天堂，因为我们在这里获得数学的成果。"

表 5.1　力学分支表

分类依据	力学分支名称
按材料的连续性	连续介质力学、非连续介质力学
按材料的物态	固体力学、流体力学(气体、液体)
按材料的变形性质	弹性力学 } 弹塑性力学 塑形力学 } 流变力学 黏性力学 } 热弹性力学 热力学 } 热弹塑黏性力学
按材料的种类	岩石力学、空气动力学、水力学等
按材料的破损阶段	传统力学、损伤力学、断裂力学、破碎力学
按研究的力学方法	材料力学、结构力学、弹塑性力学
按研究的尺度	宏观力学、细观力学、微观力学
按研究的数学工具	分析力学、计算力学

表 5.1 中，固体力学和流体力学研究的两个重要任务是：

(1) 根据适用于一切物质的普遍规律(如运动基本规律，如质量守恒律、动量平衡律、动量矩平衡律、能量平衡律等)来揭示材料的力学性质；

(2) 建立本构关系，即材料内力与运动的关系，主要是指材料内部应力和应变的关系。并用以预测材料的力学行为，即解边值问题。

本章主要介绍作为典型固体材料的煤岩应力与应变描述、煤岩变形动力学、煤岩流变动力学和煤岩损伤及断裂力学基本知识。

5.1 应　　力

描述煤岩受力及其变形的概念和方法均源于连续介质力学。因为煤岩任何变形及动力现象都源于力的作用,因此,首先介绍应力这一煤岩力学中非常重要的概念。

5.1.1　应力描述

固体材料在受外力作用下将产生变形,其内部各部分会产生相互作用力来抵抗变形(图 5.1.1)。在处理类似力学问题时,我们不谈"内力"而以"应力"来代替。以一个例子来说明原因,如图 5.1.2 所示,承受同一重量的两叠不同形状的岩石块。

外力作用下固体材料变形　　　各部分产生相互作用力抵抗变形

图 5.1.1

(a)　　　　　　　　　　　(b)

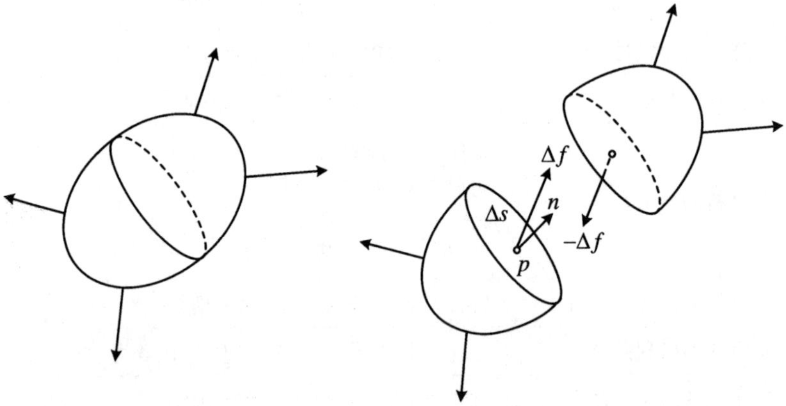

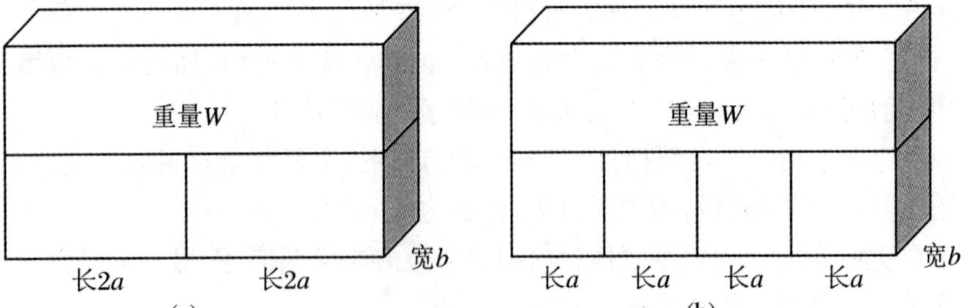

图 5.1.2

在图 5.1.2(a)中每块岩石承重$\frac{W}{2}$，承重面积为 $2ab$，而图 5.1.2(b)中每块岩石承重$\frac{W}{4}$，承重面积为 ab。也就是说，当所考虑的固体尺寸发生变化时，受力也随之发生了变化。若把单位面积上的内力定义为应力，即

$$
\begin{aligned}
\text{应力} &= \frac{\text{力}}{\text{面积}} \\
\boldsymbol{\sigma} &= \lim_{\Delta s \to 0} \frac{\Delta f}{\Delta s}
\end{aligned}
\tag{5.1.1}
$$

可以算出，每块岩石承受的应力都是$\frac{W}{4ab}$，其独立于研究对象的几何尺寸。因此，在处理固体力学问题时以应力来衡量受力情况，则每个固体微元体的应力大小不受其划分的几何尺寸影响。

由应力定义可知，应力总是与作用面相关联的，是分布在接触面上的面力（与之对应的是按体积分布的体积力）。对于材料内任一点 P 可作无穷多个面，因而将有无穷多个应力，这无穷多个应力的集合称为点 P 的应力状态。事实上，同一点各面上的应力并不是相互独立的，它们可由三个相互垂直的坐标面（即与坐标轴垂直的面）上的应力来确定。为此，我们先讨论坐标面应力。

如图 5.1.3 所示，过 P 点作由三个相互垂直的坐标面构成的微正六面体。数学上，微正六面体可视为无体积的“一点”，因而六面体各个面上的应力可认为是同一点不同面上的应力。物理上，微正六面体又可视为体积微小的受力体，并满足力的平衡条件。在微正六面体中，其外法向与坐标轴方向一致的面称正平面，另一面为负平面，且正负平面上的应力大小相等，方向相反。

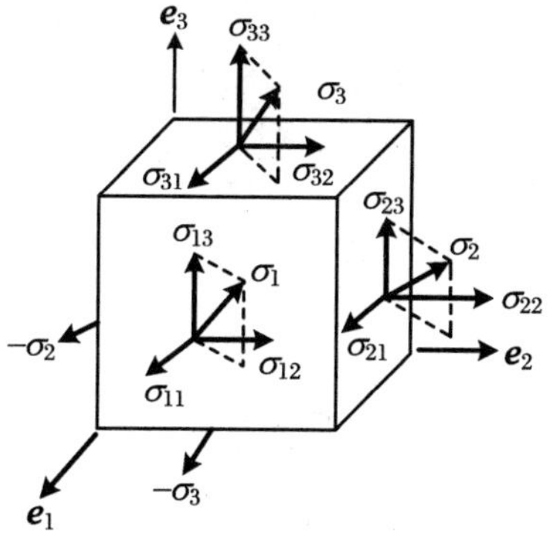

图 5.1.3

可见，每一点上的应力可由 9 个量来表示，即

$$\boldsymbol{\sigma}_{ij}=\begin{bmatrix}\sigma_{11}&\sigma_{12}&\sigma_{13}\\\sigma_{21}&\sigma_{22}&\sigma_{23}\\\sigma_{31}&\sigma_{32}&\sigma_{33}\end{bmatrix}\quad\left(\text{或}\ \boldsymbol{\sigma}_{ij}=\begin{bmatrix}\sigma_{11}&\tau_{12}&\tau_{13}\\\tau_{21}&\sigma_{22}&\tau_{23}\\\tau_{31}&\tau_{32}&\tau_{33}\end{bmatrix}\right)$$

$$\begin{cases}\boldsymbol{\sigma}_{1j}\boldsymbol{e}_j=\sigma_{11}\boldsymbol{e}_1\boldsymbol{e}_1+\sigma_{12}\boldsymbol{e}_1\boldsymbol{e}_2+\sigma_{13}\boldsymbol{e}_1\boldsymbol{e}_3\\\boldsymbol{\sigma}_{2j}\boldsymbol{e}_j=\sigma_{21}\boldsymbol{e}_2\boldsymbol{e}_1+\sigma_{22}\boldsymbol{e}_2\boldsymbol{e}_2+\sigma_{23}\boldsymbol{e}_2\boldsymbol{e}_3\\\boldsymbol{\sigma}_{3j}\boldsymbol{e}_j=\sigma_{31}\boldsymbol{e}_3\boldsymbol{e}_1+\sigma_{32}\boldsymbol{e}_3\boldsymbol{e}_2+\sigma_{33}\boldsymbol{e}_3\boldsymbol{e}_3\end{cases}\tag{5.1.2}$$

其中，$\boldsymbol{\sigma}_{ii}$（$i=1,2,3$）第一个指标 i 表示面元的法线方向，称为面元指标；第二个指标 j 表示应力的分解方向，称为方向指标。当 $i=j$ 时，应力分量垂直于面元，称为正应力（即作用在垂直于 i 轴的平面），当 $i\neq j$ 时，应力分量作用在面元平面内，称为剪应力（即作用在垂直于 i 轴的平面，方向沿 j 轴方向）。这 9 个量其实不是互相独立的，因为微正六面体对于转动也满足平衡条件，即对任一轴的力矩平衡，得到 $\sigma_{12}=\sigma_{21}$，$\sigma_{13}=\sigma_{31}$，$\sigma_{23}=\sigma_{32}$，称为剪应力互等定理（或 $\boldsymbol{\sigma}_{nt}=\boldsymbol{n}\cdot\boldsymbol{\sigma}\cdot\boldsymbol{t}=\boldsymbol{t}\cdot\boldsymbol{\sigma}\cdot\boldsymbol{n}$，其中 $\boldsymbol{n}$ 为外法线方向单位向量，$\boldsymbol{t}$ 为切线方向单位向量），即 $\boldsymbol{\sigma}_{ij}=\boldsymbol{\sigma}_{ji}$。可以证明，$\sigma_{ij}$ 符合坐标变换关系（$\sigma_{i'j'}=\beta_{i'}^{i}\beta_{j'}^{j}\sigma_{ij}$），是一个二阶张量，称为应力张量，有 6 个独立分量，是一个二阶对称张量。

我们约定，对于正应力，以压为正；对于剪应力，以作用于负平面上的正方向为正。

例 5.1.1 如果已知坐标轴 $\boldsymbol{e}_1,\boldsymbol{e}_2,\boldsymbol{e}_3$ 中的应力张量 $\boldsymbol{\sigma}_{ij}$，试求法向矢量为 $\boldsymbol{v}=\boldsymbol{v}_i\boldsymbol{e}_i=v_1\boldsymbol{e}_1+v_2\boldsymbol{e}_2+v_3\boldsymbol{e}_3$ 的切平面上的应力矢量 $\boldsymbol{t}$（图 5.1.4）。

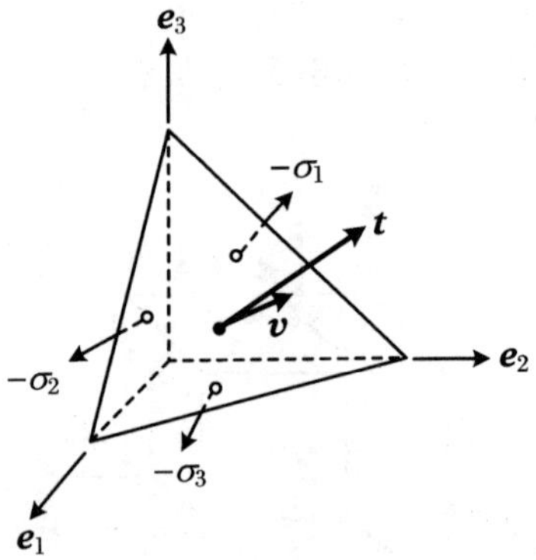

图 5.1.4

解 由应力张量坐标变换关系式 $\boldsymbol{\sigma}_{i'j'}=\boldsymbol{\beta}_{i'}^{i}\boldsymbol{\beta}_{j'}^{j}\boldsymbol{\sigma}_{ij}$ 可知，$\boldsymbol{\sigma}_{i'j'}$ 即为法向为 i' 方向的切面上沿 j' 方向的应力。其中并没有要求 j' 方向与 i' 方向是正交的，即 j' 方向可以是任意的。因此可以利用此式分别求出 $\boldsymbol{v}$ 方向切面上应力矢量 $\boldsymbol{t}$ 沿 $\boldsymbol{e}_1,\boldsymbol{e}_2,\boldsymbol{e}_3$ 方向的分量，有

$$t_1 = \boldsymbol{\beta}_1^i \boldsymbol{\beta}_i^j \boldsymbol{\sigma}_{ij} = \boldsymbol{v}_i \boldsymbol{\delta}_1^j \boldsymbol{\sigma}_{ij} = \boldsymbol{v}_i \boldsymbol{\sigma}_{i1}$$

同理，有

$$t_2 = \boldsymbol{v}_i \boldsymbol{\sigma}_{i2}$$

$$t_3 = \boldsymbol{v}_i \boldsymbol{\sigma}_{i3}$$

即

$$(t_1 \quad t_2 \quad t_3) = (v_1 \quad v_2 \quad v_3) = \begin{bmatrix} \sigma_{11} & \sigma_{12} & \sigma_{13} \\ \sigma_{21} & \sigma_{22} & \sigma_{23} \\ \sigma_{31} & \sigma_{32} & \sigma_{33} \end{bmatrix} \tag{5.1.3a}$$

或

$$\begin{aligned} \boldsymbol{t}_j &= \boldsymbol{v}_i \boldsymbol{\sigma}_{ij} \\ \boldsymbol{t} &= \boldsymbol{v} \cdot \boldsymbol{\sigma} \end{aligned} \tag{5.1.3b}$$

上式(5.1.3)称为柯西(Cauchy)公式，又称为斜面应力公式(图 5.1.5)。它表明为了确定材料中任何一个面上的应力，9 个应力分量是充分而又必要的。式(5.1.3)给出了由一点应力张量求过该点某一特定方向切面上的应力矢量公式。

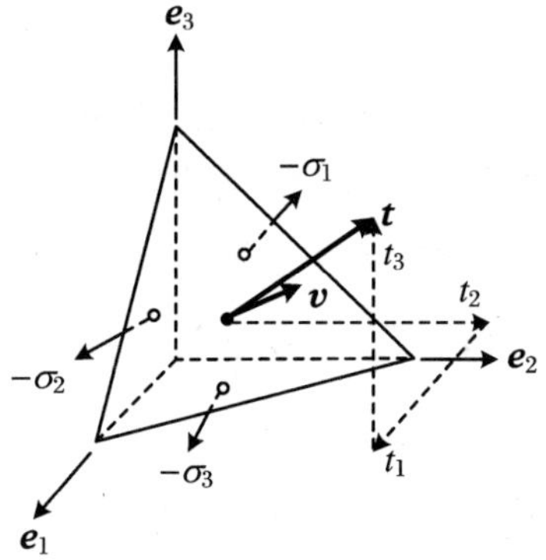

图 5.1.5

值得注意的是，应力与压力不同。压力是一种特殊的应力状态，没有剪应力分量，所有的正应力分量相等，处于静水压力状态，它不能承受剪应力。

5.1.2　主应力和应力不变量

在煤岩内部某一点 P 的任意方向的切面上，一般都有正应力和切应力存在，不同方向的切面上这些应力值是不同的。当该切面转动时，其法线 $\boldsymbol{v}$ 方向随之改变，切面上的正应力和切应力的方向及大小也都要发生变化。在法线方向不断改变的过程中，必然会出现该切面上只有正应力，而切应力为零的情况，即切面上求得的应力矢量 $\boldsymbol{t}$ 与 $\boldsymbol{v}$ 方向一致。我们称此时切面上法线 $\boldsymbol{v}$ 方向为点 P 的主方向，该切面为主平面，主平面上的正应力为主应力。事实上，在任何一点都存在着三个主方向，且它们互相垂直。

在煤岩力学应用中，我们经常取三个主方向为坐标轴，并称为应力张量的主轴，构成的坐标系称为柱坐标系。在主坐标系下，应力张量形式非常简单，构成一个对角矩阵，如

$$\begin{bmatrix} \sigma_{11} & 0 & 0 \\ 0 & \sigma_{22} & 0 \\ 0 & 0 & \sigma_{33} \end{bmatrix} \tag{5.1.4}$$

其中，σ_{11}，σ_{22}，σ_{33}为主应力，可简写为 σ_1，σ_2，σ_3。一般约定 $\sigma_1 \geqslant \sigma_2 \geqslant \sigma_3$，即 σ_1 代表最大主应力，称为第一主应力；σ_2 代表中等主应力，称为第二主应力；σ_3 代表最小主应力，称为第三主应力。

对于应力张量 $\boldsymbol{\sigma}_{ij}$，总存在着三个互相垂直的主轴，其主方向为 n_1，n_2，n_3，由第 3.2 节可知，应力张量的特征方程为

$$\det(\boldsymbol{\sigma}_{ij} - \lambda\delta_{ij}) = |\boldsymbol{\sigma}_{ij} - \lambda\delta_{ij}| = \begin{vmatrix} \sigma_1 - \lambda & & \\ & \sigma_2 - \lambda & \\ & & \sigma_3 - \lambda \end{vmatrix} = 0 \tag{5.1.5}$$

解得特征值 λ_1，λ_2，λ_3 即为主应力 σ_1，σ_2，σ_3。由第 3.3 节可知，应力张量存在三个不变量，称为第一、第二和第三应力不变量，即

$$\begin{aligned} I_1 &= \mathrm{tr}\,\boldsymbol{\sigma}_{ij} = \boldsymbol{\sigma}_{ii} = \sigma_1 + \sigma_2 + \sigma_3 \\ I_2 &= \frac{1}{2}[(\mathrm{tr}\,\boldsymbol{\sigma}_{ij})^2 - \mathrm{tr}\,\boldsymbol{\sigma}_{ij}^2] = \frac{1}{2}(\sigma_{ii}\sigma_{jj} - \sigma_{ij}\sigma_{ij}) \\ &= \sigma_1\sigma_2 + \sigma_2\sigma_3 + \sigma_3\sigma_1 \\ I_3 &= \det\boldsymbol{\sigma}_{ij} = \sigma_1\sigma_2\sigma_3 \end{aligned} \tag{5.1.6}$$

注意，主应力有两个重要特性，如下：

(1) 极值性

主应力 σ_1 和 σ_3 是某一点正应力的最大值和最小值。在主坐标系中，任意斜面上正应力为

$$\boldsymbol{\sigma}_v = \boldsymbol{v} \cdot \boldsymbol{\sigma} \cdot \boldsymbol{v} = \sigma_{ij}v_iv_j = \sigma_1 v_1^2 + \sigma_2 v_2^2 + \sigma_3 v_3^2 \tag{5.1.7}$$

因为 $v_1^2 + v_2^2 + v_3^2 = 1$，所以

$$\begin{aligned} \sigma_v &= \sigma_1 v_1^2 + \sigma_2 v_2^2 + \sigma_3 v_3^2 \\ &= \sigma_1 - (\sigma_1 - \sigma_2)v_2^2 - (\sigma_2 - \sigma_3)v_3^2 \\ &\leqslant \sigma_1 \end{aligned} \tag{5.1.8a}$$

$$\begin{aligned} \sigma_v &= \sigma_1 v_1^2 + \sigma_2 v_2^2 + \sigma_3 v_3^2 \\ &= (\sigma_1 - \sigma_3)v_1^2 + (\sigma_2 - \sigma_3)v_2^2 + \sigma_3 \end{aligned}$$

$$\geqslant \sigma_3 \tag{5.1.8b}$$

(2) 正交性

当特征方程无重根时，三个主应力必两两正交；当特征方程有两重根时，在两个相同主应力的作用平面内呈现双向等拉(或等压)状态，可在面内任选两个相互正交的方向作为主方向；当特征方程出现三重根时，空间任意三个相互正交的方向都可作为主方向。

例 5.1.1　已知应力张量在基 $\boldsymbol{e}_i$ 下的分量为

$$[\boldsymbol{\sigma}_{ij}] = \begin{bmatrix} 2 & 2 & -2 \\ 2 & 5 & -4 \\ -2 & -4 & 5 \end{bmatrix}$$

试求：(1)第一、第二和第三应力不变量；(2)求主应力和主轴单位矢量。

解　(1)

$$I_1 = \sigma_x + \sigma_y + \sigma_z = 2 + 5 + 5 = 12$$

$$I_2 = \sigma_x\sigma_y + \sigma_y\sigma_z + \sigma_z\sigma_x - (\sigma_{xy}^2 + \sigma_{yz}^2 + \sigma_{zx}^2) = 21$$

$$I_3 = \begin{vmatrix} \sigma_x & \sigma_{xy} & \sigma_{xz} \\ \sigma_{yx} & \sigma_y & \sigma_{yz} \\ \sigma_{zx} & \sigma_{zy} & \sigma_z \end{vmatrix} = \sigma_x\sigma_y\sigma_z + 2\sigma_{xy}\sigma_{yz}\sigma_{zx} - (\sigma_x\sigma_{yz}^2 + \sigma_y\sigma_{zx}^2 + \sigma_z\sigma_{xy}^2) = 10$$

(2) 由特征方程

$$|\boldsymbol{\sigma}_{ij} - \lambda\delta_{ij}| = \begin{vmatrix} 2-\lambda & 2 & -2 \\ 2 & 5-\lambda & -4 \\ -2 & -4 & 5-\lambda \end{vmatrix} = (\lambda - 1)^2(\lambda - 10) = 0$$

解得特征值 $\lambda_1 = \lambda_2 = 1, \lambda_3 = 10$，即为主应力 $\sigma_1, \sigma_2, \sigma_3$，其对应的不变量算法为

$$I_1 = \sigma_1 + \sigma_2 + \sigma_3 = 1 + 1 + 10 = 12$$

$$I_2 = \sigma_1\sigma_2 + \sigma_2\sigma_3 + \sigma_3\sigma_1 = 1 + 10 + 10 = 21$$

$$I_3 = \sigma_1\sigma_2\sigma_3 = 10$$

对于 $\lambda_1 = \lambda_2 = 1$，特征方程为

$$([\boldsymbol{\sigma}_{ij}] - [\delta_{ij}])[x_j] = \begin{bmatrix} 1 & 2 & -2 \\ 2 & 4 & -4 \\ -2 & -4 & 4 \end{bmatrix}\begin{bmatrix} x_1 \\ x_2 \\ x_3 \end{bmatrix} = 0$$

解得 $x_1 + 2x_2 - 2x_3 = 0$，取两个线性无关的特征矢量

$$x_1 = (-2,1,0),\quad x_2 = (2,0,1)$$

对其进行正交化，可得

$$y_1 = x_1 = (-2,1,0)$$

$$y_2 = x_2 - \frac{y_1 \cdot x_2}{y_1 \cdot y_1}y_1 = (2,0,1) - \frac{(-2,1,0) \cdot (2,0,1)}{(-2,1,0) \cdot (-2,1,0)}(-2,1,0)$$

$$= \left(\frac{2}{5},\frac{4}{5},1\right)$$

对其进行单位化，有

$$\frac{y_1}{|y_1|} = \left(\frac{-2}{\sqrt{5}},\frac{1}{\sqrt{5}},0\right),\quad \frac{y_2}{|y_2|} = \left(\frac{2}{3\sqrt{5}},\frac{4}{3\sqrt{5}},\frac{5}{3\sqrt{5}}\right)$$

对于 $\lambda_3=10$，特征方程为

$$([\boldsymbol{\sigma}_{ij}]-10[\delta_{ij}])[x_j] = \begin{bmatrix} -8 & 2 & -2 \\ 2 & -5 & -4 \\ -2 & -4 & -5 \end{bmatrix}\begin{bmatrix} x_1 \\ x_2 \\ x_3 \end{bmatrix} = 0$$

解得 $\begin{cases} x_1 = -\dfrac{1}{2}x_3 \\ x_2 = -x_3 \end{cases}$，取特征矢量为 $x_3=(1,2,-2)$.

对其进行单位化可得

$$\frac{x_3}{|x_3|} = \left(\frac{1}{3},\frac{2}{3},-\frac{2}{3}\right)$$

所以，主轴单位矢量为

$$\boldsymbol{n}_1 = \frac{-2}{\sqrt{5}}\boldsymbol{e}_1 + \frac{1}{\sqrt{5}}\boldsymbol{e}_2$$

$$\boldsymbol{n}_2 = \frac{2}{3\sqrt{5}}\boldsymbol{e}_1 + \frac{4}{3\sqrt{5}}\boldsymbol{e}_2 + \frac{5}{3\sqrt{5}}\boldsymbol{e}_3$$

$$\boldsymbol{n}_3 = \frac{1}{3}\boldsymbol{e}_1 + \frac{2}{3}\boldsymbol{e}_2 - \frac{2}{3}\boldsymbol{e}_3$$

5.1.3 应力张量的分解

现在我们知道，煤岩材料内任一点的状态可由 6 个应力分量来表示，在给定受力的情况下，各应力分量的大小与坐标轴方向有关，而作为整体用来表示一点应力状态的应力张量又是与坐标轴选择无关的。由第 3.4 节可知，对于应力张量（二阶对称张量），可将其分解成球张量（即应力球张量）和偏张量（即应力偏张量或应力偏量）

$$\boldsymbol{\sigma}_{ij} = \delta_{ij}\sigma_0 + \boldsymbol{\sigma}'_{ij} \tag{5.1.9}$$

其中，球张量为 $\delta_{ij}\sigma_0\boldsymbol{e}_i\boldsymbol{e}_j$，偏张量为 $\sigma'_{ij}\boldsymbol{e}_i\boldsymbol{e}_j$。且有

$$\delta_{ij}\sigma_0 = \begin{bmatrix} \sigma_0 & & \\ & \sigma_0 & \\ & & \sigma_0 \end{bmatrix} \tag{5.1.10}$$

式中，$\sigma_0=\dfrac{1}{3}\sigma_{kk}$ 称为平均应力，δ_{ij} 为克罗内克 δ 符号。

$$\boldsymbol{\sigma}'_{ij} = \begin{bmatrix} \sigma_x - \sigma_0 & \sigma_{xy} & \sigma_{xz} \\ \sigma_{yx} & \sigma_y - \sigma_0 & \sigma_{yz} \\ \sigma_{zx} & \sigma_{zy} & \sigma_z - \sigma_0 \end{bmatrix} \tag{5.1.11}$$

应力球张量部分表示各个方向受相同的压(或拉)应力,用以表示引起材料弹性的体积改变,不引起形状的改变。结合前面所述应力与压力不同的叙述,应力球张量又称为静水应力。应力偏张量部分则表示引起材料的形状改变,而无体积改变;其表征材料的塑性变形,反映的是一个实际应力状态偏离均匀应力状态的程度。如,主应力可分解为

$$\begin{aligned} \boldsymbol{\sigma}_{ij} = & \begin{bmatrix} \dfrac{\sigma_1 + \sigma_2 + \sigma_3}{3} & & \\ & \dfrac{\sigma_1 + \sigma_2 + \sigma_3}{3} & \\ & & \dfrac{\sigma_1 + \sigma_2 + \sigma_3}{3} \end{bmatrix} \\ & + \begin{bmatrix} \dfrac{2\sigma_1 - \sigma_2 - \sigma_3}{3} & & \\ & \dfrac{2\sigma_2 - \sigma_3 - \sigma_1}{3} & \\ & & \dfrac{2\sigma_3 - \sigma_1 - \sigma_2}{3} \end{bmatrix} \end{aligned} \tag{5.1.12}$$

对应地,应力偏张量的第一、第二、第三不变量 J_1,J_2,J_3 分别为

$$\begin{cases} J_1 = 0 \\ J_2 = -\dfrac{1}{6}[(\sigma_1 - \sigma_2)^2 + (\sigma_2 - \sigma_3)^2 + (\sigma_3 - \sigma_1)^2] \\ \quad = I_2 - \dfrac{1}{3}I_1^2 \\ J_3 = (\sigma_1 - \sigma_0)(\sigma_2 - \sigma_0)(\sigma_3 - \sigma_0) \\ \quad = \dfrac{1}{27}(2\sigma_1 - \sigma_2 - \sigma_3)(2\sigma_2 - \sigma_3 - \sigma_1)(2\sigma_3 - \sigma_1 - \sigma_2) \\ \quad = \dfrac{1}{27}(2I_1^3 - 9I_1 I_2 + 27I_3) \end{cases} \tag{5.1.13}$$

其中,由于 J_2 恒为负值,一般在使用时取正值。

注意,在引入主应力 $\sigma_1,\sigma_2,\sigma_3$ 概念后,应力的一般书写形式用

$$\boldsymbol{\sigma}'_{ij} = \begin{bmatrix} \sigma_x & \sigma_{xy} & \sigma_{xz} \\ \sigma_{yx} & \sigma_y & \sigma_{yz} \\ \sigma_{zx} & \sigma_{zy} & \sigma_z \end{bmatrix}$$

而不建议采用

$$\begin{bmatrix} \sigma_1 & \sigma_{12} & \sigma_{13} \\ \sigma_{21} & \sigma_2 & \sigma_{23} \\ \sigma_{31} & \sigma_{32} & \sigma_3 \end{bmatrix}$$

以免造成误解,因为主应力 $\sigma_1,\sigma_2,\sigma_3$ 构成的矩阵是对角阵,如式(5.1.4)所示。

5.1.4 正交曲线坐标系中的应力表示

有时为了研究方便,会引入正交曲线坐标系,这样会简化边界条件。如研究巷道中的瓦斯流动采用圆柱坐标系,研究瓦斯爆炸冲击作用采用球坐标系等。

在圆柱坐标系 r,θ,z 中,其与三维直角坐标系的关系为

$$\begin{cases} x = r\cos\theta \\ y = r\sin\theta \\ z = z \end{cases}, \quad \begin{cases} r = \sqrt{x^2 + y^2} \\ \theta = \arctan\dfrac{y}{x} \\ z = z \end{cases} \tag{5.1.14}$$

由于直角坐标系变换至柱坐标系的变换系数矩阵为

$$\boldsymbol{\beta}_{ij} = \begin{bmatrix} \cos\theta & \sin\theta & 0 \\ -\sin\theta & \cos\theta & 0 \\ 0 & 0 & 1 \end{bmatrix} \tag{5.1.15}$$

且由坐标变换关系 $\boldsymbol{\sigma}'_{mn} = \boldsymbol{\beta}_{mi}\boldsymbol{\beta}_{nj}\boldsymbol{\sigma}_{ij}$ 得

$$\begin{aligned} [\boldsymbol{\sigma}'_{ij}] &= [\boldsymbol{\beta}_{ij}][\boldsymbol{\sigma}_{ij}][\boldsymbol{\beta}_{ij}]^{\mathrm{T}} \\ [\boldsymbol{\sigma}_{ij}] &= [\boldsymbol{\beta}_{ij}][\boldsymbol{\sigma}'_{ij}][\boldsymbol{\beta}_{ij}] \end{aligned} \tag{5.1.16}$$

若将应力张量在某一点 P 处的分量表示为

$$\begin{bmatrix} \sigma_r & \sigma_{r\theta} & \sigma_{rz} \\ \sigma_{\theta r} & \sigma_\theta & \sigma_{\theta z} \\ \sigma_{zr} & \sigma_{z\theta} & \sigma_z \end{bmatrix} \tag{5.1.17}$$

则有

$$\begin{cases} \sigma_x = \sigma_r\cos^2\theta + \sigma_\theta\sin^2\theta - \sigma_{r\theta}\sin 2\theta \\ \sigma_y = \sigma_r\sin^2\theta + \sigma_\theta\cos^2\theta + \sigma_{r\theta}\sin 2\theta \\ \sigma_z = \sigma_z \\ \sigma_{xy} = \sigma_{yx} = \dfrac{\sin 2\theta}{2}(\sigma_r - \sigma_\theta) + \sigma_{r\theta}\cos 2\theta \\ \sigma_{xz} = \sigma_{zx} = \sigma_{rz}\cos\theta - \sigma_{\theta z}\sin\theta \\ \sigma_{yz} = \sigma_{zy} = \sigma_{rz}\sin\theta + \sigma_{\theta z}\cos\theta \end{cases} \tag{5.1.18a}$$

$$
\begin{cases}
\sigma_r = \sigma_x\cos^2\theta + \sigma_y\sin^2\theta + \sigma_{xy}\sin 2\theta \\
\sigma_\theta = \sigma_x\sin^2\theta + \sigma_y\cos^2\theta - \sigma_{xy}\sin 2\theta \\
\sigma_z = \sigma_z \\
\sigma_{r\theta} = \sigma_{\theta r} = \dfrac{\sin 2\theta}{2}(\sigma_y - \sigma_x) + \sigma_{xy}\cos 2\theta \\
\sigma_{rz} = \sigma_{zr} = \sigma_{xz}\cos\theta + \sigma_{yz}\sin\theta \\
\sigma_{\theta z} = \sigma_{z\theta} = \sigma_{yz}\cos\theta - \sigma_{xz}\sin\theta
\end{cases}
\tag{5.1.18b}
$$

关于在球坐标系 r,θ,φ 中应力表示，读者可自行推导。其中，球坐标系与三维直角坐标系的关系为

$$
\begin{cases}
x = r\sin\theta\cos\varphi \\
y = r\sin\theta\sin\varphi \\
z = r\cos\theta
\end{cases},\quad
\begin{cases}
r = \sqrt{x^2 + y^2 + z^2} \\
\theta = \arccos\dfrac{Z}{x^2 + y^2 + z^2} \\
\varphi = \arccos\dfrac{y}{x}
\end{cases}
\tag{5.1.19}
$$

直角坐标系变换至球坐标系的变换系数矩阵为

$$
\boldsymbol{\beta}_{ij} = \begin{bmatrix}
\cos\theta\cos\varphi & \sin\theta\sin\varphi & \cos\theta \\
\cos\theta\cos\varphi & \cos\theta\sin\varphi & -\sin\theta \\
-\sin\varphi & \cos\varphi & 0
\end{bmatrix}
\tag{5.1.20}
$$

5.2 应　　变

5.2.1 两种描述运动方法

前面所述张量分析中探讨的张量场几乎均是空间位置(坐标)的函数，而与其他参数无关。在实际工程应用领域，张量场往往还随坐标以外的其他参数而发生变化，如随时间、载荷大小、材料尺寸等变化。如果用 t 代表此参数，即张量场是坐标及参数 t 的函数。

首先，我们来看两种常用来描述运动的方法，即拉格朗日描述法和欧拉描述法。

1. 拉格朗日描述法

拉格朗日(Lagrange)描述法又称物质坐标描述法，观察者着重关注某一特定质点，当这一质点运动时，其空间位置、各物理参数随时间变化，观察者随该质点一

起运动。Lagrange 坐标是嵌在物体质点上、随物体一起运动和变形的坐标，又称物质坐标或随体坐标，记为 a_i。无论物体怎样运动和变形，每个质点变到什么位置，同一质点的 Lagrange 坐标值始终保持不变。故每组 Lagrange 坐标值 $a_i(i=1,2,3)$定义了一个运动着的质点。详细阐述如下：

在三维直角坐标系总，假设我们用下列三个方程来描述某一质点的运动，即

$$\begin{cases} x = f_1(t) \\ y = f_2(t) \\ z = f_3(t) \end{cases} \tag{5.2.1}$$

式中，(x,y,z)表示质点的坐标，t 为时间。为了描述各个质点的运动，则需要无数多个此方程组，显然这是难以实现的。但是初始时刻 t_0 时各质点的空间坐标是一定的，即为(x_0,y_0,z_0)。为了方便书写，取 $x_0=a_1$，$y_0=a_2$，$z_0=a_3$，即(a_1,a_2,a_3)为初始坐标。若(a_1,a_2,a_3)用数字表示，则为某一具体质点；若(a_1,a_2,a_3)改变了，则坐标(x,y,z)也随之改变了，即质点坐标不仅与时间有关，也与初始坐标(a_1,a_2,a_3)有关。

所以，如果下列方程组已知，则各质点的运动也就可知了：

$$\begin{cases} x = f_1(a_1,a_2,a_3,t) \\ y = f_2(a_1,a_2,a_3,t) \\ z = f_3(a_1,a_2,a_3,t) \end{cases} \tag{5.2.2}$$

在此方程组中，初始坐标 a_1,a_2,a_3 可视为独立变量。所以，坐标 x,y,z 是四个独立变量a_1,a_2,a_3 和 t 的函数，这些变量即为拉格朗日坐标。若方程组(5.2.2)已知，则质点运动规律可以完全确定，求一阶偏导可得任一质点的速度分量为

$$\begin{cases} v_x = \dfrac{\partial f_1(a_1,a_2,a_3,t)}{\partial t} \\ v_y = \dfrac{\partial f_2(a_1,a_2,a_3,t)}{\partial t} \\ v_z = \dfrac{\partial f_3(a_1,a_2,a_3,t)}{\partial t} \end{cases} \tag{5.2.3}$$

相应地求二阶偏导可得加速度。可见，拉格朗日描述法容易理解，但应用起来比较繁琐，一般很少采用。然而，这种跟踪质点的概念是非常重要的。

2. 欧拉描述法

欧拉(Euler)描述法又称空间坐标描述法，观察者着重关注某一空间位置，观察、测定不同质点在不同时刻经过该空间位置时，质点的各物理参数。Euler 坐标是固定在空间中的参考坐标，又称空间坐标或固定坐标，记为 x_i。它不随质点运动或时间参数 t 而变化，是一种描述物理运动的静止背景。每组坐标值 $x_i(i=1,$

2,3)定义了一个固定点位。欧拉法中质点运动规律数学上可表示为

$$\begin{cases} v_x = v_x(x_1, x_2, x_3, t) \\ v_y = v_y(x_1, x_2, x_3, t) \\ v_z = v_z(x_1, x_2, x_3, t) \end{cases} \tag{5.2.4}$$

任何质点的运动即可用拉格朗日描述法进行描述,也可用欧拉描述法进行描述,只不过欧拉描述法应用更为广泛而已。

5.2.2　应变

1. 应变

在外力作用下,材料各点的位置发生的移动称为位移。如果位移后材料各点间的相对位置仍保持不变,即只产生刚性平移或转动,则该位移称为刚性位移。如果位移后各点间的相对位置发生改变,改变的部分位移称为变形。变形又可分为长度的变化和角度的变化,即为线变形和角变形。

任何材料在空间都占有一定的区域,构成一个空间几何图形,称此图形为材料的构形。材料的空间位置随时间的变化称为运动,且在运动时,其构形亦随之发生变化。现设某材料占有空间 S,在三维直角坐标系中,材料中的每一质点都有一组坐标。当材料发生变形后,每一质点都将占有一个新的位置,并用一组新坐标表示。如当材料发生运动和变形时,初始位于坐标(a_1, a_2, a_3)处的质点 P 将移动到坐标为(x_1, x_2, x_3)的位置 Q。如图 5.2.1 所示,矢量$\overrightarrow{PQ}$即为该点的位移矢量$\boldsymbol{u}$,且有

$$\boldsymbol{u} = (x_1 - a_1, x_2 - a_2, x_3 - a_3) \tag{5.2.5a}$$

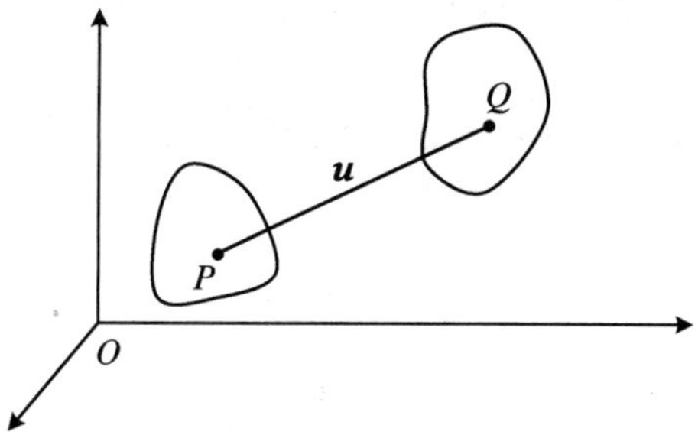

图 5.2.1

如果已知材料中任意点的位移,则可由初始构形得到变形后的材料构形。也就是说,变形可由位移场来描述。设变量(a_1, a_2, a_3)表示材料初始构形中任意点的坐标,(x_1, x_2, x_3)表示材料变形后该点的坐标,于是,若(x_1, x_2, x_3)是(a_1, a_2, a_3)的已知单值连续函数

$$\boldsymbol{x}_i = \boldsymbol{x}_i(a_1, a_2, a_3) \tag{5.2.6a}$$

则材料的变形就知道了。其逆变换为

$$\boldsymbol{a}_i = \boldsymbol{a}_i(x_1, x_2, x_3) \tag{5.2.6b}$$

则位移矢量 $\boldsymbol{u}$ 的分量式为

$$\boldsymbol{u}_i = \boldsymbol{x}_i - \boldsymbol{a}_i \tag{5.2.5b}$$

若位移矢量与初始位置中的每个质点相关,则可改写为

$$\boldsymbol{u}_i(a_1, a_2, a_3) = \boldsymbol{x}_i(a_1, a_2, a_3) - \boldsymbol{a}_i \tag{5.2.7}$$

若位移矢量与变形后位置中的每个质点相关,则可改写为

$$\boldsymbol{u}_i(x_1, x_2, x_3) = \boldsymbol{x}_i - \boldsymbol{a}_i(x_1, x_2, x_3) \tag{5.2.8}$$

接下来,我们考察材料的拉伸与扭转。如图 5.2.2 所示,材料中的三个相邻点 P, P', P''在变形后的构形中移至点 Q, Q', Q''。连接点 $P(a_1, a_2, a_3)$和相邻点 $P'(a_1 + \mathrm{d}a_1, a_2 + \mathrm{d}a_2, a_3 + \mathrm{d}a_3)$,其初始构形中线元 PP'长度 $\mathrm{d}s_0$ 的平方为

$$\mathrm{d}s_0^2 = \mathrm{d}a_1^2 + \mathrm{d}a_2^2 + \mathrm{d}a_3^2 \tag{5.2.9}$$

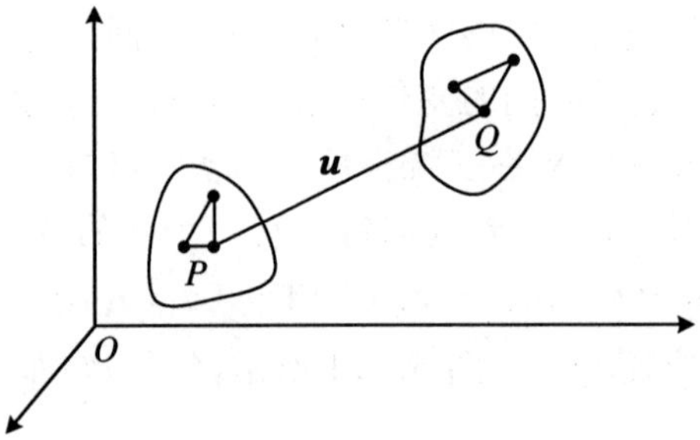

图 5.2.2

当 P 和P'分别变形至$Q(x_1, x_2, x_3)$和 $Q'(x_1 + \mathrm{d}x_1, x_2 + \mathrm{d}x_2, x_3 + \mathrm{d}x_3)$,新线元 QQ'长度 $\mathrm{d}s$ 的平方为

$$\mathrm{d}s^2 = \mathrm{d}x_1^2 + \mathrm{d}x_2^2 + \mathrm{d}x_3^2 \tag{5.2.10}$$

由式(5.2.6)可得

$$\mathrm{d}\boldsymbol{x}_i = \frac{\partial \boldsymbol{x}_i}{\partial \boldsymbol{a}_j}\mathrm{d}\boldsymbol{a}_j$$

$$\mathrm{d}\boldsymbol{a}_i = \frac{\partial \boldsymbol{a}_i}{\partial \boldsymbol{x}_j}\mathrm{d}\boldsymbol{x}_j$$

则式(5.2.9)和式(5.2.10)可改写为

$$\begin{aligned} \mathrm{d}s_0^2 &= \delta_{ij}\mathrm{d}\boldsymbol{a}_i\boldsymbol{a}_j = \delta_{ij}\frac{\partial \boldsymbol{a}_i}{\partial \boldsymbol{x}_m}\frac{\partial \boldsymbol{a}_j}{\partial \boldsymbol{x}_n}\mathrm{d}\boldsymbol{x}_m\mathrm{d}\boldsymbol{x}_n \\ \mathrm{d}s^2 &= \delta_{ij}\mathrm{d}\boldsymbol{x}_i\boldsymbol{x}_j = \delta_{ij}\frac{\partial \boldsymbol{x}_i}{\partial \boldsymbol{a}_m}\frac{\partial \boldsymbol{x}_j}{\partial \boldsymbol{a}_n}\mathrm{d}\boldsymbol{a}_m\mathrm{d}\boldsymbol{a}_n \end{aligned} \tag{5.2.11}$$

两式相减得

$$ds^2 - ds_0^2 = \left(\delta_{mn}\frac{\partial \boldsymbol{x}_m}{\partial \boldsymbol{a}_i}\frac{\partial \boldsymbol{x}_n}{\partial \boldsymbol{a}_j} - \delta_{ij}\right)d\boldsymbol{a}_i d\boldsymbol{a}_j \tag{5.2.12a}$$

或

$$ds^2 - ds_0^2 = \left(\delta_{ij} - \delta_{mn}\frac{\partial \boldsymbol{a}_m}{\partial \boldsymbol{x}_i}\frac{\partial \boldsymbol{a}_n}{\partial \boldsymbol{x}_j}\right)d\boldsymbol{x}_i d\boldsymbol{x}_j \tag{5.2.12b}$$

为了将变形表示成一个与尺度无关的量，引入应变张量概念，并定义为

$$\begin{aligned}\boldsymbol{E}_{ij} &= \frac{1}{2}\left(\delta_{mn}\frac{\partial \boldsymbol{x}_m}{\partial \boldsymbol{a}_i}\frac{\partial \boldsymbol{x}_n}{\partial \boldsymbol{a}_j} - \delta_{ij}\right)\\ \boldsymbol{\varepsilon}_{ij} &= \frac{1}{2}\left(\delta_{ij} - \delta_{mn}\frac{\partial \boldsymbol{a}_m}{\partial \boldsymbol{x}_i}\frac{\partial \boldsymbol{a}_n}{\partial \boldsymbol{x}_j}\right)\end{aligned} \tag{5.2.13}$$

则式(5.2.12)变为

$$\begin{aligned}ds^2 - ds_0^2 &= 2\boldsymbol{E}_{ij}d\boldsymbol{a}_i d\boldsymbol{a}_j\\ &= 2\boldsymbol{\varepsilon}_{ij}d\boldsymbol{x}_i d\boldsymbol{x}_j\end{aligned} \tag{5.2.14}$$

其中，应变张量 $\boldsymbol{E}_{ij}$ 称为拉格朗日应变，又称格林(Green)应变张量；应变张量 $\boldsymbol{\varepsilon}_{ij}$ 称为欧拉应变，又称阿尔曼西(Almansi)应变张量。由张量的商法则可知，式(5.2.14)中 $\boldsymbol{E}_{ij}$ 和 $\boldsymbol{\varepsilon}_{ij}$ 分别是坐标系 $\boldsymbol{a}_i$ 和 $\boldsymbol{x}_i$ 中的二阶张量。由定义式(5.2.13)可知，应变张量 $\boldsymbol{E}_{ij}$ 和 $\boldsymbol{\varepsilon}_{ij}$ 均为对称张量，即 $\boldsymbol{E}_{ij} = \boldsymbol{E}_{ji}$，$\boldsymbol{\varepsilon}_{ij} = \boldsymbol{\varepsilon}_{ji}$。

对于刚性平移或转动，恒有 $ds = ds_0$，即每个线元的长度保持不变，从而得到应变张量 $\boldsymbol{E}_{ij}$ 和 $\boldsymbol{\varepsilon}_{ij}$ 均为零。反之亦然。

2. 用位移表示应变分量

由式(5.2.5)可知，位移矢量分量 $\boldsymbol{u}_m = \boldsymbol{x}_m - \boldsymbol{a}_m$，分别在两坐标系中求偏导得

$$\begin{aligned}\frac{\partial \boldsymbol{x}_m}{\partial \boldsymbol{a}_i} &= \frac{\partial \boldsymbol{u}_m}{\partial \boldsymbol{a}_i} + \delta_{mi}\\ \frac{\partial \boldsymbol{a}_m}{\partial \boldsymbol{x}_i} &= \delta_{mi} - \frac{\partial \boldsymbol{u}_m}{\partial \boldsymbol{x}_i}\end{aligned} \tag{5.2.15}$$

式(5.2.13)可变为

$$\begin{aligned}\boldsymbol{E}_{ij} &= \frac{1}{2}\left(\delta_{mn}\left(\frac{\partial \boldsymbol{u}_m}{\partial \boldsymbol{a}_i} + \delta_{mi}\right)\left(\frac{\partial \boldsymbol{u}_n}{\partial \boldsymbol{a}_j} + \delta_{nj}\right) - \delta_{ij}\right)\\ &= \frac{1}{2}\left(\frac{\partial \boldsymbol{u}_i}{\partial \boldsymbol{a}_j} + \frac{\partial \boldsymbol{u}_j}{\partial \boldsymbol{a}_i} + \frac{\partial \boldsymbol{u}_m}{\partial \boldsymbol{a}_i}\frac{\partial \boldsymbol{u}_m}{\partial \boldsymbol{a}_j}\right)\\ &= \frac{1}{2}(\boldsymbol{u}_{i,j} + \boldsymbol{u}_{j,i} + \boldsymbol{u}_{m,i}\boldsymbol{u}_{m,j})\end{aligned} \tag{5.2.16}$$

$$\begin{aligned}\boldsymbol{\varepsilon}_{ij} &= \frac{1}{2}\left(\delta_{ij} - \delta_{mn}\left(\delta_{mi} - \frac{\partial \boldsymbol{u}_m}{\partial \boldsymbol{x}_i}\right)\left(\delta_{nj} - \frac{\partial \boldsymbol{u}_n}{\partial x_j}\right)\right)\\ &= \frac{1}{2}\left(\frac{\partial \boldsymbol{u}_i}{\partial \boldsymbol{x}_j} + \frac{\partial \boldsymbol{u}_j}{\partial \boldsymbol{x}_i} - \frac{\partial \boldsymbol{u}_m}{\partial \boldsymbol{x}_i}\frac{\partial \boldsymbol{u}_m}{\partial \boldsymbol{x}_j}\right)\end{aligned}$$

$$= \frac{1}{2}(\boldsymbol{u}_{i,j} + \boldsymbol{u}_{j,i} - \boldsymbol{u}_{m,i}\boldsymbol{u}_{m,j}) \tag{5.2.17}$$

其中,下标中“,”符号表示对其后面的指标求偏导。

当把 x_1, x_2, x_3 写成 x, y, z;a_1, a_2, a_3 写成 a, b, c;u_1, u_2, u_3 写成 u, v, w,则上两式展开得到常见形式

$$\begin{cases} \boldsymbol{E}_{aa} = \dfrac{\partial u}{\partial a} + \dfrac{1}{2}\left[\left(\dfrac{\partial u}{\partial a}\right)^2 + \left(\dfrac{\partial v}{\partial a}\right)^2 ++ \left(\dfrac{\partial w}{\partial a}\right)^2\right] \\ \boldsymbol{E}_{ab} = \dfrac{1}{2}\left[\dfrac{\partial u}{\partial b} + \dfrac{\partial v}{\partial a} + \left(\dfrac{\partial u}{\partial a}\dfrac{\partial u}{\partial b} + \dfrac{\partial w}{\partial a}\dfrac{\partial w}{\partial b}\right)\right] \\ \cdots \end{cases} \tag{5.2.18}$$

$$\begin{cases} \varepsilon_{xx} = \dfrac{\partial u}{\partial x} - \dfrac{1}{2}\left[\left(\dfrac{\partial u}{\partial x}\right)^2 + \left(\dfrac{\partial v}{\partial a}\right)^2 ++ \left(\dfrac{\partial w}{\partial x}\right)^2\right] \\ \varepsilon_{xy} = \dfrac{1}{2}\left[\dfrac{\partial u}{\partial y} + \dfrac{\partial v}{\partial x} - \left(\dfrac{\partial u}{\partial x}\dfrac{\partial u}{\partial y} + \dfrac{\partial v}{\partial x}\dfrac{\partial v}{\partial y} + \dfrac{\partial w}{\partial x}\dfrac{\partial w}{\partial y}\right)\right] \\ \cdots \end{cases} \tag{5.2.19}$$

若位移分量 $\boldsymbol{u}_i$ 的一阶偏导非常小,则可忽略 $\boldsymbol{u}_i$ 一阶偏导的平方以及其二阶偏导,那么,式(5.2.17)～(5.2.19)可简化为小应变张量

$$\varepsilon_{ij} = \frac{1}{2}\left(\frac{\partial \boldsymbol{u}_i}{\partial \boldsymbol{x}_j} + \frac{\partial \boldsymbol{u}_j}{\partial \boldsymbol{x}_i}\right) = \frac{1}{2}(\boldsymbol{u}_{i,j} + \boldsymbol{u}_{j,i}) \tag{5.2.20}$$

展开得

$$\begin{cases} \varepsilon_x = \dfrac{\partial u}{\partial x}, \varepsilon_{xy} = \varepsilon_{yx} = \dfrac{1}{2}\left(\dfrac{\partial u}{\partial y} + \dfrac{\partial v}{\partial x}\right) \\ \varepsilon_y = \dfrac{\partial v}{\partial x}, \varepsilon_{yz} = \varepsilon_{zy} = \dfrac{1}{2}\left(\dfrac{\partial v}{\partial z} + \dfrac{\partial w}{\partial y}\right) \\ \varepsilon_z = \dfrac{\partial w}{\partial z}, \varepsilon_{zx} = \varepsilon_{xz} = \dfrac{1}{2}\left(\dfrac{\partial w}{\partial x} + \dfrac{\partial u}{\partial z}\right) \end{cases} \tag{5.2.21}$$

我们发现,在无限小位移的情况下,拉格朗日应变张量和欧拉应变张量的区别消失了,形成了统一的形式。

通常,我们用 ε 表示单位长度上的线变形,即线应变(或正应变);用 γ 表示角度发生的变化,即角应变(或剪应变)。同时规定,压缩的正应变为正,拉伸的为负;角度变大为正,变小为负。且有

$$\boldsymbol{\varepsilon}_{ij} = \frac{1}{2}\boldsymbol{\gamma}_{ij} \quad (i, j = 1,2,3; i \neq j) \tag{5.2.22}$$

所以,小应变张量可简记为

$$\boldsymbol{\varepsilon}_{ij} = \begin{bmatrix} \varepsilon_x & \frac{1}{2}\gamma_{xy} & \frac{1}{2}\gamma_{xz} \\ \frac{1}{2}\gamma_{yx} & \varepsilon_y & \frac{1}{2}\gamma_{yz} \\ \frac{1}{2}\gamma_{zx} & \frac{1}{2}\gamma_{zy} & \varepsilon_z \end{bmatrix} = \begin{bmatrix} \varepsilon_x & \varepsilon_{xy} & \varepsilon_{xz} \\ \varepsilon_{yx} & \varepsilon_y & \varepsilon_{yz} \\ \varepsilon_{zx} & \varepsilon_{zy} & \varepsilon_z \end{bmatrix} \tag{5.2.23}$$

注意，式(5.2.23)中剪应变分量 $\boldsymbol{\gamma}_{ij}$ 前带有系数$\frac{1}{2}$，若不带该系数则不构成张量，即

$$\begin{bmatrix} \varepsilon_x & \gamma_{xy} & \gamma_{xz} \\ \gamma_{yx} & \varepsilon_y & \gamma_{yz} \\ \gamma_{zx} & \gamma_{zy} & \varepsilon_z \end{bmatrix}$$

不满足坐标变换关系，不是张量。所以，为了书写简洁，常用小应变张量形式，即

$$\varepsilon_{ij} = \begin{bmatrix} \varepsilon_x & \varepsilon_{xy} & \varepsilon_{xz} \\ \varepsilon_{yx} & \varepsilon_y & \varepsilon_{yz} \\ \varepsilon_{zx} & \varepsilon_{zy} & \varepsilon_z \end{bmatrix}$$

3. 应变张量的分解

类似于应力张量，应变张量也可以分解为两部分，即

$$\boldsymbol{\varepsilon}_{ij} = \begin{bmatrix} \varepsilon_x & \varepsilon_{xy} & \varepsilon_{xz} \\ \varepsilon_{yx} & \varepsilon_y & \varepsilon_{yz} \\ \varepsilon_{zx} & \varepsilon_{zy} & \varepsilon_z \end{bmatrix} = \begin{bmatrix} \varepsilon_0 & & \\ & \varepsilon_0 & \\ & & \varepsilon_0 \end{bmatrix} + \begin{bmatrix} \varepsilon_x - \varepsilon_0 & \varepsilon_{xy} & \varepsilon_{xz} \\ \varepsilon_{yx} & \varepsilon_y - \varepsilon_0 & \varepsilon_{yz} \\ \varepsilon_{zx} & \varepsilon_{zy} & \varepsilon_z - \varepsilon_0 \end{bmatrix} \tag{5.2.24}$$

式中，$\varepsilon_0 = \frac{1}{3}\varepsilon_{kk}$，即正应变的平均值，称为平均应变。若令

$$\boldsymbol{\varepsilon}'_{ij} = \boldsymbol{\varepsilon}_{ij} - \delta_{ij}\varepsilon_0 = \begin{bmatrix} \varepsilon_x - \varepsilon_0 & \varepsilon_{xy} & \varepsilon_{xz} \\ \varepsilon_{yx} & \varepsilon_y - \varepsilon_0 & \varepsilon_{yz} \\ \varepsilon_{zx} & \varepsilon_{zy} & \varepsilon_z - \varepsilon_0 \end{bmatrix} \tag{5.2.25}$$

则式(5.2.24)可简写为

$$\boldsymbol{\varepsilon}_{ij} = \varepsilon_0\delta_{ij} + \boldsymbol{\varepsilon}'_{ij} \tag{5.2.26}$$

式中，$\varepsilon_0\delta_{ij}$ 称为应变球张量，$\boldsymbol{\varepsilon}'_{ij}$ 称为应变偏张量。应变球张量表示材料微元体的各个方向受相同的伸缩变形，其只引起微元体的体积改变，而不改变其形状。应变偏张量中三个正应变分量之和为零，即不产生体积改变，只产生形状改变。所以，应变球张量 $\varepsilon_0\delta_{ij}$ 反映的是应变中与体积变化对应的部分，而应变偏张量 $\boldsymbol{\varepsilon}'_{ij}$ 反映的是应变中与形状变化对应的部分。

5.2.3 主应变和应变不变量

类似于应力张量，在研究应变问题时，也可以找到三个互相垂直的平面，在这些平面上没有剪应变，这样的平面称为主平面，这些平面的法线方向称为主方向。对应于主方向的正应变称为主应变，记为 $\varepsilon_1, \varepsilon_2, \varepsilon_3$，一般约定 $\varepsilon_1 \geqslant \varepsilon_2 \geqslant \varepsilon_3$。应变张量的特征方程为

$$|\boldsymbol{\varepsilon}_{ij} - \lambda\delta_{ij}| = 0 \tag{5.2.27}$$

行列式展开得

$$\lambda^3 - I_1\lambda^2 + I_2\lambda - I_3 = 0 \tag{5.2.28}$$

式中，I_1, I_2, I_3 分别称为第一、第二、第三应变不变量，且有

$$\begin{aligned} I_1 &= \varepsilon_x + \varepsilon_y + \varepsilon_z \\ I_2 &= \varepsilon_x\varepsilon_y + \varepsilon_y\varepsilon_z + \varepsilon_z\varepsilon_x - (\varepsilon_{xy}^2 + \varepsilon_{yz}^2 + \varepsilon_{zx}^2) \\ I_3 &= \varepsilon_x\varepsilon_y\varepsilon_z + 2\varepsilon_{xy}\varepsilon_{yz}\varepsilon_{zx} - (\varepsilon_x\varepsilon_{yz}^2 + \varepsilon_y\varepsilon_{zx}^2 + \varepsilon_z\varepsilon_{xy}^2) \end{aligned} \tag{5.2.29}$$

又解得特征值即为主应变 $\varepsilon_1, \varepsilon_2, \varepsilon_3$，故以主应变表示的应变不变量为

$$\begin{aligned} I_1 &= \operatorname{tr}\boldsymbol{\varepsilon}_{ij} = \boldsymbol{\varepsilon}_{ii} = \varepsilon_1 + \varepsilon_2 + \varepsilon_3 \\ I_2 &= \frac{1}{2}[(\operatorname{tr}\boldsymbol{\varepsilon}_{ij})^2 - \operatorname{tr}\boldsymbol{\varepsilon}_{ij}^2] = \frac{1}{2}(\boldsymbol{\varepsilon}_{ii}\boldsymbol{\varepsilon}_{jj} - \boldsymbol{\varepsilon}_{ij}\boldsymbol{\varepsilon}_{ij}) = \varepsilon_1\varepsilon_2 + \varepsilon_2\varepsilon_3 + \varepsilon_3\varepsilon_1 \\ I_3 &= \det\boldsymbol{\varepsilon}_{ij} = \varepsilon_1\varepsilon_2\varepsilon_3 \end{aligned} \tag{5.2.30}$$

如果用主应变表示式(5.2.24)，则有

$$\boldsymbol{\varepsilon}_{ij} = \begin{bmatrix} \dfrac{\varepsilon_1 + \varepsilon_2 + \varepsilon_3}{3} & & \\ & \dfrac{\varepsilon_1 + \varepsilon_2 + \varepsilon_3}{3} & \\ & & \dfrac{\varepsilon_1 + \varepsilon_2 + \varepsilon_3}{3} \end{bmatrix} + \begin{bmatrix} \dfrac{2\varepsilon_1 - \varepsilon_2 - \varepsilon_3}{3} & & \\ & \dfrac{2\varepsilon_2 - \varepsilon_1 - \varepsilon_3}{3} & \\ & & \dfrac{2\varepsilon_3 - \varepsilon_1 - \varepsilon_2}{3} \end{bmatrix}$$

5.2.4 相关张量

1. 位移梯度张量

定义 位移场的 9 个一阶偏导数的集合为位移梯度张量(或变形梯度张量)，

即为

$$\boldsymbol{u}\nabla=\begin{bmatrix}\dfrac{\partial u}{\partial x} & \dfrac{\partial u}{\partial y} & \dfrac{\partial u}{\partial z}\\ \dfrac{\partial v}{\partial x} & \dfrac{\partial v}{\partial y} & \dfrac{\partial v}{\partial z}\\ \dfrac{\partial w}{\partial x} & \dfrac{\partial w}{\partial y} & \dfrac{\partial w}{\partial z}\end{bmatrix} \tag{5.2.31a}$$

其中，位移矢量取右梯度（参见第 4.3 节）。若对上式进行加法分解，可得对称张量 $\boldsymbol{\varepsilon}_{ij}$ 和反对称张量 $\boldsymbol{\omega}_{ij}$ 两部分，即有

$$\begin{aligned}\boldsymbol{u}\nabla&=\boldsymbol{\varepsilon}_{ij}+\boldsymbol{\omega}_{ij}=\frac{1}{2}(\boldsymbol{u}\nabla+\nabla\boldsymbol{u})+\frac{1}{2}(\boldsymbol{u}\nabla-\nabla\boldsymbol{u})\\ &=\begin{bmatrix}\dfrac{\partial u}{\partial x} & \dfrac{1}{2}\left(\dfrac{\partial u}{\partial y}+\dfrac{\partial v}{\partial x}\right) & \dfrac{1}{2}\left(\dfrac{\partial u}{\partial z}+\dfrac{\partial w}{\partial x}\right)\\ \dfrac{1}{2}\left(\dfrac{\partial u}{\partial y}+\dfrac{\partial v}{\partial x}\right) & \dfrac{\partial v}{\partial y} & \dfrac{1}{2}\left(\dfrac{\partial v}{\partial z}+\dfrac{\partial w}{\partial y}\right)\\ \dfrac{1}{2}\left(\dfrac{\partial u}{\partial z}+\dfrac{\partial w}{\partial x}\right) & \dfrac{1}{2}\left(\dfrac{\partial v}{\partial z}+\dfrac{\partial w}{\partial y}\right) & \dfrac{\partial w}{\partial z}\end{bmatrix}\\ &\quad+\begin{bmatrix}0 & \dfrac{1}{2}\left(\dfrac{\partial u}{\partial y}-\dfrac{\partial v}{\partial x}\right) & \dfrac{1}{2}\left(\dfrac{\partial u}{\partial z}-\dfrac{\partial w}{\partial x}\right)\\ -\dfrac{1}{2}\left(\dfrac{\partial u}{\partial y}-\dfrac{\partial v}{\partial x}\right) & 0 & \dfrac{1}{2}\left(\dfrac{\partial v}{\partial z}-\dfrac{\partial w}{\partial y}\right)\\ -\dfrac{1}{2}\left(\dfrac{\partial u}{\partial z}-\dfrac{\partial w}{\partial x}\right) & -\dfrac{1}{2}\left(\dfrac{\partial v}{\partial z}-\dfrac{\partial w}{\partial y}\right) & 0\end{bmatrix}\end{aligned} \tag{5.2.31b}$$

可见，对称张量部分 $\boldsymbol{\varepsilon}_{ij}$ 即为小应变张量，反映了微元体的线变形和角变形；反对称张量部分 $\boldsymbol{\omega}_{ij}$ 称为转动张量，反映了整体的刚性转动。

用泰勒展开点 $P(x,y,z)$ 至点 $P'(x+\mathrm{d}x,y+\mathrm{d}y,z+\mathrm{d}z)$ 的位移，并略去高次项，有

$$\begin{cases}u(x+\mathrm{d}x,y+\mathrm{d}y,z+\mathrm{d}z)=u(x,y,z)+\dfrac{\partial u}{\partial x}\mathrm{d}x+\dfrac{\partial u}{\partial y}\mathrm{d}y+\dfrac{\partial u}{\partial z}\mathrm{d}z\\ v(x+\mathrm{d}x,y+\mathrm{d}y,z+\mathrm{d}z)=v(x,y,z)+\dfrac{\partial v}{\partial x}\mathrm{d}x+\dfrac{\partial v}{\partial y}\mathrm{d}y+\dfrac{\partial v}{\partial z}\mathrm{d}z\\ w(x+\mathrm{d}x,y+\mathrm{d}y,z+\mathrm{d}z)=w(x,y,z)+\dfrac{\partial w}{\partial x}\mathrm{d}x+\dfrac{\partial w}{\partial y}\mathrm{d}y+\dfrac{\partial w}{\partial z}\mathrm{d}z\end{cases} \tag{5.2.32a}$$

即

$$\boldsymbol{u}(\boldsymbol{r}+\mathrm{d}\boldsymbol{r})=\boldsymbol{u}(\boldsymbol{r})+(\boldsymbol{u}\nabla)\cdot\mathrm{d}\boldsymbol{r} \tag{5.2.32b}$$

把式(5.2.31b)式代入得

$$\boldsymbol{u}(\boldsymbol{r}+\mathrm{d}\boldsymbol{r})=\boldsymbol{u}(\boldsymbol{r})+\boldsymbol{\varepsilon}\cdot\mathrm{d}\boldsymbol{r}+\boldsymbol{\omega}\cdot\mathrm{d}\boldsymbol{r} \tag{5.2.32c}$$

可见,位移体现了变形运动和刚性运动,即不仅包含应变张量 $\boldsymbol{\varepsilon}_{ij}$(表征线变形和角变形),还包含了刚性平移 $\boldsymbol{u}(r)$和刚性旋转 $\boldsymbol{\omega}_{ij}$。

2. 应变率张量

在小变形条件下,应变张量可简写为式(5.2.20),即

$$\boldsymbol{\varepsilon}_{ij} = \frac{1}{2}\left(\frac{\partial \boldsymbol{u}_i}{\partial x_j} + \frac{\partial \boldsymbol{u}_j}{\partial x_i}\right)$$

由于位移 $\boldsymbol{u}_i = \boldsymbol{v}_i \mathrm{d}t$,$\mathrm{d}t$ 为无限小时间段。所以,有

$$\begin{aligned} \boldsymbol{\varepsilon}_{ij} &= \frac{1}{2}\left(\frac{\partial \boldsymbol{u}_i}{\partial \boldsymbol{x}_j} + \frac{\partial \boldsymbol{u}_j}{\partial \boldsymbol{x}_i}\right) = \frac{1}{2}\left(\frac{\partial \boldsymbol{v}_i}{\partial \boldsymbol{x}_j} + \frac{\partial \boldsymbol{v}_j}{\partial \boldsymbol{x}_i}\right)\mathrm{d}t \\ \dot{\boldsymbol{\varepsilon}}_{ij} &= \frac{1}{2}\left(\frac{\partial \dot{\boldsymbol{u}}_i}{\partial x_j} + \frac{\partial \dot{\boldsymbol{u}}_j}{\partial x_i}\right) \end{aligned} \tag{5.2.33}$$

式中,$\dot{\boldsymbol{\varepsilon}}_{ij}$称为应变率张量(或变形速度张量),即为应变对时间的变化率。其展开式为

$$\begin{cases} \dot{\varepsilon}_x = \dfrac{\partial \dot{u}}{\partial x}, \dot{\varepsilon}_{xy} = \dot{\varepsilon}_{yx} = \dfrac{1}{2}\left(\dfrac{\partial \dot{u}}{\partial y} + \dfrac{\partial \dot{v}}{\partial x}\right) \\ \dot{\varepsilon}_y = \dfrac{\partial \dot{v}}{\partial x}, \dot{\varepsilon}_{yz} = \dot{\varepsilon}_{zy} = \dfrac{1}{2}\left(\dfrac{\partial \dot{v}}{\partial z} + \dfrac{\partial \dot{w}}{\partial y}\right) \\ \dot{\varepsilon}_z = \dfrac{\partial \dot{w}}{\partial z}, \dot{\varepsilon}_{zx} = \dot{\varepsilon}_{xz} = \dfrac{1}{2}\left(\dfrac{\partial \dot{w}}{\partial x} + \dfrac{\partial \dot{u}}{\partial z}\right) \end{cases} \tag{5.2.34}$$

其矩阵形式为

$$\dot{\boldsymbol{\varepsilon}}_{ij} = \begin{bmatrix} \dot{\varepsilon}_x & \dot{\varepsilon}_{xy} & \dot{\varepsilon}_{xz} \\ \dot{\varepsilon}_{yx} & \dot{\varepsilon}_y & \dot{\varepsilon}_{yz} \\ \dot{\varepsilon}_{zx} & \dot{\varepsilon}_{zy} & \dot{\varepsilon}_z \end{bmatrix} \tag{5.2.35}$$

又因为微元体的速度场为 $\boldsymbol{v} = \boldsymbol{v}(x_1, x_2, x_3, t)$,考虑同一时刻(即固定参数 t),对速度进行加法分解得

$$\mathrm{d}\boldsymbol{v}_i = \frac{\partial \boldsymbol{v}_i}{\partial \boldsymbol{x}_j}\mathrm{d}\boldsymbol{x}_j = \dot{\boldsymbol{\varepsilon}}_{ij}\mathrm{d}\boldsymbol{x}_j + \dot{\boldsymbol{\omega}}_{ij}\mathrm{d}\boldsymbol{x}_j \tag{5.2.36a}$$

式中,对称部分 $\dot{\boldsymbol{\varepsilon}}_{ij}$ 即为应变率张量,反对称部分 $\dot{\boldsymbol{\omega}}_{ij}$ 为

$$\dot{\boldsymbol{\omega}}_{ij} = \frac{1}{2}\left(\frac{\partial \boldsymbol{v}_i}{\partial \boldsymbol{x}_j} - \frac{\partial \boldsymbol{v}_j}{\partial \boldsymbol{x}_i}\right)$$

上式也可写为

$$\boldsymbol{v}\,\nabla = \frac{\partial \boldsymbol{v}_i}{\partial \boldsymbol{x}_j} = \dot{\boldsymbol{\varepsilon}}_{ij} + \dot{\boldsymbol{\omega}}_{ij} \tag{5.2.36b}$$

这就是速度梯度张量。所以,应变率张量$\dot{\boldsymbol{\varepsilon}}_{ij}$是速度梯度张量 $\boldsymbol{v}\,\nabla$的对称部分,反映的是因变形引起的速度变化;二阶反对称张量$\dot{\boldsymbol{\omega}}_{ij}$反映的是微元体做刚体转动引起

的速度变化。

5.2.5　小变形的应变协调方程

在研究煤岩材料受力变形时,一般取微正六面体进行分析。材料在变形时,各相邻微元体不能是互相无关的,必然存在相互关联。材料在变形前是连续的,变形后仍然视为连续。也就是说,应变之间应该存在某种关联性,其互相之间关联关系的数学表达式称为应变协调方程(或相容方程)。

消去式(5.2.21)中的位移分量,可得到应变之间的6个关系表达式:

$$\begin{cases} \dfrac{\partial^2 \varepsilon_x}{\partial y \partial z} = \dfrac{\partial}{\partial x}\left(-\dfrac{\partial \varepsilon_{yz}}{\partial x} + \dfrac{\partial \varepsilon_{zx}}{\partial y} + \dfrac{\partial \varepsilon_{xy}}{\partial z}\right) \\ \dfrac{\partial^2 \varepsilon_y}{\partial z \partial x} = \dfrac{\partial}{\partial y}\left(\dfrac{\partial \varepsilon_{zy}}{\partial x} - \dfrac{\partial \varepsilon_{zx}}{\partial y} + \dfrac{\partial \varepsilon_{xy}}{\partial z}\right) \\ \dfrac{\partial^2 \varepsilon_z}{\partial x \partial y} = \dfrac{\partial}{\partial z}\left(\dfrac{\partial \varepsilon_{vz}}{\partial x} + \dfrac{\partial \varepsilon_{zx}}{\partial y} - \dfrac{\partial \varepsilon_{xy}}{\partial z}\right) \\ 2\dfrac{\partial^2 \varepsilon_{xy}}{\partial x \partial y} = \dfrac{\partial^2 \varepsilon_y}{\partial x^2} + \dfrac{\partial^2 \varepsilon_x}{\partial y^2} \\ 2\dfrac{\partial^2 \varepsilon_{yz}}{\partial y \partial z} = \dfrac{\partial^2 \varepsilon_z}{\partial y^2} + \dfrac{\partial^2 \varepsilon_y}{\partial z^2} \\ 2\dfrac{\partial^2 \varepsilon_{zx}}{\partial z \partial x} = \dfrac{\partial^2 \varepsilon_x}{\partial z^2} + \dfrac{\partial^2 \varepsilon_z}{\partial x^2} \end{cases} \tag{5.2.37}$$

即为小变形条件下的应变协调方程(或变形协调方程),因由圣维南(Saint-Venant)首次导出,故又称为圣维南方程。上式可统一简写为

$$\boldsymbol{\varepsilon}_{ij,mn} + \boldsymbol{\varepsilon}_{mn,ij} - \boldsymbol{\varepsilon}_{im,jn} - \boldsymbol{\varepsilon}_{jn,im} = 0 \tag{5.2.38}$$

应变协调方程的物理意义是:如果将变形材料分解为许多微元体,每个微元体的变形都用6个应变张量分量来描述。若应变张量分量不满足此应变协调方程,则这些微元体不能构成一个连续体,即产生了裂隙或发生了重叠。满足了应变协调方程才能保证变形前后材料的连续性。

5.2.6　正交曲线坐标系中的应变表示

在求解具有曲线或曲面边界的煤岩力学问题时,选用正交曲线坐标系会给求解带来便捷。在小变形条件下,在于柱坐标系 r,θ,z 中,应变张量的展开式为

$$\begin{cases}\varepsilon_r = \dfrac{\partial u_r}{\partial r}, \varepsilon_{r\theta} = \varepsilon_{\theta r} = \dfrac{1}{2}\left(\dfrac{1}{r}\dfrac{\partial u_r}{\partial \theta} + \dfrac{\partial u_\theta}{\partial r} + \dfrac{\partial u_\theta}{r}\right) \\ \varepsilon_\theta = \dfrac{1}{r}\dfrac{\partial u_\theta}{\partial \theta} + \dfrac{u_r}{r}, \varepsilon_{\theta z} = \varepsilon_{z\theta} = \dfrac{1}{2}\left(\dfrac{\partial u_\theta}{\partial z} + \dfrac{1}{r}\dfrac{\partial u_z}{\partial \theta}\right) \\ \varepsilon_z = \dfrac{\partial u_z}{\partial z}, \varepsilon_{zr} = \varepsilon_{rz} = \dfrac{1}{2}\left(\dfrac{\partial u_z}{\partial r} + \dfrac{\partial u_r}{\partial z}\right)\end{cases} \tag{5.2.39}$$

在球坐标系 r,θ,φ 中,应变张量的展开式为

$$\begin{cases}\varepsilon_r = \dfrac{\partial u_r}{\partial r}, \varepsilon_{r\theta} = \varepsilon_{\theta r} = \dfrac{1}{2}\left(\dfrac{1}{r}\dfrac{\partial u_r}{\partial \theta} + \dfrac{\partial u_\theta}{\partial r} + \dfrac{\partial u_\theta}{r}\right) \\ \varepsilon_\theta = \dfrac{1}{r}\dfrac{\partial u_\theta}{\partial \theta} + \dfrac{u_r}{r}, \varepsilon_{\theta\varphi} = \varepsilon_{\varphi\theta} = \dfrac{1}{2r}\left(\dfrac{\partial u_\varphi}{\partial \theta} - u_\varphi \cot\theta + \dfrac{1}{\sin\theta}\dfrac{\partial u_\theta}{\partial \varphi}\right) \\ \varepsilon_\varphi = \dfrac{1}{r\sin\theta}\dfrac{\partial u_\varphi}{\partial \varphi} + \cot\theta\dfrac{u_\theta}{r} + \dfrac{u_r}{r}, \varepsilon_{\varphi r} = \varepsilon_{r\varphi} = \dfrac{1}{2}\left(\dfrac{1}{r\sin\theta}\dfrac{\partial u_r}{\partial \varphi} + \dfrac{\partial u_\varphi}{\partial r} - \dfrac{\partial u_\varphi}{r}\right)\end{cases} \tag{5.2.40}$$

在正交曲线坐标系中的应变张量公式可归纳为

$$\begin{cases}\boldsymbol{\varepsilon}_{ii} = \dfrac{1}{\boldsymbol{h}_i}\left(\dfrac{\partial \boldsymbol{u}_i}{\partial \boldsymbol{x}_i} + \sum\limits_{j=1, j\neq i}^{3} \boldsymbol{u}_j \dfrac{\partial \boldsymbol{h}_i}{\boldsymbol{h}_j \partial \boldsymbol{x}_j}\right) \\ \boldsymbol{\varepsilon}_{ij} = \dfrac{1}{2}\left[\dfrac{\boldsymbol{h}_i}{\boldsymbol{h}_j}\dfrac{\partial}{\partial \boldsymbol{x}_j}\left(\dfrac{\boldsymbol{u}_i}{\boldsymbol{h}_i}\right) + \dfrac{\boldsymbol{h}_j}{\boldsymbol{h}_i}\dfrac{\partial}{\partial \boldsymbol{x}_i}\left(\dfrac{\boldsymbol{u}_j}{\boldsymbol{h}_j}\right)\right] \quad (i \neq j)\end{cases} \tag{5.2.41}$$

综合可得

$$\boldsymbol{\varepsilon}_{ij} = \frac{1}{2}\left[\frac{1}{\boldsymbol{h}_i}\frac{\partial \boldsymbol{u}_j}{\partial \boldsymbol{x}_i} + \frac{1}{\boldsymbol{h}_j}\frac{\partial \boldsymbol{u}_i}{\partial \boldsymbol{x}_j} + \sum_{k=1}^{3}\frac{\boldsymbol{u}_k}{\boldsymbol{h}_k}\left(\frac{\partial \boldsymbol{h}_i}{\boldsymbol{h}_j \partial \boldsymbol{x}_k} + \frac{\partial \boldsymbol{h}_j}{\boldsymbol{h}_i \partial \boldsymbol{x}_k}\right)\right] \tag{5.2.42}$$

对式(5.2.39),消去其位移分量,可得柱坐标系中的应变协调方程

$$\begin{cases}\dfrac{1}{r}\dfrac{\partial^2 \varepsilon_r}{\partial \theta \partial z} = \dfrac{1}{r^2}\dfrac{\partial^2 (r^2 \varepsilon_{r\theta})}{\partial r \partial z} + \dfrac{\partial^2}{\partial r \partial \theta}\left(\dfrac{\varepsilon_{rz}}{r}\right) - \dfrac{\partial}{\partial r}\left[\dfrac{1}{r}\dfrac{\partial (r\varepsilon_{\theta z})}{\partial r}\right] \\ \dfrac{r}{2}\dfrac{\partial}{\partial z}\left[\varepsilon_r - \dfrac{\partial (r\varepsilon_\theta)}{\partial r}\right] = \dfrac{\partial^2 \varepsilon_{rz}}{\partial \theta^2} - \dfrac{\partial^2 (r\varepsilon_{\theta z})}{\partial r \partial \theta} - \dfrac{\partial^2 (r\varepsilon_{r\theta})}{\partial \theta \partial z} \\ \dfrac{\partial^2}{\partial r \partial \theta}\left(\dfrac{\varepsilon_z}{r}\right) = r\dfrac{\partial^2}{\partial r \partial z}\left(\dfrac{\varepsilon_{\theta z}}{r}\right) + \dfrac{1}{r}\dfrac{\partial^2 \varepsilon_{r\theta}}{\partial \theta \partial z} - \dfrac{\partial^2 \varepsilon_{r\theta}}{\partial z^2} \\ 2\dfrac{\partial^2 (r\varepsilon_{r\theta})}{\partial r \partial \theta} = \dfrac{\partial^2 \varepsilon_r}{\partial \theta^2} + \dfrac{\partial}{\partial r}\left(r^2 \dfrac{\partial \varepsilon_\theta}{\partial r}\right) - r\dfrac{\partial \varepsilon_r}{\partial r} \\ 2\dfrac{\partial^2 \varepsilon_{rz}}{\partial r \partial z} = \dfrac{\partial^2 \varepsilon_z}{\partial r^2} + \dfrac{\partial^2 \varepsilon_r}{\partial z^2} \\ 2\dfrac{\partial}{\partial z}\left(\dfrac{\partial \varepsilon_{\theta z}}{\partial \theta} + \varepsilon_{r\theta}\right) = r\dfrac{\partial^2 \varepsilon_\theta}{\partial z^2} + \dfrac{1}{r}\dfrac{\partial^2 \varepsilon_z}{\partial \theta^2} + \dfrac{\partial \varepsilon_z}{\partial r}\end{cases} \tag{5.2.43}$$

对式(5.2.40),消去其位移分量,可得球坐标系中的应变协调方程

$$
\left\{
\begin{aligned}
&\frac{2}{r}\frac{\partial^2\varepsilon_{r\theta}}{\partial r\partial\theta}-\frac{1}{r^2}\frac{\partial^2\varepsilon_{rr}}{\partial\theta^2}-\frac{\partial^2\varepsilon_{\theta\theta}}{\partial r^2}+\frac{1}{r}\frac{\partial}{\partial r}(\varepsilon_{rr}-2\varepsilon_{\theta\theta})+\frac{2}{r^2}\frac{\partial\varepsilon_{r\theta}}{\partial\theta}=0\\
&\frac{1}{r}\frac{\partial}{\partial\theta}\left(\frac{1}{r\sin\theta}\frac{\partial\varepsilon_{rr}}{\partial\varphi}\right)+\frac{\partial^2\varepsilon_{\theta\varphi}}{\partial r^2}-\frac{1}{r}\frac{\partial^2\varepsilon_{r\varphi}}{\partial r\partial\theta}-\frac{\partial}{\partial r}\left(\frac{1}{r\sin\theta}\frac{\partial\varepsilon_{r\theta}}{\partial\varphi}\right)\\
&\quad+\frac{\cot\theta}{r^2}\left(\varepsilon_{r\varphi}+r\frac{\partial\varepsilon_{r\varphi}}{\partial r}\right)+\frac{2}{r}\frac{\partial\varepsilon_{\theta\varphi}}{\partial r}-\frac{1}{r^2}\frac{\partial\varepsilon_{r\varphi}}{\partial\theta}-\frac{2}{r^2\sin\theta}\frac{\partial\varepsilon_{r\theta}}{\partial\varphi}=0\\
&\frac{2}{r\sin\theta}\frac{\partial^2\varepsilon_{r\varphi}}{\partial r\partial\varphi}-\frac{\partial^2\varepsilon_{\varphi\varphi}}{\partial r^2}-\frac{1}{r^2\sin^2\theta}\frac{\partial^2\varepsilon_{rr}}{\partial\varphi^2}+\frac{2\cot\theta}{r^2}\varepsilon_{r\theta}-\frac{1}{r^2}\varepsilon_{\theta\varphi}\\
&\quad+\frac{1}{r}\frac{\partial}{\partial r}(\varepsilon_{rr}-2\varepsilon_{\varphi\varphi})+\frac{2\cot\theta}{r}\frac{\partial\varepsilon_{r\theta}}{\partial r}-\frac{\cot\theta}{r^2}\frac{\partial\varepsilon_{rr}}{\partial\theta}+\frac{2}{r^2\sin\theta}\frac{\partial\varepsilon_{r\varphi}}{\partial\varphi}=0\\
&\frac{1}{r^2}\frac{\partial^2\varepsilon_{r\varphi}}{\partial\theta^2}+\frac{\partial}{\partial r}\left(\frac{1}{r\sin\theta}\frac{\partial\varepsilon_{\theta\theta}}{\partial\varphi}\right)-\frac{1}{r}\frac{\partial}{\partial\theta}\left(\frac{1}{r\sin\theta}\frac{\partial\varepsilon_{r\theta}}{\partial\varphi}\right)-\frac{1}{r}\frac{\partial^2\varepsilon_{\theta\varphi}}{\partial r\partial\theta}+\frac{1}{r^2}(1-\cot^2\theta)\varepsilon_{r\varphi}\\
&\quad+\frac{\cot\theta}{r^2}\frac{\partial\varepsilon_{r\varphi}}{\partial\theta}-\frac{2\cot\theta}{r}\frac{\partial\varepsilon_{\theta\varphi}}{\partial r}-\frac{1}{r^2\sin\theta}\frac{\partial}{\partial\varphi}(\varepsilon_{rr}-\varepsilon_{\theta\theta})=0\\
&\frac{\partial}{\partial r}\left(\frac{1}{r}\frac{\partial\varepsilon_{\varphi\varphi}}{\partial\theta}\right)+\frac{1}{r^2\sin^2\theta}\frac{\partial^2\varepsilon_{r\theta}}{\partial\varphi^2}-\frac{1}{r\sin\theta}\frac{\partial^2\varepsilon_{\theta\varphi}}{\partial r\partial\varphi}-\frac{1}{r^2\sin^2\theta}\frac{\partial^2(\sin\theta\varepsilon_{r\varphi})}{\partial\theta\partial\varphi}\\
&\quad+\frac{2}{r^2}\varepsilon_{r\theta}-\frac{\cot\theta}{r}\frac{\partial}{\partial r}(\varepsilon_{\theta\theta}-\varepsilon_{\varphi\varphi})-\frac{2}{r^2}\frac{\partial}{\partial\theta}(\varepsilon_{rr}-\varepsilon_{\varphi\varphi})=0\\
&\frac{2}{r^2\sin\theta}\frac{\partial^2\varepsilon_{\theta\varphi}}{\partial\theta\partial\varphi}-\frac{1}{r^2\sin^2\theta}\frac{\partial^2\varepsilon_{\theta\theta}}{\partial\varphi^2}-\frac{1}{r^2}\frac{\partial^2\varepsilon_{\varphi\varphi}}{\partial\theta^2}+\frac{2}{r^2}(\varepsilon_{rr}-\varepsilon_{\theta\theta}+\varepsilon_{r\theta}\cot\theta)\\
&\quad-\frac{1}{r}\frac{\partial}{\partial r}(\varepsilon_{\theta\theta}+\varepsilon_{\varphi\varphi})+\frac{\cot\theta}{r^2}\left(\frac{\partial\varepsilon_{\theta\theta}}{\partial\theta}-2\frac{\partial\varepsilon_{\varphi\varphi}}{\partial\theta}+\frac{2}{\sin\theta}\frac{\partial\varepsilon_{\theta\varphi}}{\partial\varphi}\right)\\
&\quad+\frac{2}{r^2}\left(\frac{\partial\varepsilon_{r\theta}}{\partial\theta}+\frac{1}{\sin\theta}\frac{\partial\varepsilon_{r\varphi}}{\partial\varphi}\right)=0
\end{aligned}
\right.
\tag{5.2.43}
$$

5.3　煤岩变形动力学

前面两节主要介绍了煤岩作为一般弹塑性固体材料的基本应力、应变性质，在推演过程中没有考虑应力与应变的内在联系。实际上，应力与应变是相辅相成的，有应力就会有应变，反之，有应变也就会有应力。对于煤岩材料，在一定的条件下，其应力与应变关系是确定的，是煤岩材料的固有特性。

5.3.1　应力应变关系

煤岩应力应变关系描述的是煤岩材料的固有特性，故又称为煤岩材料的本构关系(或本构方程)。材料的本构关系式是描述材料特性的,如力学、热学、电磁学等特性。

1. **本构关系应遵循的原则**

(1) 坐标变换不变性原则

建立的本构关系应与坐标系的选择无关,这正是采用张量进行描述的益处。

(2) 确定性原则

材料本构关系不仅要反映现时的应力应变关系,而且还要能反映之前所有作用历史的影响,即材料本构关系应由其作用的全部过程所确定。

(3) 局部作用原则

材料内某质点仅受到无限小的邻域内其他质点从无限远的过去到现在的力学影响,而与有限远的其他质点无关,即可忽略有限远的质点带来的影响。

(4) 记忆衰退原则

遥远过去发生的应变对于确定现时应力的影响比刚刚过去发生的应变的影响要小得多,即材料对作用的记忆是随时间而衰退的。

2. **应力应变曲线**

(1) 单轴压缩应力应变曲线

图 5.3.1 为典型的煤岩应力应变全过程曲线,当应力较低时(OA 段),材料内部的孔隙、裂隙被压实,应力增加不大,而应变较大,形成早期的非线性变形;在煤岩压实后,应力与应变呈现线性增长(AB 段),符合胡克定律,其中 B 点的应力称为屈服强度(或弹性极限);随着应力的增加,材料的微裂纹发育扩展,应力与应变之间表现为非线性增长(BC 段),呈现一定的应变硬化现象,材料表现为塑性变形,其中 C 点的应力称为强度极限(压缩强度极限或拉伸强度极限);在 C 点附近,材料出现宏观裂纹,材料总体积从收缩转为扩张,出现扩容现象,且随着应变的增加,应力不断变小,出现应力松弛,整个 CD 段称为应变软化阶段,也是裂隙不稳定发展至破裂阶段;至 DE 段,裂隙快速发展,形成宏观断裂面,材料沿断裂面滑移,应力随应变增加而迅速下降,但不降到零,显示了材料的残余强度(E 点应力)。

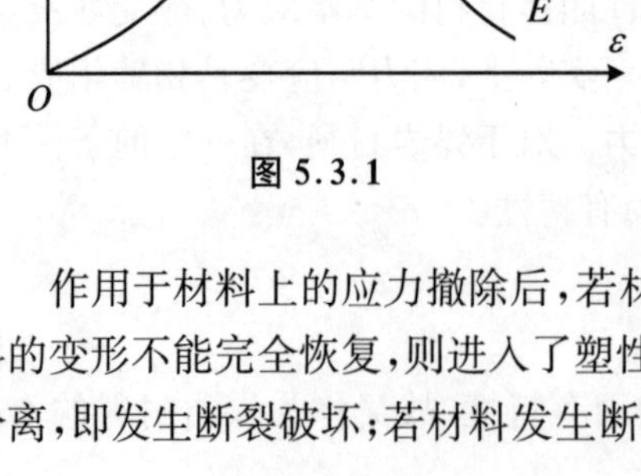

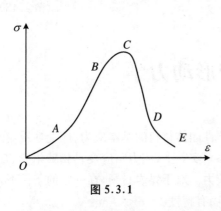

图 5.3.1

作用于材料上的应力撤除后,若材料的变形可以恢复,则属于弹性阶段;若材料的变形不能完全恢复,则进入了塑性阶段;若材料在应力达到一定值时发生宏观分离,即发生断裂破坏;若材料发生断裂时几乎没有发生永久变形,则材料为脆性材料，反之为延性材料；若材料的特性与方向无关，则为各向同性材料，反之为各向异性材料。

（2）三轴压缩应力应变曲线

对于工程实践中的煤岩体，一般均处于三向应力状态。通常分为两类，即常规三轴（$\sigma_1>\sigma_2=\sigma_3>0$）和真三轴（$\sigma_1>\sigma_2>\sigma_3>0$）应力状态。图5.3.2为不同围压下花岗岩的偏差应力应变曲线，在破坏前，材料应变随围压的增加而增大，且材料由脆性逐渐向延性转化。

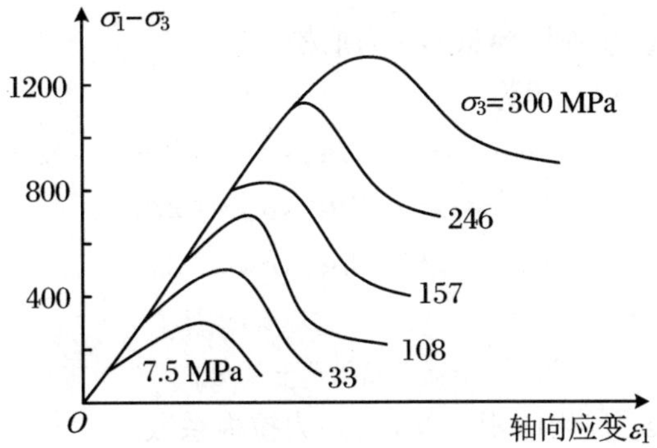

图 5.3.2

3. 三维直角坐标系中的应力应变关系

对于最简单的情形，即只当应变与应力有关时，变为弹性体的本构关系，即广义胡克定律，有

$$\begin{aligned}\boldsymbol{\sigma} &= \boldsymbol{C} : \boldsymbol{\varepsilon}\\ \boldsymbol{\sigma}_{ij} &= \boldsymbol{C}_{ijmn}\varepsilon_{mn}\end{aligned} \tag{5.3.1}$$

式中，$\boldsymbol{C}$ 为弹性系数。因为应力和应变都是二阶张量，由张量商法则可知，弹性系数 $\boldsymbol{C}$ 为四阶张量，称为弹性张量。弹性系数张量 $\boldsymbol{C}$ 共有 $3^4=81$ 个分量，又应力和应变都是对称张量，所以 $\boldsymbol{C}$ 关于前两个指标和后两个指标对称，即 $\boldsymbol{C}$ 存在 $6\times6=36$ 个独立分量。若是极端各向异性弹性材料则有 $6+\dfrac{30}{2}=21$ 个独立分量；若是正交各向异性弹性材料独立分量则变为 $6+3=9$ 个；若是各向同性弹性材料则独立分量只有2个，并定义为拉梅系数 λ 和 μ。

所以，对于各向同性材料，广义胡克定律可进行简化，其中，用应力表示的本构方程为

$$\begin{cases} \varepsilon_x = \dfrac{1}{E}[\sigma_x - \nu(\sigma_y + \sigma_z)],\ \varepsilon_{xy} = \dfrac{(1+\nu)\sigma_{xy}}{E} \\ \varepsilon_y = \dfrac{1}{E}[\sigma_y - \nu(\sigma_z + \sigma_x)],\ \varepsilon_{yz} = \dfrac{(1+\nu)\sigma_{yz}}{E} \\ \varepsilon_z = \dfrac{1}{E}[\sigma_z - \nu(\sigma_x + \sigma_y)],\ \varepsilon_{zx} = \dfrac{(1+\nu)\sigma_{zx}}{E} \end{cases} \tag{5.3.2a}$$

即

$$\boldsymbol{\varepsilon}_{ij} = \frac{1+\nu}{E}\boldsymbol{\sigma}_{ij} - \frac{\nu}{E}\delta_{ij}\boldsymbol{\sigma}_{kk} \tag{5.3.2b}$$

式中，E 为杨氏模量（或弹性模量），ν 为泊松比。

用应变表示的本构方程为

$$\begin{cases} \sigma_x = \lambda\theta + 2\mu\varepsilon_x,\ \sigma_{xy} = 2\mu\varepsilon_{xy} \\ \sigma_y = \lambda\theta + 2\mu\varepsilon_y,\ \sigma_{yz} = 2\mu\varepsilon_{yz} \\ \sigma_z = \lambda\theta + 2\mu\varepsilon_z,\ \sigma_{zx} = 2\mu\varepsilon_{zx} \end{cases} \tag{5.3.3a}$$

即

$$\boldsymbol{\sigma}_{ij} = \lambda\delta_{ij}\theta + 2\mu\boldsymbol{\varepsilon}_{ij} \tag{5.3.3b}$$

式中，$\theta = \varepsilon_x + \varepsilon_y + \varepsilon_z$ 称为体积应变，λ,μ 为拉梅系数。

以式(5.3.3)为例，如下试从张量角度进行推导。

由于材料为各向同性，故弹性系数张量 $\boldsymbol{C}$ 为四阶各向同性张量，其形式必为式(3.5.4)所示，即有

$$\boldsymbol{C}_{ijmn} = \alpha\delta_{ij}\delta_{mn} + \boldsymbol{\beta}\delta_{im}\delta_{jn} + \boldsymbol{\gamma}\delta_{in}\delta_{jm}$$

又因为 $\boldsymbol{C}_{ijmn}$ 关于 m,n 对称，即

$$\boldsymbol{C}_{1212} = \boldsymbol{\beta}\delta_{11}\delta_{22} = \boldsymbol{\beta} = \boldsymbol{C}_{1221} = \boldsymbol{\gamma}\delta_{11}\delta_{22} = \boldsymbol{\gamma}$$

得 $\boldsymbol{\beta} = \boldsymbol{\gamma}$，代入上式得

$$\boldsymbol{C}_{ijmn} = \boldsymbol{\alpha}\delta_{ij}\delta_{mn} + \boldsymbol{\beta}(\delta_{im}\delta_{jn} + \delta_{in}\delta_{jm})$$

代入式(5.3.1)得

$$\begin{aligned} \boldsymbol{\sigma}_{ij} &= \boldsymbol{\alpha}\delta_{ij}\delta_{mn}\varepsilon_{mn} + \boldsymbol{\beta}(\delta_{im}\delta_{jn} + \delta_{in}\delta_{jm})\varepsilon_{mn} \\ &= \boldsymbol{\alpha}\delta_{ij}\boldsymbol{\varepsilon}_{mm} + \boldsymbol{\beta}(\boldsymbol{\varepsilon}_{ij} + \boldsymbol{\varepsilon}_{ji}) \\ &= \boldsymbol{\alpha}\delta_{ij}\varepsilon_{mm} + 2\boldsymbol{\beta}\boldsymbol{\varepsilon}_{ij} \end{aligned}$$

将 $\boldsymbol{\alpha},\boldsymbol{\beta}$ 定义为拉梅系数 λ,μ 即得式(5.3.3)。

在应用过程中，我们注意到工程材料的弹性常数（杨氏模量 E、泊松比 ν 和剪切模量 G）与拉梅系数（λ,μ）之间的关系为

$$E = \frac{\mu(3\lambda + 2\mu)}{\lambda + \mu}$$

$$\nu = \frac{\lambda}{2(\lambda + \mu)}$$

$$G = \mu = \frac{E}{2(1+\nu)}$$
$$\lambda = \frac{E\nu}{(1+\nu)(1-2\nu)} \tag{5.3.4}$$

式(5.3.2a)可变换为

$$\begin{cases} \varepsilon_x = \dfrac{\sigma_x}{2\mu} - \dfrac{\lambda}{2\mu(3\lambda+2\mu)}\Theta, \varepsilon_{xy} = \dfrac{\sigma_{xy}}{2\mu} \\ \varepsilon_y = \dfrac{\sigma_y}{2\mu} - \dfrac{\lambda}{2\mu(3\lambda+2\mu)}\Theta, \varepsilon_{yz} = \dfrac{\sigma_{yz}}{2\mu} \\ \varepsilon_z = \dfrac{\sigma_z}{2\mu} - \dfrac{\lambda}{2\mu(3\lambda+2\mu)}\Theta, \varepsilon_{zx} = \dfrac{\sigma_{zx}}{2\mu} \end{cases} \tag{5.3.5}$$

式中，$\Theta = \sigma_x + \sigma_y + \sigma_z$ 称为体积应力。由式(5.3.3a)的前三项相加得

$$\begin{aligned} \Theta &= (3\lambda + 2\mu)\theta = 3K\theta \\ \sigma_m &= K\theta = 3K\varepsilon_m \end{aligned} \tag{5.3.6}$$

式中，$K = \dfrac{3\lambda + 2\mu}{3}$ 称为体积模量，也是工程材料弹性常数；σ_m，ε_m 为平均应力和平均应变。此外，表 5.3.1 给出了工程材料各弹性常数之间的关系。

表 5.3.1　各弹性常数间的关系

E	ν	$\mu(G)$	λ	K
$\dfrac{\mu(3\lambda+2\mu)}{\lambda+\mu}$	$\dfrac{\lambda}{2(\lambda+\mu)}$	—	—	$\dfrac{3\lambda+2\mu}{3}$
$9K\dfrac{K-\lambda}{3K-\lambda}$	$\dfrac{\lambda}{3K-\lambda}$	$\dfrac{3(K-\lambda)}{2}$	—	—
$\dfrac{9K\mu}{3K+\mu}$	$\dfrac{3K-2\mu}{2(3K+\mu)}$	—	$\dfrac{3K-2\mu}{3}$	—
—	$\dfrac{E-2\mu}{2\mu}$	—	$\mu\dfrac{E-2\mu}{3\mu-E}$	$\dfrac{E\mu}{3(3\mu-E)}$
—	$\dfrac{3K-E}{6K}$	$\dfrac{3KE}{9K-E}$	$3K\dfrac{3K-E}{9K-E}$	—
$\lambda\dfrac{(1+\nu)(1-2\nu)}{\nu}$	—	$\lambda\dfrac{1-2\nu}{2\nu}$	—	$\lambda\dfrac{1+\nu}{3\nu}$
$2\mu(1+\nu)$	—	—	$\mu\dfrac{2\nu}{1-2\nu}$	$\mu\dfrac{2(1+\nu)}{3(1-2\nu)}$
$3K(1-2\nu)$	—	$3K\dfrac{1-2\nu}{2(1+\nu)}$	$3K\dfrac{\nu}{1+\nu}$	—
—	—	$\dfrac{E}{2(1+\nu)}$	$\dfrac{E\nu}{(1+\nu)(1-2\nu)}$	$\dfrac{E}{3(1-2\nu)}$

如将应力张量和应变张量可分解为球张量和偏张量两部分，则应力应变关系也可表示为两个相应分解张量之间的关系为

$$\begin{cases} \boldsymbol{\varepsilon}_{ii} = \dfrac{1-2\nu}{E}\boldsymbol{\sigma}_{ii} = \dfrac{1}{3K}\boldsymbol{\sigma}_{ii} \\ \boldsymbol{\varepsilon}'_{ij} = \dfrac{3\boldsymbol{\varepsilon}_i}{2\boldsymbol{\sigma}_i}\boldsymbol{\sigma}'_{ij} \end{cases} \tag{5.3.7}$$

此为全量型本构关系，反映的是煤岩在加载过程中的弹塑性变形规律，适用于应力超过屈服极限后的非线性应力应变关系。当进入卸载过程时，其应为增量形式，即

$$\begin{cases} \mathrm{d}\boldsymbol{\varepsilon}_{ii} = \dfrac{1-2\nu}{E}\mathrm{d}\boldsymbol{\sigma}_{ii} = \dfrac{1}{3K}\mathrm{d}\boldsymbol{\sigma}_{ii} \\ \mathrm{d}\boldsymbol{\varepsilon}'_{ij} = \dfrac{1}{2G}\mathrm{d}\boldsymbol{\sigma}'_{ij} \end{cases} \tag{5.3.8}$$

其中，全量型本构关系是在塑性变形很小的前提下的，并认为是应力应变全量之间的关系，故全量理论又称为小变形理论；增量型本构关系认为塑性状态下是塑性应变增量与应力及应力增量之间的关系，增量理论又称为流动理论。

4. 正交曲线坐标系中的应力应变关系

在柱坐标系中，对应于式(5.3.3)的应力应变关系为

$$\begin{cases} \sigma_r = \lambda\theta + 2\mu\varepsilon_r, \sigma_{r\theta} = 2\mu\varepsilon_{r\theta} \\ \sigma_\theta = \lambda\theta + 2\mu\varepsilon_\theta, \sigma_{\theta z} = 2\mu\varepsilon_{\theta z} \\ \sigma_z = \lambda\theta + 2\mu\varepsilon_z, \sigma_{zr} = 2\mu\varepsilon_{zr} \end{cases} \tag{5.3.9a}$$

式中，$\theta=\varepsilon_r+\varepsilon_\theta+\varepsilon_z$，而下标 θ 表示柱坐标系中的参数。

或

$$\begin{cases} \sigma_r = \dfrac{E}{1+\nu}\left(\dfrac{\nu}{1-2\nu}\theta + \varepsilon_r\right), \sigma_{r\theta} = \dfrac{E}{1+\nu}\varepsilon_{r\theta} \\ \sigma_\theta = \dfrac{E}{1+\nu}\left(\dfrac{\nu}{1-2\nu}\theta + \varepsilon_\theta\right), \sigma_{\theta z} = \dfrac{E}{1+\nu}\varepsilon_{\theta z} \\ \sigma_z = \dfrac{E}{1+\nu}\left(\dfrac{\nu}{1-2\nu}\theta + \varepsilon_z\right), \sigma_{zr} = \dfrac{E}{1+\nu}\varepsilon_{zr} \end{cases} \tag{5.3.9b}$$

在球坐标系中，其对应的应力应变关系为

$$\begin{cases} \sigma_r = \dfrac{E}{1+\nu}\left(\dfrac{\nu}{1-2\nu}\theta + \varepsilon_r\right), \sigma_{r\theta} = \dfrac{E}{1+\nu}\varepsilon_{r\theta} \\ \sigma_\theta = \dfrac{E}{1+\nu}\left(\dfrac{\nu}{1-2\nu}\theta + \varepsilon_\theta\right), \sigma_{\theta\varphi} = \dfrac{E}{1+\nu}\varepsilon_{\theta\varphi} \\ \sigma_\varphi = \dfrac{E}{1+\nu}\left(\dfrac{\nu}{1-2\nu}\theta + \varepsilon_\varphi\right), \sigma_{\varphi r} = \dfrac{E}{1+\nu}\varepsilon_{\varphi r} \end{cases} \tag{5.3.10}$$

5.3.2　运动方程

为求解煤岩体动力学问题，从微元体出发研究其应变和位移关系（几何方程）、应力应变关系（物理方程或本构方程）以及力的平衡关系（运动方程），从而得到一组基本方程，联立求解条件解得到整个材料内部的应力场和位移场，其思路如图5.3.3所示。前面已经介绍了应变和位移关系和应力应变关系，接下来介绍运动方程。

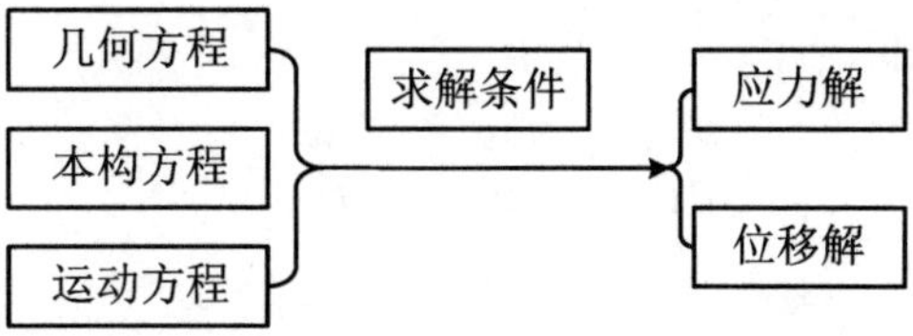

图 5.3.3

1. 运动方程

我们取材料中任一微元体来研究其运动情况，设作用在该微元体上各点的体力为(f_x, f_y, f_z)、面力为(X_n, Y_n, Z_n)，各点单位体积质量为 ρ，各点的位移分量为(u, v, w)，由牛顿第二定律可得

$$\begin{cases} \iiint\limits_{\Omega} \rho \dfrac{\partial^2 u}{\partial t^2} \mathrm{d}x\mathrm{d}y\mathrm{d}z = \iiint\limits_{\Omega} f_x \mathrm{d}x\mathrm{d}y\mathrm{d}z + \iint\limits_{S} X_n \mathrm{d}S \\ \iiint\limits_{\Omega} \rho \dfrac{\partial^2 v}{\partial t^2} \mathrm{d}x\mathrm{d}y\mathrm{d}z = \iiint\limits_{\Omega} f_y \mathrm{d}x\mathrm{d}y\mathrm{d}z + \iint\limits_{S} Y_n \mathrm{d}S \\ \iiint\limits_{\Omega} \rho \dfrac{\partial^2 w}{\partial t^2} \mathrm{d}x\mathrm{d}y\mathrm{d}z = \iiint\limits_{\Omega} f_z \mathrm{d}x\mathrm{d}y\mathrm{d}z + \iint\limits_{S} Z_n \mathrm{d}S \end{cases} \tag{5.3.11}$$

式中，Ω 表示微元体体积，S 为其表面积。以上式第一项为例，代入应力张量得

$$\iiint\limits_{\Omega} \rho \frac{\partial^2 u}{\partial t^2} \mathrm{d}x\mathrm{d}y\mathrm{d}z = \iiint\limits_{\Omega} f_x \mathrm{d}x\mathrm{d}y\mathrm{d}z + \iint\limits_{S} (\sigma_x \cos\alpha + \sigma_{xy} \cos\beta + \sigma_{xz} \cos\gamma) \mathrm{d}S$$

由高斯公式可知

$$\iint\limits_{S} (P\cos\alpha + Q\cos\beta + R\cos\gamma) \mathrm{d}S = \iiint\limits_{\Omega} \left(\frac{\partial P}{\partial x} + \frac{\partial Q}{\partial y} + \frac{\partial R}{\partial z} \right) \mathrm{d}x\mathrm{d}y\mathrm{d}z \tag{5.3.12}$$

所以，上式可改写为

$$\iiint\limits_{\Omega} \rho \frac{\partial^2 u}{\partial t^2} \mathrm{d}x\mathrm{d}y\mathrm{d}z = \iiint\limits_{\Omega} f_x \mathrm{d}x\mathrm{d}y\mathrm{d}z + \iint\limits_{S} \left(\frac{\partial \sigma_x}{\partial x} + \frac{\partial \sigma_{xy}}{\partial y} + \frac{\partial \sigma_{xz}}{\partial z} \right) \mathrm{d}x\mathrm{d}y\mathrm{d}z \tag{5.3.13}$$

此式与 Ω 的选择无关，无论其形状、大小均正确，因此，必须满足

$$\frac{\partial \sigma_x}{\partial x} + \frac{\partial \sigma_{xy}}{\partial y} + \frac{\partial \sigma_{xz}}{\partial z} + f_x = \rho \frac{\partial^2 u}{\partial t^2} \tag{5.3.14a}$$

同理,有

$$\begin{aligned}\frac{\partial \sigma_{yx}}{\partial x}+\frac{\partial \sigma_{y}}{\partial y}+\frac{\partial \sigma_{yz}}{\partial z}+f_{y}=\rho \frac{\partial^{2} v}{\partial t^{2}}\\ \frac{\partial \sigma_{zx}}{\partial x}+\frac{\partial \sigma_{zy}}{\partial y}+\frac{\partial \sigma_{z}}{\partial z}+f_{z}=\rho \frac{\partial^{2} w}{\partial t^{2}}\end{aligned} \tag{5.3.14b}$$

即为运动方程,其可简写为

$$\begin{aligned}\boldsymbol{\sigma}_{ji,j}+\boldsymbol{f}_{i}=\rho \ddot{\boldsymbol{u}}_{i}\\ \boldsymbol{\sigma}\cdot\nabla+\boldsymbol{f}=\rho\ddot{\boldsymbol{u}}\end{aligned} \tag{5.3.14c}$$

若只考虑定常状态,即

$$\frac{\partial^{2} u}{\partial t^{2}}=\frac{\partial^{2} v}{\partial t^{2}}=\frac{\partial^{2} w}{\partial t^{2}}=0$$

则有

$$\boldsymbol{\sigma}_{ji,j}+\boldsymbol{f}_{i}=\mathbf{0}\text{ 或 }\boldsymbol{\sigma}\cdot\nabla+\boldsymbol{f}=\mathbf{0} \tag{5.3.15}$$

这就是平衡微分方程或纳维(Navier)方程。

需要注意的是,在实际求解基本方程的过程中,要注意煤岩力学中对应力、应变正负符号的规定,它不同于一般弹性力学中的规定。

2. 正交曲线坐标系中的运动方程

在柱坐标系中,对应于式(5.3.14)的运动方程为

$$\begin{cases}\dfrac{\partial \sigma_{r}}{\partial r}+\dfrac{1}{r}\dfrac{\partial \sigma_{r\theta}}{\partial \theta}+\dfrac{\partial \sigma_{zr}}{\partial z}+\dfrac{\sigma_{r}-\sigma_{\theta}}{r}+f_{r}=\rho \dfrac{\partial^{2} u_{r}}{\partial t^{2}}\\ \dfrac{\partial \sigma_{r\theta}}{\partial r}+\dfrac{1}{r}\dfrac{\partial \sigma_{\theta}}{\partial \theta}+\dfrac{\partial \sigma_{\theta z}}{\partial z}+\dfrac{2\sigma_{r\theta}}{r}+f_{\theta}=\rho \dfrac{\partial^{2} u_{\theta}}{\partial t^{2}}\\ \dfrac{\partial \sigma_{zr}}{\partial r}+\dfrac{1}{r}\dfrac{\partial \sigma_{\theta z}}{\partial \theta}+\dfrac{\partial \sigma_{z}}{\partial z}+\dfrac{\sigma_{zr}}{r}+f_{z}=\rho \dfrac{\partial^{2} u_{z}}{\partial t^{2}}\end{cases} \tag{5.3.16a}$$

式中,θ 及下标中的 θ 均为柱坐标系中的参数。

在球坐标系中,其对应的运动方程为

$$\begin{cases}\dfrac{\partial \sigma_{r}}{\partial r}+\dfrac{1}{r}\dfrac{\partial \sigma_{r\theta}}{\partial \theta}+\dfrac{1}{r\sin\theta}\dfrac{\partial \sigma_{\varphi r}}{\partial \varphi}+\dfrac{1}{r}(2\sigma_{r}-\sigma_{\theta}-\sigma_{\varphi}+\sigma_{r\theta}\cot\theta)+f_{r}=\rho \dfrac{\partial^{2} u_{r}}{\partial t^{2}}\\ \dfrac{\partial \sigma_{r\theta}}{\partial r}+\dfrac{1}{r}\dfrac{\partial \sigma_{\theta}}{\partial \theta}+\dfrac{1}{r\sin\theta}\dfrac{\partial \sigma_{\theta\varphi}}{\partial \varphi}+\dfrac{1}{r}[(\sigma_{\theta}-\sigma_{\varphi})\cot\theta+3\sigma_{r\theta}]+f_{\theta}=\rho \dfrac{\partial^{2} u_{\theta}}{\partial t^{2}}\\ \dfrac{\partial \sigma_{\varphi r}}{\partial r}+\dfrac{1}{r}\dfrac{\partial \sigma_{\theta\varphi}}{\partial \theta}+\dfrac{1}{r\sin\theta}\dfrac{\partial \sigma_{\varphi}}{\partial \varphi}+\dfrac{1}{r}[3\sigma_{\varphi r}+2\sigma_{\theta\varphi}\cot\theta]+f_{\varphi}=\rho \dfrac{\partial^{2} u_{\varphi}}{\partial t^{2}}\end{cases} \tag{5.3.16b}$$

3. 应力波

当材料不处在静态力学平衡时就会产生应力波,它是动态应力变化的体现。

对于煤岩材料，应力波的本质为声波。考虑最简单的情形，即各项同性弹性材料中的应力波。由式(5.3.14)可得一个具有加速的无限小微元体在忽略体力情况下的运动方程为

$$\begin{cases} \dfrac{\partial \sigma_x}{\partial x} + \dfrac{\partial \sigma_{xy}}{\partial y} + \dfrac{\partial \sigma_{xz}}{\partial z} = \rho \dfrac{\partial^2 u}{\partial t^2} \\ \dfrac{\partial \sigma_{yx}}{\partial x} + \dfrac{\partial \sigma_y}{\partial y} + \dfrac{\partial \sigma_{yz}}{\partial z} = \rho \dfrac{\partial^2 v}{\partial t^2} \\ \dfrac{\partial \sigma_{zx}}{\partial x} + \dfrac{\partial \sigma_{zy}}{\partial y} + \dfrac{\partial \sigma_z}{\partial z} = \rho \dfrac{\partial^2 w}{\partial t^2} \end{cases} \tag{5.3.17}$$

又由式(5.3.3)应力应变关系为

$$\begin{cases} \sigma_x = \lambda\theta + 2\mu\varepsilon_x, \sigma_{xy} = 2\mu\varepsilon_{xy} \\ \sigma_y = \lambda\theta + 2\mu\varepsilon_y, \sigma_{yz} = 2\mu\varepsilon_{yz} \\ \sigma_z = \lambda\theta + 2\mu\varepsilon_z, \sigma_{zx} = 2\mu\varepsilon_{zx} \end{cases}$$

且由式(5.2.21)小应变张量为

$$\begin{cases} \varepsilon_x = \dfrac{\partial u}{\partial x}, \varepsilon_{xy} = \varepsilon_{yx} = \dfrac{1}{2}\left(\dfrac{\partial u}{\partial y} + \dfrac{\partial v}{\partial x}\right) \\ \varepsilon_y = \dfrac{\partial v}{\partial y}, \varepsilon_{yz} = \varepsilon_{zy} = \dfrac{1}{2}\left(\dfrac{\partial v}{\partial z} + \dfrac{\partial w}{\partial y}\right) \\ \varepsilon_z = \dfrac{\partial w}{\partial z}, \varepsilon_{zx} = \varepsilon_{xz} = \dfrac{1}{2}\left(\dfrac{\partial w}{\partial x} + \dfrac{\partial u}{\partial z}\right) \end{cases}$$

代入式(5.3.17)，对于其第一式有

$$\frac{\partial}{\partial x}\left(\lambda\theta + 2\mu \frac{\partial u}{\partial x}\right) + \frac{\partial}{\partial y}\mu\left(\frac{\partial u}{\partial y} + \frac{\partial v}{\partial x}\right) + \frac{\partial}{\partial z}\mu\left(\frac{\partial w}{\partial x} + \frac{\partial u}{\partial z}\right) = \rho \frac{\partial^2 u}{\partial t^2}$$

$$\mu \nabla^2 u + (\lambda + \mu) \frac{\partial \theta}{\partial x} = \rho \frac{\partial^2 u}{\partial t^2} \tag{5.3.18a}$$

同理，可得

$$\mu \nabla^2 v + (\lambda + \mu) \frac{\partial \theta}{\partial y} = \rho \frac{\partial^2 v}{\partial t^2} \tag{5.3.18b}$$

$$\mu \nabla^2 w + (\lambda + \mu) \frac{\partial \theta}{\partial z} = \rho \frac{\partial^2 w}{\partial t^2} \tag{5.3.18c}$$

把式(5.3.18a)对 x 微分、式(5.3.18b)对 y 微分、式(5.3.18c)对 z 微分，然后等式两边分别相加得

$$(\lambda + 2\mu) \nabla^2 \theta = \rho \frac{\partial^2 \theta}{\partial t^2} \tag{5.3.19}$$

即为波动方程。令 $V_{\mathrm{P}}^2 = \dfrac{(\lambda + 2\mu)}{\rho}$，可得体积应变 θ(即膨胀)在材料介质中以

$\sqrt{\dfrac{(\lambda+2\mu)}{\rho}}$的速度传播。

另一方面，把式(5.3.18b)对 z 微分、式(5.3.18c)对 y 微分，然后对应相减得

$$\mu\,\nabla^2\left(\frac{\partial v}{\partial z}-\frac{\partial w}{\partial y}\right)=\rho\,\frac{\partial^2}{\partial t^2}\left(\frac{\partial v}{\partial z}-\frac{\partial w}{\partial y}\right)\tag{5.3.20}$$

其中，$\left(\dfrac{\partial v}{\partial z}-\dfrac{\partial w}{\partial y}\right)$是相对于 x 轴的旋转，对于 y 轴和 z 轴的旋转也有类似的方程，即旋转以 $V_S=\sqrt{\dfrac{\mu}{\rho}}$的速度传播。

所以，各向同性弹性材料内部存在两种类型的应力波。一是以速度 $V_P=\sqrt{\dfrac{(\lambda+2\mu)}{\rho}}$传播的无旋波（又称膨胀波、纵波、P 波）；二是以速度 $V_S=\sqrt{\dfrac{\mu}{\rho}}$传播的等体积波（又称横波、剪切波、畸变波、S 波）。显然，纵波传播的速度比横波快。

结合表 5.3.1，可得弹性应力波波速与常用工程弹性常数之间的关系，有

$$\begin{aligned}\rho V_S^2&=\mu=G=\frac{3(K-\lambda)}{2}=\frac{3KE}{9K-E}=\lambda\,\frac{1-2\nu}{2\nu}\\&=3K\,\frac{1-2\nu}{2(1+\nu)}=\frac{E}{2(1+\nu)}\\\rho V_P^2&=\lambda+2\mu=\frac{3K+4\mu}{3}=\mu\,\frac{4\mu-E}{3\mu-E}=3K\,\frac{3K+E}{9K-E}\\&=\lambda\,\frac{1-\nu}{\nu}=2\mu\,\frac{1-\nu}{1-2\nu}=3K\,\frac{1-\nu}{1+\nu}=\frac{E(1-\nu)}{(1+\nu)(1-2\nu)}\end{aligned}\tag{5.3.21}$$

可见，在实践中固体中应力波传播的速度往往很大，因此，在尺度比较小时，其传播的时间可以忽略而不加考虑；若在大尺度范围内传播，它才有实际意义，如地震波在地球内部的传播。此外，还有两种常见的应力波为瑞利波（或表面波）和勒夫（Love）波，其发生在自由面和界面附近，并做椭圆形偏振运动。瑞利波介质质点的运动平行于波的传播方向，勒夫波的质点运动垂直于波传播的方向。

考察纵波和横波的波速在工程实践中具有一定的意义，例岩石为例，若取 $\rho=25\ \text{kN/m}^3$，$E=20$ GPa，$\nu=0.35$，则可得 $V_P=1133.1$ m/s，$V_S=544.3$ m/s。反过来，通过在现场的勘测，在得到 P 波和 S 波的波速后，通过假定材料密度可以估算得工程现场材料的工程弹性常数 E,ν,G,K 等。

通常，当应力波在传播过程中遇到两种不同弹性特性材料的交界面（自由面）时，一部分应力波将发生折射，进入第二种介质继续传播；另一部分将发生反射，返回到第一种介质。应力波的这些特性对于其测量以及爆破过程中对煤岩的破坏研

究具有重要意义。如一般弹性应力波以任意角度经过煤岩体内非连续面时都会产生四种波(如 P 波会产生反射 P,S 波和折射 P,S 波);应力波在遇到煤岩－空气界面时几乎所有能力都被反射,只有少量的会折射进入空气中。

当外载荷即应力超过材料弹性极限(即屈服极限)时会出现塑性变形或塑性流动,这种超过弹性极限的应力脉冲在材料中传播时会分解为弹性波和塑性波,在此不再详述。

3. 温度效应

实际上,在讨论煤岩材料的应力应变关系时,有以下几点需要注意:

(1) 近地表煤岩多处于脆性状态,其应力应变关系接近弹性体的本构关系,但其力学性质往往是各向异性的。

(2) 随着开采深度不断增加,地温随之增加,呈现一定的温度效应。

(3) 随着开采深度不断增加,围压随之增加,呈现明显的时间效应,即煤岩产生流变,出现蠕变和松弛等现象。

(4) 煤岩的孔隙性,即煤岩存在着大量孔隙、裂隙对煤岩特性有着重要影响。

如地温的增加引起的温度效应会增加额外热应力,假设某一地温场的温度相对参考水平温度差为 T,有

$$\dot{T} = \alpha \nabla^2 T \tag{5.3.22}$$

式中,α 为导温系数,$\alpha = \dfrac{k}{c\rho}$,$k$ 为导热系数,c 为比热,ρ 为煤岩密度。若简化为定常温度场,则

$$\nabla^2 T = 0$$

对应地,若为简单的热弹性问题,其基本方程仍包括几何方程、本构方程和运动方程。由于应变与位移之间的关系与引起位移的原因无关,所以在小变形条件下,其几何方程不发生改变。同时,由于运动方程只与材料的运动(受力)有关,而与力的来源无关,所以运动方程也不发生改变。由于弹性材料的应变在变温条件下分为两部分,即由自由膨胀引起的应变分量($\varepsilon = \alpha T$),对应的剪应变分量为零;在受热膨胀时弹性材料各部分间的相互约束引起的应变分量。它们和热应力之间服从胡克定律,即本构方程为

$$\begin{cases} \varepsilon_x = \dfrac{1}{E}[\sigma_x - \nu(\sigma_y + \sigma_z)] + \alpha T, \varepsilon_{xy} = \dfrac{(1+\nu)\sigma_{xy}}{E} \\ \varepsilon_y = \dfrac{1}{E}[\sigma_y - \nu(\sigma_z + \sigma_x)] + \alpha T, \varepsilon_{yz} = \dfrac{(1+\nu)\sigma_{yz}}{E} \\ \varepsilon_z = \dfrac{1}{E}[\sigma_z - \nu(\sigma_x + \sigma_y)] + \alpha T, \varepsilon_{zx} = \dfrac{(1+\nu)\sigma_{zx}}{E} \end{cases} \tag{5.3.23a}$$

或

$$\begin{cases}\sigma_x = \lambda\theta + 2\mu\varepsilon_x - \dfrac{\alpha ET}{1-2\nu}, \sigma_{xy} = 2\mu\varepsilon_{xy} \\ \sigma_y = \lambda\theta + 2\mu\varepsilon_y - \dfrac{\alpha ET}{1-2\nu}, \sigma_{yz} = 2\mu\varepsilon_{yz} \\ \sigma_z = \lambda\theta + 2\mu\varepsilon_z - \dfrac{\alpha ET}{1-2\nu}, \sigma_{zx} = 2\mu\varepsilon_{zx}\end{cases} \tag{5.3.23b}$$

可简写为

$$\boldsymbol{\varepsilon}_{ij} = \frac{1+\nu}{E}\boldsymbol{\sigma}_{ij} - \frac{\nu}{E}\boldsymbol{\delta}_{ij}\boldsymbol{\sigma}_{kk} + \alpha\boldsymbol{\delta}_{ij}T \tag{5.3.24a}$$

或

$$\boldsymbol{\sigma}_{ij} = \lambda\boldsymbol{\delta}_{ij}\theta + 2\mu\boldsymbol{\varepsilon}_{ij} - \boldsymbol{\delta}_{ij}\frac{\alpha ET}{1-2\nu} \tag{5.3.24b}$$

对于热塑性问题,材料的应变分三部分,即由自由膨胀引起的应变分量,对应的剪应变分量为零;在受热膨胀时材料各部分间的相互约束引起的热弹塑性应变分量;由平均热应力引起的体积应变,其本构方程为

$$\begin{cases}\varepsilon_x = \dfrac{\sigma_0}{K} + \beta(\sigma_x - \sigma_0) + \alpha T, \varepsilon_{xy} = \beta\sigma_{xy} \\ \varepsilon_y = \dfrac{\sigma_0}{K} + \beta(\sigma_y - \sigma_0) + \alpha T, \varepsilon_{yz} = \beta\sigma_{yz} \\ \varepsilon_z = \dfrac{\sigma_0}{K} + \beta(\sigma_z - \sigma_0) + \alpha T, \varepsilon_{zx} = \beta\sigma_{zx}\end{cases} \tag{5.3.25}$$

式中,$\sigma_0 = \dfrac{1}{3}(\sigma_x + \sigma_y + \sigma_z)$为平均正应力;$K$ 为体积模量;$\beta = \dfrac{3\varepsilon_e}{2\sigma_e}$为比例因子,其中

$$\varepsilon_e = \frac{\sqrt{2}}{3}\sqrt{(\varepsilon_x - \varepsilon_y)^2 + (\varepsilon_y - \varepsilon_z)^2 + (\varepsilon_z - \varepsilon_x)^2 + 6(\varepsilon_{xy}^2 + \varepsilon_{yz}^2 + \varepsilon_{zx}^2)}$$

$$\sigma_e = \frac{1}{\sqrt{2}}\sqrt{(\sigma_x - \sigma_y)^2 + (\sigma_y - \sigma_z)^2 + (\sigma_z - \sigma_x)^2 + 6(\sigma_{xy}^2 + \sigma_{yz}^2 + \sigma_{zx}^2)}$$

5.3.3 强度理论与应力应变关系

煤岩强度是指煤岩材料抵抗外力破坏的能力,即材料所能承受的最大应力值(或极限应力值),可分为抗压强度、抗拉强度和抗剪强度。煤岩强度理论是研究煤岩材料在各种应力状态下的破坏机理和强度准则(或破坏判据、条件)的理论,它表征煤岩破坏条件下的应力状态与煤岩强度参数之间的函数关系。一般用极限应力状态下(破坏条件下)的应力间关系 $\sigma_1 = f(\sigma_2, \sigma_3)$或 $\tau = f(\sigma)$来表示。

强度准则是判断煤矿对于煤岩实际工程应力应变是否安全的准则,它和本构关系不同,本构关系是指受力过程的应力应变关系,而强度准则是指在极限状态下

的应力－应力关系(应力准则)或应变－应变关系(应变准则)。强度准则与坐标系选择无关,通常用坐标不变量来表示,如主应力 $\sigma_1,\sigma_2,\sigma_3$,应力不变量 I_1,I_2,I_3 或应力偏张量不变量 J_1,J_2,J_3。

针对煤岩有脆性拉伸破坏、剪切破坏(剪切角为30°～35°)、沿结构面滑移(倾角大于抗剪角)、塑性破坏等破坏形式,常见的强度理论有:

1. 最大正应力理论

最大正应力理论又称为朗肯(Rankine)理论,其假设材料的破坏只取决于绝对值最大的正应力。即当煤岩材料内的三个主应力中任一个达到单轴抗压强度或抗拉强度时,煤岩就发生破坏。其破坏准则为

$$\sigma_1 \geqslant R_c,\quad \sigma_3 \leqslant -R_t \tag{5.3.26a}$$

或

$$\sigma_i^2 - R^2 = 0 \tag{5.3.26b}$$

式中,R_c,R_t 分别为单轴抗压强度和抗拉强度,MPa;R 泛指材料的强度(含抗拉、抗压强度)。

该理论只适用于单轴应力状态或脆性材料在某些应力状态下受拉的情况,不适用于复杂应力状态。

2. 最大正应变理论

该理论认为材料破坏取决于最大正应变,即只有材料内任一方向上的正应变达到单轴压缩或拉伸中的破坏极限值就发生破坏。其破坏准则为

$$\varepsilon_{max} \geqslant \varepsilon_e \tag{5.3.27}$$

式中,ε_e 为单轴压缩或拉伸试验中材料破坏时的极限应变值。

该理论只适用于脆性材料,不适用于塑性材料。

3. 最大剪应力理论

该理论认为当最大剪应力达到单轴压缩或拉伸时的极限值时,材料随之发生破坏。其破坏准则为

$$\tau_{max} \geqslant \tau_e \tag{5.3.28}$$

式中,τ_e 为剪切试验时极限剪应力值。由于在复杂应力状态下,最大剪应力为 $\tau_{max} = \frac{\sigma_1 - \sigma_3}{2}$,在单轴压缩或拉伸时极限剪应力值为 $\tau_e = \frac{R}{2}$,所以有

$$\sigma_1 - \sigma_3 \geqslant R \tag{5.3.29}$$

该理论适合塑性煤岩材料,但不适用于脆性煤岩,且没有考虑中间主应力的影响。

4. 冯-米塞斯(Von Mises)理论

该理论认为材料的破坏取决于八面体剪应力,故又称为八面体剪应力理论,其

破坏准则为

$$\tau_{oct} \geqslant \tau_e \tag{5.3.30}$$

由于在复杂应力状态下，八面体剪应力为

$$\tau_{oct} = \frac{1}{3}\sqrt{(\sigma_1 - \sigma_2)^2 + (\sigma_2 - \sigma_3)^2 + (\sigma_3 - \sigma_1)^2}$$

在单轴受力时只有一个主应力不为零，即极限八面体剪应力 $\tau_e = \frac{\sqrt{2}}{3}R$，所以，上式可变换为

$$\sqrt{(\sigma_1 - \sigma_2)^2 + (\sigma_2 - \sigma_3)^2 + (\sigma_3 - \sigma_1)^2} \geqslant \sqrt{2}R \tag{5.3.31a}$$

或

$$(\sigma_1 - \sigma_2)^2 + (\sigma_2 - \sigma_3)^2 + (\sigma_3 - \sigma_1)^2 - 2R^2 = 0 \tag{5.3.31b}$$

该理论对塑性材料的破坏吻合得非常好。

5. 摩尔-库仑(Mohr-Coulomb)准则

该理论认为材料的破坏主要取决于最大主应力 σ_1 和最小主应力 σ_3，而与中间主应力无关。如图 5.3.4 所示，包络线代表了材料的破坏条件，即其上各点都反映了材料破坏时的剪应力(即抗剪强度) τ_P 与正应力 σ_P 的关系

$$\tau_P = f(\sigma_P) = C + \sigma_P \tan\varphi \tag{5.3.32}$$

式中，C 为煤岩材料的黏聚力(内聚力)，单位为 MPa；φ 为内摩擦角，单位为°。

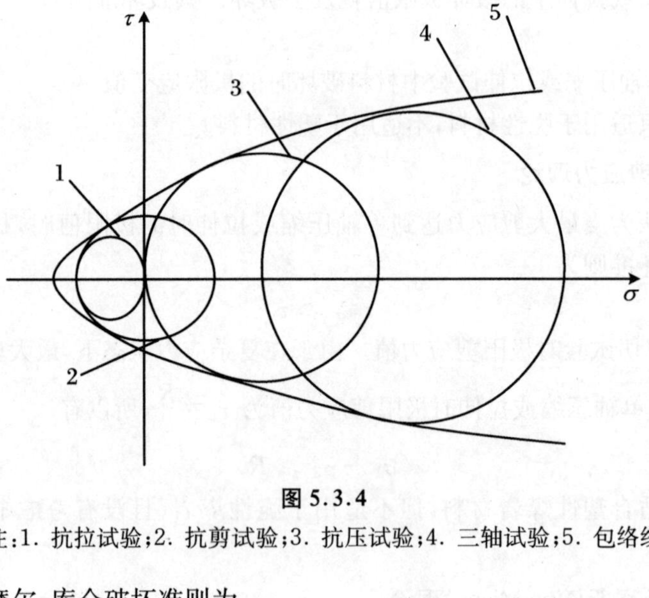

图 5.3.4

注：1. 抗拉试验；2. 抗剪试验；3. 抗压试验；4. 三轴试验；5. 包络线

对应的摩尔-库仑破坏准则为

$$\tau_i \geqslant \tau_P = C + \sigma_P \tan\varphi \tag{5.3.33}$$

式中，τ_i 为煤岩材料内任一平面上的剪应力，MPa。如图 5.3.5 所示，滑动面或剪切面 r-r 上正应力 σ_P 和剪应力 τ_P 为

$$\begin{aligned}\sigma_P &= \frac{\sigma_1+\sigma_3}{2}+\frac{\sigma_1-\sigma_3}{2}\cos 2\alpha \\ \tau_P &= \frac{\sigma_1-\sigma_3}{2}\sin 2\alpha\end{aligned} \tag{5.3.34}$$

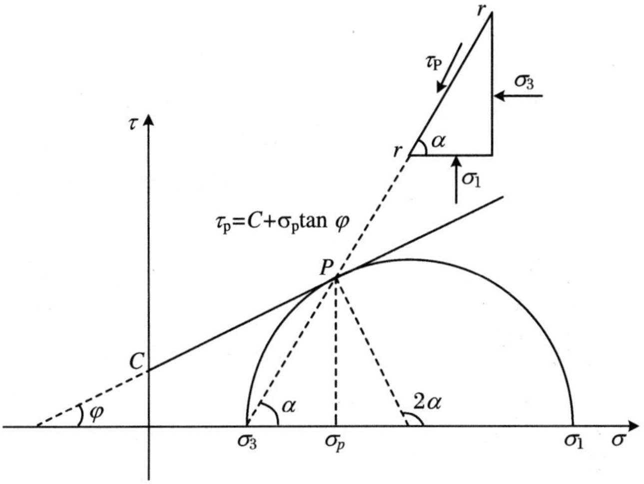

图 5.3.5

式中，α 为最小主应力 σ_3 与滑动面或剪切面的夹角(或为最大主应力 σ_1 与滑动面或剪切面法线的夹角)，称为剪切破坏角，°。且有

$$\alpha = 45^\circ + \frac{\varphi}{2} \tag{5.3.35}$$

该理论只适用于低围压的剪切破坏，不适用于高围压或有拉应力(即 $\sigma_3<0$)的情形，且也没有考虑中间主应力 σ_2 的影响。

6. Drucker-Prager 准则

该理论是在摩尔-库仑准则和八面体剪应力理论基础上扩展而得的

$$f = \sqrt{J_2} - \alpha I_1 - k = 0 \tag{5.3.36}$$

式中，I_1 为第一应力不变量；J_2 为第二应力偏张量不变量；α，k 为仅与煤岩内摩擦角和黏聚力有关的试验常数。

由于煤岩工程都是沿巷道轴向有约束的平面应变问题，故参数 α，k 应采用一般三维应力状态下的压缩锥拟合条件来确定，即

$$\alpha = \frac{2\sin\varphi}{\sqrt{3}(3-\sin\varphi)},\quad k = \frac{6C\cos\varphi}{\sqrt{3}(3-\sin\varphi)} \tag{5.3.37}$$

该理论既考虑了中间主应力的影响，又考虑了静水压力（第一不变量）的作用，克服了摩尔-库仑准则的主要弱点，适用于低摩擦角和高地应力的情形，在数值计算（如 ANSYS、FLAC）中应用广泛。

7. **格里菲斯(Griffith)理论**

以上各种理论均把材料当作连续均匀介质，该理论则认为材料内部存在着许多微裂隙，在力的作用下，隙端容易产生应力集中，成为裂隙发育的始端，最后导致材料的破坏。

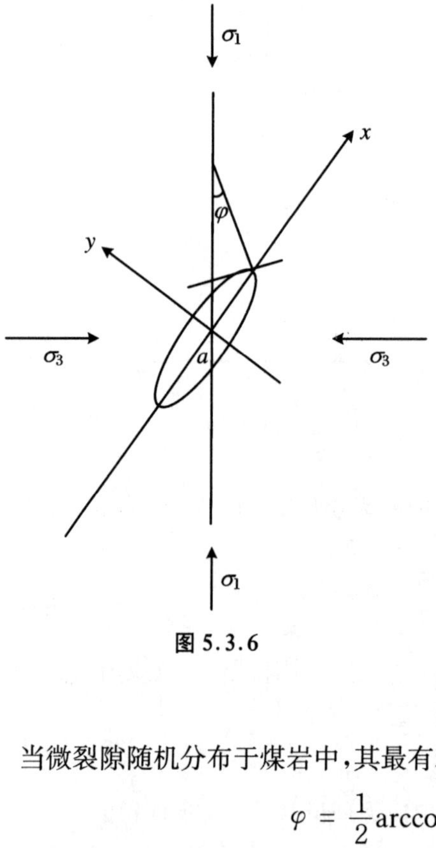

图 5.3.6

如图 5.3.6 所示，裂隙在压应力作用下开始破裂和扩展的方向，当裂隙尖端的有效应力达到形成新裂隙所需能量时，裂隙开始破裂和扩展，其表达式为

$$\sigma_t = \left(\frac{2\rho E}{\pi a}\right)^{\frac{1}{2}} \tag{5.3.38}$$

式中，σ_t 为裂隙尖端附近所形成的最大拉应力；ρ 为裂隙的比表面积能；E 为杨氏模量；a 为裂隙长半轴。在不考虑摩擦对压缩闭合裂隙的影响和假定椭圆裂隙将从最大拉应力集中点开始扩展的条件下，得到格里菲斯破坏准则为

$$\begin{cases} \dfrac{(\sigma_1-\sigma_3)^2}{\sigma_1+\sigma_3} = 8\sigma_t & (\sigma_1+3\sigma_3 \geqslant 0) \\ \sigma_3 = -\sigma_t & (\sigma_1+3\sigma_3 \leqslant 0) \end{cases} \tag{5.3.39}$$

当微裂隙随机分布于煤岩中，其最有利于裂隙扩展的方向的方向角 φ 为

$$\varphi = \frac{1}{2}\arccos\frac{\sigma_1-\sigma_3}{2(\sigma_1+\sigma_3)} \tag{5.3.40}$$

该理论只适用于脆性煤岩材料的破坏，对于一般材料摩尔-库仑准则适用性更好。

8. **霍克-布朗(Hoke-Brown)经验理论**

该理论认为煤岩破坏准则不仅要与试验结果相吻合，而且其数学解析式也要尽量简单。同时，该准则不仅能适用于结构完整（连续介质）且各向同性的均质煤岩材料，而且也可用于破碎煤岩体及各向异性、非均质的材料等。其破坏准则为

$$\sigma_1 = \sigma_3 + \sqrt{m\sigma_c\sigma_3 + s\sigma_c^2} \tag{5.3.41a}$$

式中，σ_1，σ_3 分别为破坏时的最大、最小主应力；σ_c 为结构完整的连续介质煤岩材料的单轴抗压强度；m 和 s 为经验系数，其中 m 变化范围为 0.0000001(强烈破坏煤岩)～25(坚硬而完整煤岩)，s 变化范围为 0(节理化煤岩)～1(完整煤岩)。1992 年 hoek 对该理论进行了改进，提出了广义 Hoke-Brown 经验破坏准则，即

$$\sigma_1 = \sigma_3 + \sigma_c\left(m\frac{\sigma_3}{\sigma_c} + s\right)^{\alpha} \tag{5.3.41b}$$

式中，α 为与煤岩特征有关的常数。

随着我国煤矿采深的不断增加，千米深井已非常普遍，在此类深度的煤岩原岩应力近 40 MPa。由于采掘造成的应力集中系数一般为 3～5 时，即最大主应力可达 120～200 MPa，相当于中等硬度及以上岩石的单轴抗压强度(80～250 MPa)。从工程实际出发，一般在受压区域采用摩尔-库仑准则即可；在用有限元或其他数值计算时，Drucker-Prager 准则应用较摩尔-库仑准则更为广泛；在受拉区域可用格林菲斯理论；对于碎裂煤岩材料优先选择霍克-布朗经验理论。

5.4　煤岩流变力学

前面叙述了煤岩作为一般弹塑性固体材料的特性及相关规律，其实，在实际煤岩力学行为过程中，煤岩常常呈现弹、塑、黏性力学过程。其中，黏性即为流变性，是指材料受力变形中存在的与时间有关的变形性质，表现为材料在外部条件不变的情况下，应力和应变随时间发生的缓慢变化。从与时间的关系或卸载后是否能恢复的角度，物体的变形按表 5.4.1 进行分类。其中，弹性后效是指加载或卸载时，应变滞后于应力的现象，是一种延迟发生的弹性变形或弹性恢复。流动特性是指材料应变速率是应力的函数，即应变速率随应力逐渐增长的性质。黏性流动是指在微小外力作用下发生的流动。塑性流动是指在外力达到某一界限值后，材料才开始流动。

表 5.4.1　煤岩变形分类

	与时间无关	与时间有关
卸载后能恢复变形卸载后不能恢复变形	瞬变：弹性变形、塑性变形	流变：弹性后效、流动(黏性流动、塑性流动)

对应地，根据研究对象在外力作用下呈现的变形性质或所处的变形阶段，弹、塑、黏性力学可分为弹性力学、塑性力学、黏性力学以及它们组合成的弹塑性力学和流变学等。工程上，单纯的黏性材料是很少的。一般工程材料在外力作用下，瞬

时出现弹性或弹塑性，以后才逐渐呈现黏性，即多为弹黏性或弹塑黏性材料。所以，在研究实际问题时，必须同时进行弹性与黏性或弹塑性与黏性分析，故流变力学又称为弹黏性力学、黏塑性力学或弹塑黏性力学等。

5.4.1 流变方程

在流变力学中，主要有两个方程，其一是表达流变过程中的应力、应变和时间关系的流变方程；其二是表达流动极限和时间关系的即衰减方程。对于弹黏性问题只需研究其流变方程，对于黏塑性、弹塑黏性问题则此两个方程都需要。

流变方程又称状态方程，是流变材料的本构方程，其一般形式为

$$f(\sigma,\varepsilon,t)=0 \tag{5.4.1a}$$

或

$$f(\dot{\sigma},\dot{\varepsilon})=0 \tag{5.5.1b}$$

式中，$\dot{\sigma}$为应力速率，$\dot{\sigma}=\dfrac{\mathrm{d}\sigma}{\mathrm{d}t}$；$\dot{\varepsilon}$为应变率，$\dot{\varepsilon}=\dfrac{\mathrm{d}\varepsilon}{\mathrm{d}t}$。

流变学的基本方程除流变材料受力后的本构方程（流变方程和流动极限衰减方程）外，和弹性力学、塑性力学等一样还包含运动方程和几何方程。

由于流变方程均是微分方程或积分方程，很难用简单的图形方式来表达。所以，为了便于分析研究，通常把变量σ,ε,t中一个固定，单独研究其他两个变量之间的相互关系。把三元方程化为二元方程，即可得一曲线族，反映其互相之间的关系。常用的有：表现给定应力条件下的应变和时间关系的蠕变方程和蠕变曲线；表现给定应变条件下的应力和时间关系的松弛方程和松弛曲线；表现给定时刻瞬间的应力和应变之间关系的应力应变方程和等时曲线；以及描述应力和应变速度关系的黏性方程和黏性曲线。

1. 蠕变

蠕变是流变的一种表现，它是指在不变载荷作用下发生的流变性质，用蠕变方程（$\sigma=\text{const},f(\varepsilon,t)=0$）和蠕变曲线表示。

在较高应力水平作用下，蠕变曲线一般可分为三个阶段，如图 5.4.1(a)所示。

（1）Ⅰ阶段：衰减蠕变（或初始蠕变、过度蠕变）。应变率由大逐渐变小，蠕变曲线上凸，即

$$\frac{\mathrm{d}\dot{\varepsilon}}{\mathrm{d}t}<0,\quad \frac{\mathrm{d}\varepsilon}{\mathrm{d}t}>0$$

（2）Ⅱ阶段：等速蠕变（或稳态蠕变）。应变率近似为常数或零，蠕变曲线近似为直线，即

$$\frac{\mathrm{d}\dot{\varepsilon}}{\mathrm{d}t}=0,\quad \frac{\mathrm{d}\varepsilon}{\mathrm{d}t}=\text{const}$$

(3) Ⅲ阶段:加速蠕变。应变率逐渐增加,蠕变曲线下凹,即

$$\frac{\mathrm{d}\dot{\varepsilon}}{\mathrm{d}t}>0,\quad \frac{\mathrm{d}\varepsilon}{\mathrm{d}t}>\mathrm{const}$$

并不是任何材料在任何应力水平上都存在蠕变三阶段。同一材料在不同应力水平上的蠕变阶段表现不同,可分为三种类型,如图 5.4.1(b)所示。

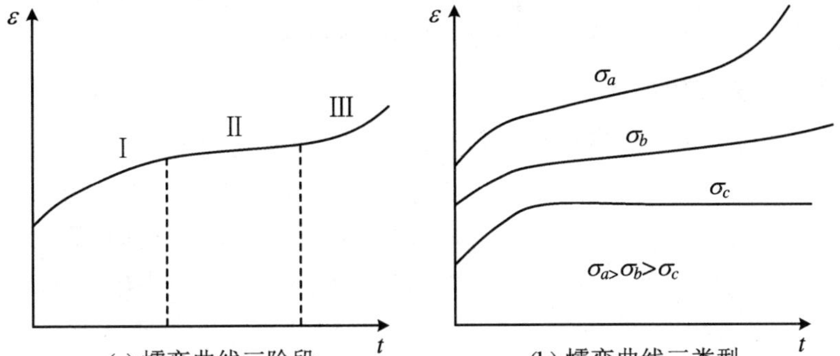

(a) 蠕变曲线三阶段　(b) 蠕变曲线三类型

图 5.4.1

(1) 稳定蠕变:在低应力水平下($\sigma=\sigma_c$),只有蠕变Ⅰ阶段和Ⅱ阶段,且Ⅱ阶段为水平线,永远不会出现Ⅲ阶段那种变形迅速增加而导致断裂破坏的现象。

(2) 亚稳定蠕变:在中等应力水平下($\sigma=\sigma_b>\sigma_c$),也只有蠕变Ⅰ阶段和Ⅱ阶段,但Ⅱ阶段蠕变曲线为稍有上升的斜直线,在相当长的期限内不会出现Ⅲ阶段。

(3) 不稳定蠕变:在比较高的应力水平下($\sigma=\sigma_a>\sigma_b>\sigma_c$),连续出现蠕变Ⅰ、Ⅱ、Ⅲ阶段,变形在后期迅速增加至断裂破坏。

材料的蠕变曲线通常由试验测得,也可通过现场实测得到。

2. 松弛

松弛是指在保持恒定应变条件下应力随时间推移而逐渐变小的性质,用松弛方程($\varepsilon=\mathrm{const}, f(\sigma,t)=0$)和松弛曲线表示(图 5.4.2)。

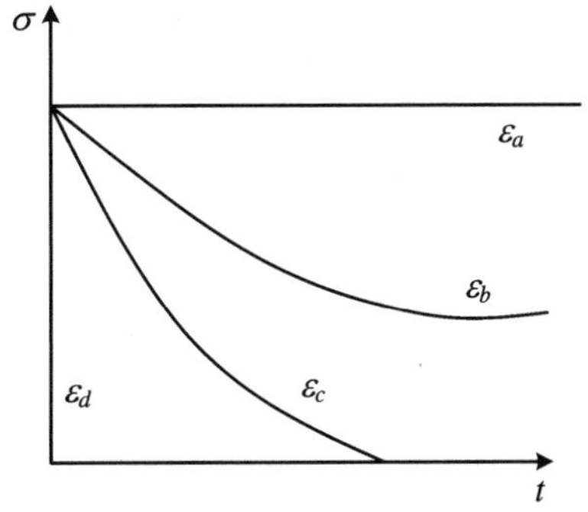

图 5.4.2

松弛可分为三种类型:

(1) 立即松弛:变形保持恒定后,应力立即消失到零,松弛曲线与 σ 轴重叠,如图 5.4.2 ε_d 线所示。其对应的另一种特殊情形是,变形保持恒定后应力始终不

变，不发生任何松弛，曲线平行于 t 轴，如图 5.4.2ε_a 线所示。

(2) 完全松弛：变形保持恒定后，应力逐渐消失，直至应力为零，如图 5.4.2ε_c 线所示。

(3) 不完全松弛：变形保持恒定后，应力逐渐消失，但不减至为零，而趋于一定值，如图 5.4.2ε_b 线所示。

在同一变形条件下，不同材料具有不同的松弛特性；相同材料在不同变形条件下也可能具有不同的松弛特性。松弛曲线由试验测得。

3. 等时应力应变关系

等时应力应变关系是指在给定的时刻瞬间的材料应力和应变关系，用应力应变方程（$t=\mathrm{const}, f(\sigma,\varepsilon)=0$）和等时曲线表示（图 5.4.3）。当 $t=0$ 时，得到的即为弹塑性力学中所述的瞬时应力应变曲线，可由试验直接测得。其余各条曲线则由试验测得的蠕变曲线族或松弛曲线族中选择不同时刻的应力应变值得到。

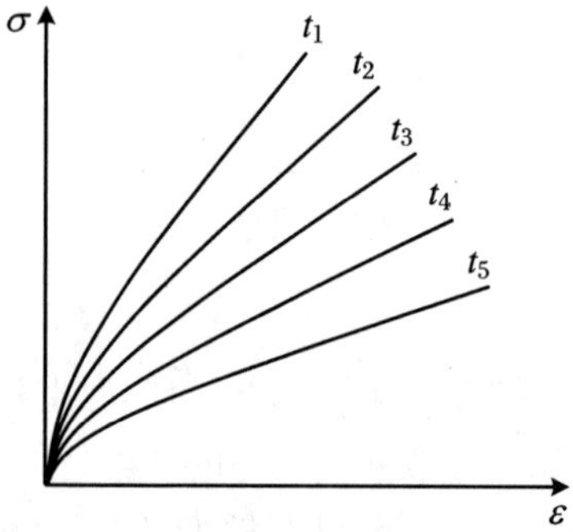

图 5.4.3

4. 黏性方程

黏性方程是指应变率与应力的关系方程，用 $\dot{\varepsilon}$-σ 黏性曲线表示（图 5.4.4）。其中，曲线对 $\dot{\varepsilon}$ 轴的斜率称为黏性系数 k，即

$$k=\tan\alpha=\frac{\sigma}{\dot{\varepsilon}} \tag{5.4.2}$$

黏性曲线可分为两类，一类是当应力很小时就开始流动，如图 5.4.4 中Ⅰ线，另一类是只有当应力达到某一极限值后才开始流动，如图 5.4.4 中Ⅱ线。前者为黏性流动，后者为塑性流动。黏性方程和黏性曲线由试验测得。

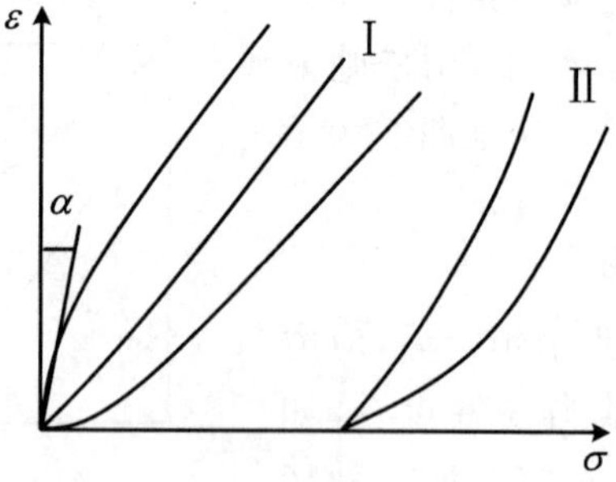

图 5.4.4

5. 卸载特性

卸载特性是指在给定应力应变水平上突然卸去外载荷后，变形随时间推移而逐渐消失，恢复原状的性质，用卸载方程（σ 由 const 变为 0，$f(\varepsilon, t)=0$）和卸载曲线表示（图 5.4.5 虚线）。卸载曲线常与蠕变曲线绘在一起，但需要注意的是，卸载期间其应力已变为零，而非图上标示的常数。根据卸载特性可以判断流变是属于弹性后效还是流动，或者两者兼有。卸载方程可由蠕变方程推导得到，也可通过试验得到。

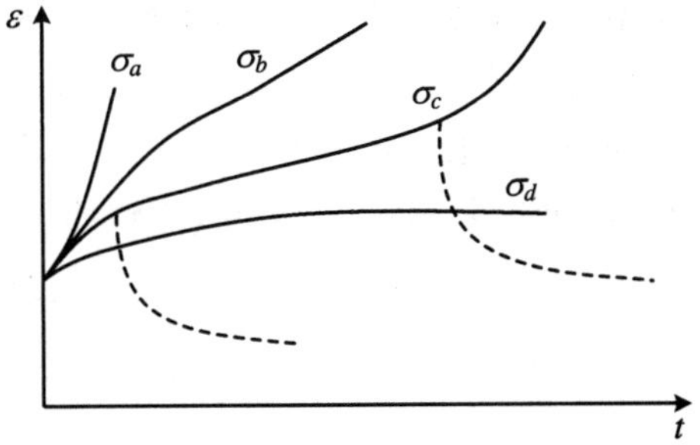

图 5.4.5

6. 流动极限的衰减

流动极限是指流变材料的屈服极限 σ_s，它往往随时间推移而衰减，其衰减过程可用衰减方程（$f(\sigma_s, t)=0$）和衰减曲线表示（图 5.4.6）。材料流动极限的衰减性质对于工程实践具有重要意义，如为了防止围岩由于强度衰减而造成破坏区扩大以致冒落，则需及早对巷道围岩进行支护或加固。

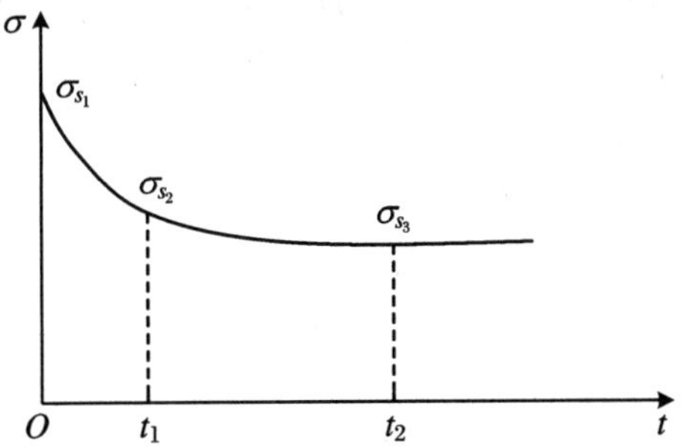

图 5.4.6

在图 5.4.6 中，$t=0$ 时的流动极限称为瞬时流动极限（或瞬时强度），$t\to\infty$ 时的流动极限称为长期流动极限（或长期强度）。其中，材料的长期强度是永久性工程需要考虑的一个重要指标。在复杂应力状态下，流动极限的衰减主要表现为屈服条件的变化。如对于摩尔-库仑(Mohr-Coulomb)屈服条件,该衰减主要表现为黏聚力(或内聚力、黏结力)的降低。因此,对于煤岩其随时间的推移,内部晶格发生变化,减少了静摩擦系数和黏聚力,从而降低了煤岩的长期强度。

5.4.2 流变本构模型

煤岩流变力学是研究煤岩流动的,即煤岩力学形态随时间变化的时效作用。流变材料的本构关系在经过假设、简化后,可归纳为几种典型的模型,它们是沟通试验-理论-应用之间的媒介。从数学角度看,这些模型可分为微分模型和积分模型两类。其中,积分模型仅仅是数学模型,它是根据实际材料流变方程建立起来的数学形式,如指数函数积分形式、幂函数积分形式等。而微分模型就比较形象,通过几种具有基本特性(如弹性、塑性和黏性)元件进行不同串并联的组合而成,相应地推导出它们的数学方程和特性曲线,即得流变方程的微分形式。所以说,微分模型既是数学模型,又是物理模型,且具有容易掌握、处理简便的优势,故常被采用。

1. 基本元件

流变模型的基本元件有弹性、塑性及黏性元件三种。

(1) 弹性元件

假定为理想弹性体,满足胡克定律,称为胡克(Hooke)体,用弹簧图形表示(图5.4.7(a)),符号为“H”,其本构方程为

$$\sigma = E\varepsilon \tag{5.4.3a}$$

或在剪应力作用下

$$\tau = G\gamma = 2G\varepsilon \tag{5.4.3b}$$

式中,E 杨氏模量,G 为剪切模量。在应力应变图上为一斜直线,如图 5.4.7(b)所示,斜率为刚度系数 E。

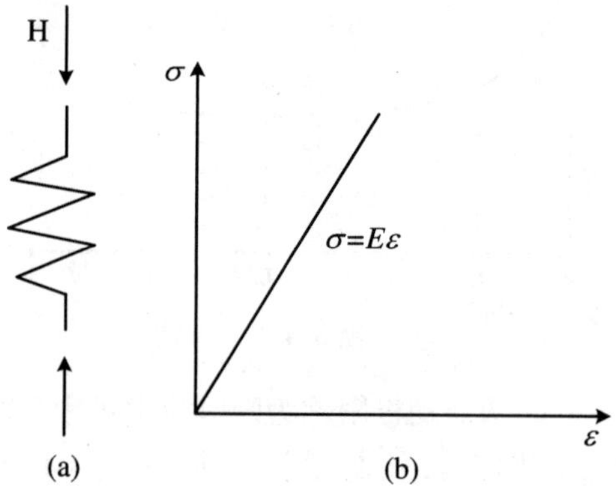

图 5.4.7

该模型的应力、应变均与时间无关，不发生蠕变和松弛。

(2) 塑性元件

假定为理想刚塑性体，即材料在屈服前不发生变形，一旦屈服应力不变而应变无限增加，且屈服极限与时间无关，用滑块或摩擦片表示(图 5.4.8(a))，称为圣维南(Saint-Venant)体，符号为“V”。当 $\sigma<\sigma_s$ 时，变形为零；当 $\sigma\geqslant\sigma_s$ 时，变形无限增加，趋于无穷(图 5.4.8(b))。其中，σ_s 为静摩擦力。

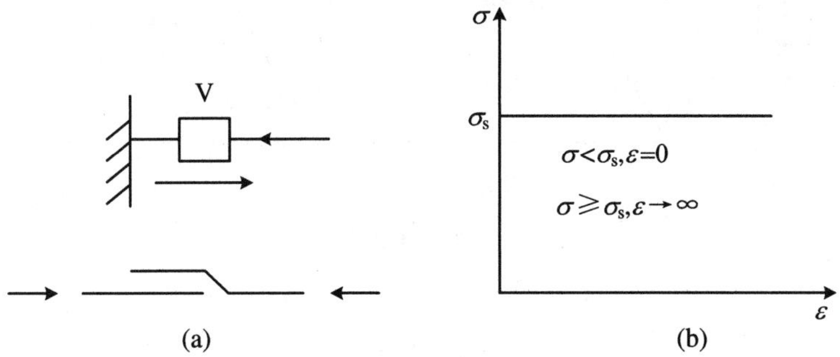

图 5.4.8

(3) 黏性元件

假定为理想黏性体，满足牛顿黏性定律，称为牛顿(Newton)体，用黏性阻尼筒图形表示(图 5.4.9(a))，符号为“N”。黏性阻尼筒为一内盛有黏性液体的黏壶，其活塞上带有溢流小孔。无论从哪个方向加载，开始犹如刚体不发生瞬变；随着时间推移活塞逐渐移动，同时黏液也溢流至另一侧。活塞移动的快慢取决于载荷的大小以及黏性液体的黏性大小。当黏壶盛满理想牛顿液体时，其变形速率与应力呈线性关系，满足牛顿黏性定律，即

$$\sigma = k\dot{\varepsilon} \tag{5.4.4a}$$

或

$$\tau = \eta\dot{\gamma} = 2\eta\dot{\varepsilon} \tag{5.4.4b}$$

式中，k 为拉伸或压缩时的黏性系数，Pa · s；η 为剪切黏性系数(或动力黏度)。由本构方程得到黏性曲线图如图 5.4.9(b)所示，当载荷恒定时，即 $\sigma=\sigma_c$，可求解上式得

$$\varepsilon = \frac{\sigma_c}{k}t \quad \left(\text{或 } \gamma = \frac{\tau}{\eta}t\right) \tag{5.4.5}$$

其蠕变曲线如图 5.4.9(c)所示，应变随时间成线性增加。

2. 典型模型

下面介绍几种由基本元件组合而成的典型模型。组合通过串联或并联进行，其基本法则为

(1) 串联用符号"－"表示,其各元件上的应力相等,且等于总应力,各元件的应变相加得到总应变,即

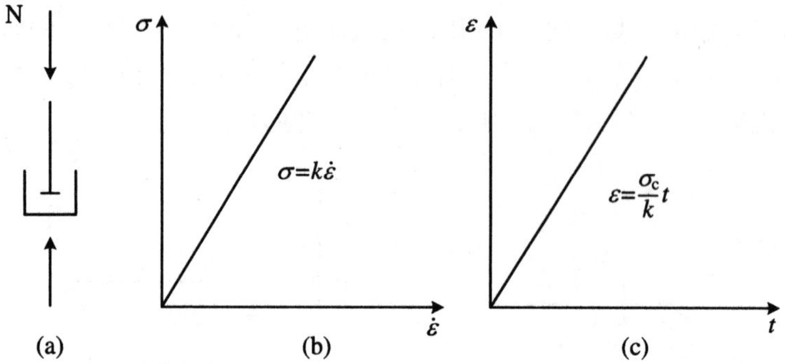

图 5.4.9

$$\begin{cases}\sigma = \sigma_1 = \sigma_2 = \cdots = \sigma_n \\ \varepsilon = \varepsilon_1 + \varepsilon_2 + \cdots + \varepsilon_n\end{cases} \tag{5.4.6}$$

(2) 并联用符号"|"表示,其各元件上的应变相等,且等于总应变,各元件的应力相加得到总应力,即

$$\begin{cases}\sigma = \sigma_1 = \sigma_2 = \cdots = \sigma_n \\ \varepsilon = \varepsilon_1 = \varepsilon_2 = \cdots = \varepsilon_n\end{cases} \tag{5.4.7}$$

a. 麦克斯威尔(Maxwell)模型

Maxwell 模型由一个弹簧和一个黏性元件串联而成,即 H-N 模型。如图 5.4.10(a)所示,其本构方程为

$$\dot{\varepsilon} = \frac{\dot{\sigma}}{E} + \frac{\sigma}{k} \tag{5.4.8a}$$

若作用力为剪应力,则本构方程为

$$\dot{\gamma} = \frac{\dot{\tau}}{G} + \frac{\tau}{\eta} \tag{5.4.8b}$$

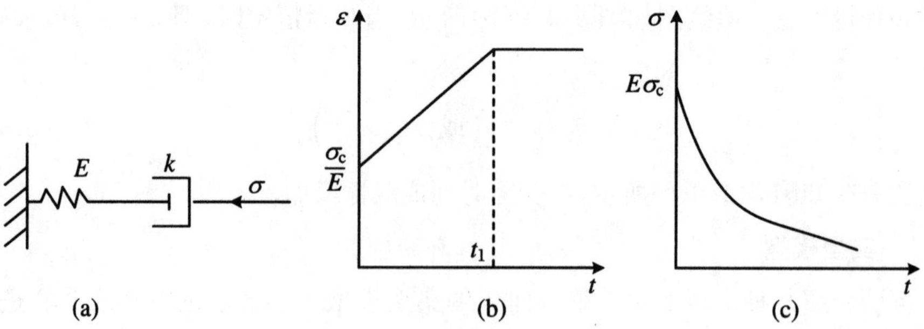

图 5.4.10

① 蠕变试验

保持应力恒定($\sigma=\sigma_c=\text{const}$)，则有$\dot{\sigma}=0$，又因为在加载瞬时 $t=0$，模型为理想弹性体，即 $\varepsilon_0=\dfrac{\sigma_c}{E}$，代入本构方程求得蠕变方程为

$$\varepsilon=\left(\frac{t}{k}+\frac{1}{E}\right)\sigma_c \tag{5.4.9}$$

其对应的蠕变曲线为图 5.4.10(b)所示的斜直线部分。可见，该模型的蠕变属于流动而不是弹性后效。

② 卸载试验

在 $t=t_1$ 时卸载，当 $t>t_1$ 时 $\sigma=0$，有$\dot{\sigma}=0$，由本构方程可得$\dot{\varepsilon}=0$，即 $\varepsilon=\text{const}$。当 $t=t_1$ 卸载时 $\varepsilon_{t1}=\left(\dfrac{t_1}{k}+\dfrac{1}{E}\right)\sigma_c$，其中弹性项$\dfrac{\sigma_c}{E}$在卸载时随即恢复，所以有

$$\varepsilon=\frac{t_1}{k}\sigma_c \tag{5.4.10}$$

其对应的卸载曲线为图 5.4.10(b)所示的平行于 t 轴的水平直线部分。

③ 松弛试验

对材料加载使产生 $\varepsilon=\varepsilon_c=\text{const}$，利用本构方程分析模型是否存在应力松弛。由 $\varepsilon=\varepsilon_c$ 得$\dot{\varepsilon}=0$，且 $t=0$ 时 $\sigma=E\varepsilon_c$，代入本构方程求得松弛方程为

$$\sigma=E\varepsilon_c e^{-\frac{E}{k}t} \tag{5.4.11}$$

其对应的松弛曲线如图 5.4.10(c)所示。

可见，Maxwell 模型既有弹性、蠕变特性，又有松弛特性，但没有弹性后效。常用于深部煤岩的分析。

b. 凯尔文(Kelvin)模型

Kelvin 模型由一个弹簧和一个黏性元件并联而成，即 H|N 模型。如图 5.4.11(a)所示，其本构方程为

$$\sigma=E\varepsilon+k\dot{\varepsilon} \tag{5.4.12a}$$

若作用力为剪应力，则本构方程为

$$\tau=2G\varepsilon+2\eta\dot{\varepsilon} \tag{5.4.12b}$$

① 蠕变试验

保持应力恒定，$\sigma=\sigma_c=\text{const}$，当 $t=0$ 时 $\varepsilon_0=0$，代入本构方程求解得蠕变方程为

$$\varepsilon=\frac{\sigma_c}{E}\left(1-e^{-\frac{E}{\eta}t}\right) \tag{5.4.13}$$

其对应的蠕变曲线为图 5.4.11(b)所示的上升曲线部分。ε 与 t 有关，随时间推

移而增大，但有一个极限值$\frac{\sigma_c}{E}$，即只有在 $t\to\infty$ 时应变才能达到只有弹性元件存在的情形。也就是说，弹性元件并联黏性元件后，推迟了全部弹性应变出现的时间。

② 卸载试验

在 $t=t_1$ 时卸载，即 $\sigma=0$，由蠕变方程得 $\varepsilon_{t_1}=\frac{\sigma_c}{E}(1-e^{-\frac{E}{k}t_1})$，代入本构方程解得卸载方程为

$$\varepsilon = \varepsilon_{t_1} e^{\frac{E}{k}(t_1-t)} \tag{5.4.14}$$

其对应的卸载曲线为图 5.4.11(b)所示下降的指数曲线部分。当 $t\to\infty$ 时 $\varepsilon\to 0$ 即卸载后经历的时间够长，其变形会完全消失，故该模型的蠕变属于弹性后效，没有黏性流动(没有残留永久变形)。

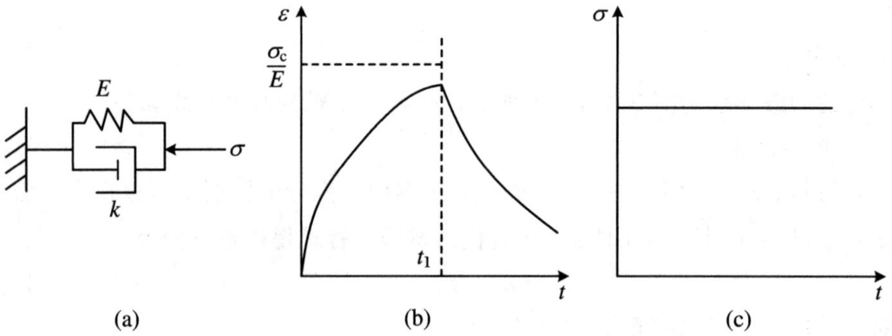

图 5.4.11

③ 松弛试验

当 $\varepsilon=\varepsilon_c=\text{const}$，即$\dot{\varepsilon}=0$，代入本构方程得

$$\sigma = E\varepsilon_c \tag{5.4.15}$$

应力为一平行 t 轴的直线(图 5.4.11(c))，即应力与时间无关，无应力松弛现象。

分析可知，Kelvin 模型属于稳定蠕变模型，没有弹性和松弛，只有弹性后效而没有流动，可用于一般岩石分析，但作为独立的模型在煤岩力学研究中应用不多。

c. 其他典型模型

此外，还有很多学者根据不同材料特性提出的流变模型，列举部分常用模型如表 5.4.2 所示。

表 5.4.2　几种常用流变模型

模型名称	力学模型	基本方程：① 本构方程、② 蠕变方程、③ 卸载方程、④ 松弛方程	特性曲线	应用对象
理想黏塑性模型 （V|N模型）	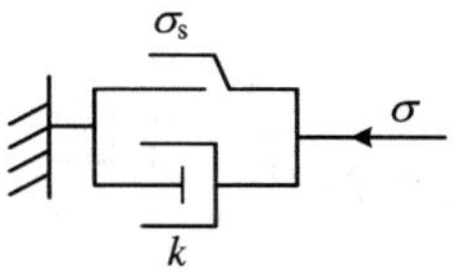	① $\sigma=\sigma_s+k\dot{\varepsilon}$ 或 $\dot{\varepsilon}=\frac{\sigma-\sigma_s}{k}$ ② $\varepsilon=\frac{\sigma_c-\sigma_s}{k}t$ ③ $\varepsilon=\frac{\sigma_c-\sigma_s}{k}t_1$ ④ $\sigma=0$	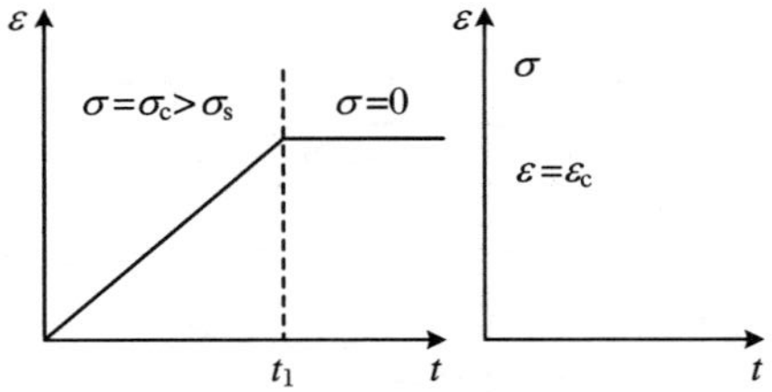	松散煤、软岩
广义凯尔文 （Kelvin）模型 （H-K模型）	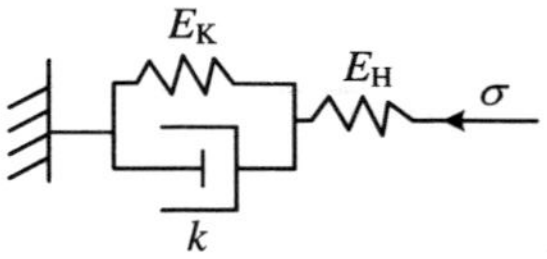	① $k\dot{\sigma}+(E_H+E_K)\sigma=E_Hk\dot{\varepsilon}+E_HE_K\varepsilon$ ② $\varepsilon=\frac{E_H+E_K}{E_HE_K}\sigma_c-\frac{\sigma_c}{E_K}e^{-\frac{E_K}{k}t}$ ③ $\varepsilon=\varepsilon_{t_1}e^{\frac{E_K}{k}(t_1-t)}$ ④ $\sigma=(E_0-E_\infty)\varepsilon_c e^{-\frac{E_H+E_K}{k}}+E_\infty\varepsilon_c$	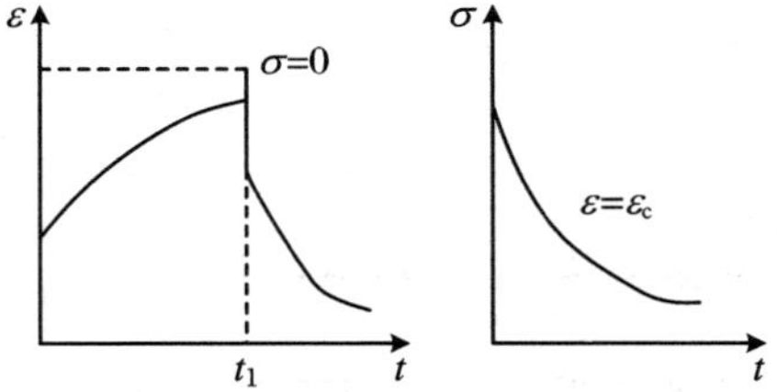	各类岩石
鲍埃丁-汤姆逊 （Poynting-Thomson） 模型 （H|M模型）	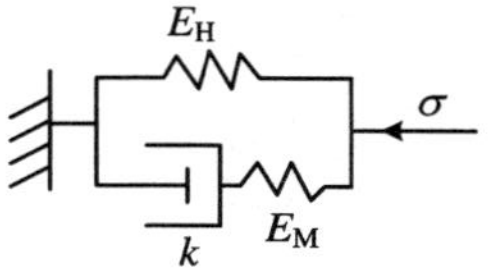	① $k\dot{\sigma}+E_M\sigma=(E_H+E_M)k\dot{\varepsilon}+E_HE_M\varepsilon$ ② $\varepsilon=\frac{\sigma_c}{E_H}\left(1-\frac{E_M}{E_H+E_M}\right)e^{-\frac{E_HE_M}{E_H+E_M}\frac{t}{k}}$ ③ $\varepsilon=\varepsilon_{t_1}e^{\frac{E_HE_M}{E_H+E_M}\frac{t_1-t}{k}}$ ④ $\sigma=\varepsilon_c(E_H+E_Me^{-\frac{E_M}{k}t})$	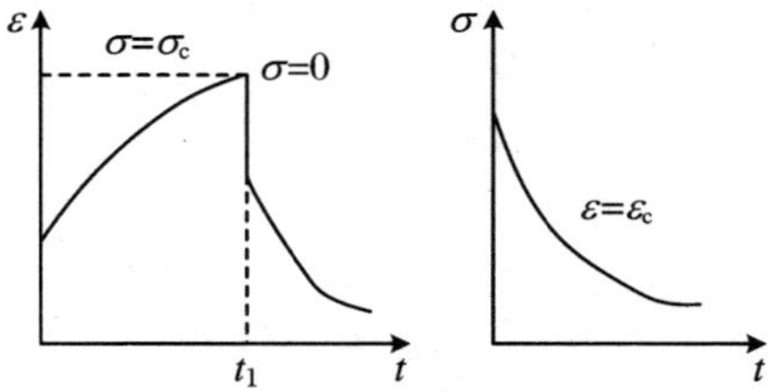	中等坚硬岩石（砂岩、页岩、石灰岩、砂质页岩等）

续表

模型名称	力学模型	基本方程:① 本构方程、② 蠕变方程、③ 卸载方程、④ 松弛方程	特性曲线	应用对象
宾汉姆(Bingham)模型	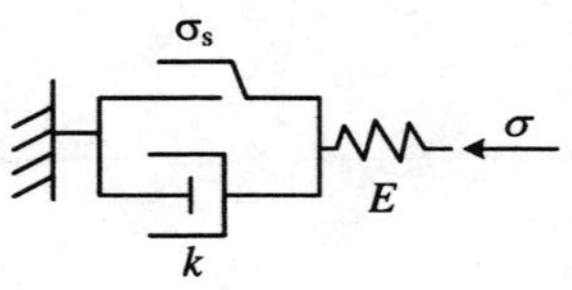	① $\begin{cases}\sigma<\sigma_s, \varepsilon=\dfrac{\sigma}{E}\\ \sigma\geqslant\sigma_s, \dot{\varepsilon}=\dfrac{\dot{\sigma}}{E}+\dfrac{\sigma-\sigma_s}{k}\end{cases}$ ② $\sigma\geqslant\sigma_c, \varepsilon=\dfrac{\sigma_c-\sigma_s}{k}t+\dfrac{\sigma_c}{E}$ ③ $\sigma\geqslant\sigma_c, \varepsilon=\dfrac{\sigma_c-\sigma_s}{k}t_1$ ④ $\sigma\geqslant\sigma_s, \sigma=\sigma_s+(E\varepsilon_c-\sigma_s)e^{-\frac{E}{k}t}$	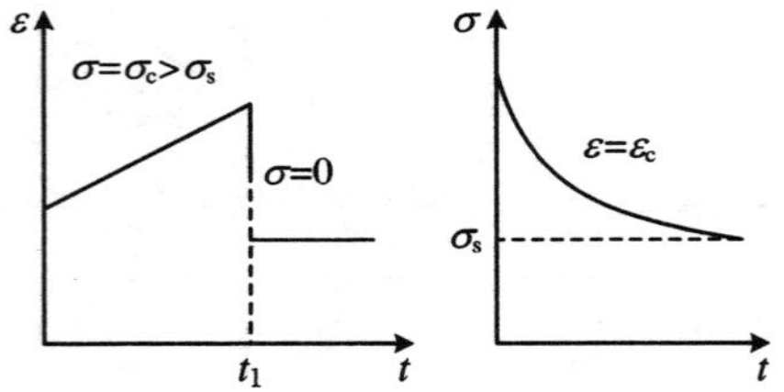	黏土、中等坚硬岩石
伯格斯(Burgers)模型(M-K 模型)	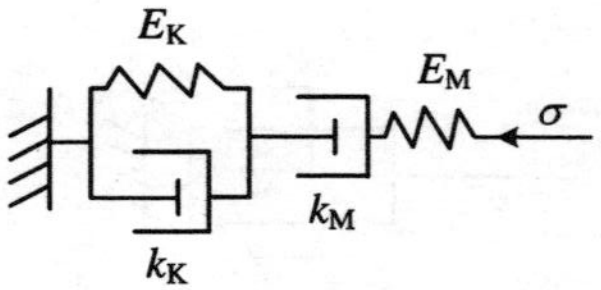	① $\ddot{\sigma}+\left(\dfrac{E_K+E_M}{k_K}+\dfrac{E_M}{k_M}\right)\dot{\sigma}+\dfrac{E_K E_M}{k_K k_M}\sigma=E_M\ddot{\varepsilon}+\dfrac{E_K E_M}{k_K}\dot{\varepsilon}$ ② $\varepsilon=\dfrac{\sigma_c}{E_M}+\dfrac{\sigma_c}{k_M}t+\dfrac{\sigma_c}{E_K}(1-e^{-\frac{E_K}{k_K}t})$ ③ $\varepsilon=\dfrac{\sigma_c}{k_M}t_1+\dfrac{\sigma_c}{E}(1-e^{-\frac{E_K}{k_K}t_1})\cdot e^{\frac{E_K}{k_K}(t_1-t)}$ ④ $\ddot{\sigma}+\left(\dfrac{E_K+E_M}{k_K}+\dfrac{E_M}{k_M}\right)\dot{\sigma}+\dfrac{E_K E_M}{k_K k_M}\sigma=0$	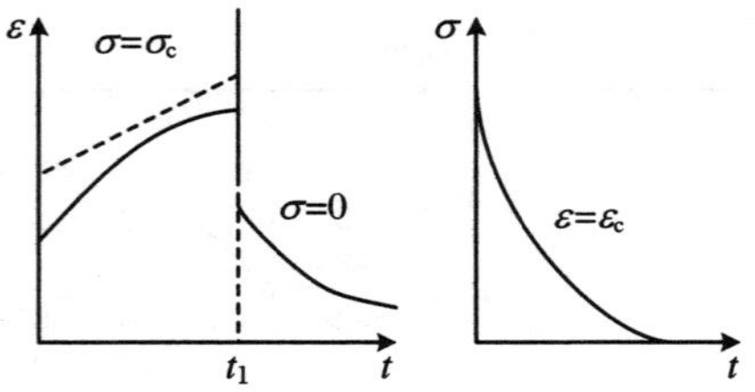	硬黏土(黏土岩)、软岩、煤

续表

模型名称	力　学　模　型	基本方程：① 本构方程、② 蠕变方程、③ 卸载方程、④ 松弛方程	特　性　曲　线	应用对象
西原(Nishihara)模型	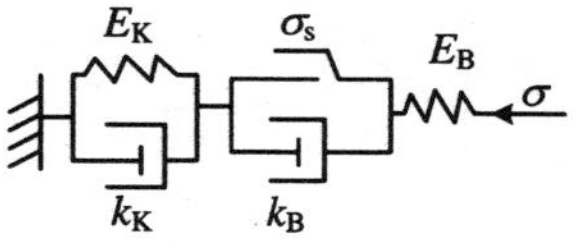	① $\sigma \geqslant \sigma_s$，$\ddot{\sigma} + \left(\frac{E_B + E_K}{k_K} + \frac{E_B}{k_B}\right)\dot{\sigma} + \frac{E_B E_K}{k_B k_K}(\sigma - \sigma_s) = E_B \ddot{\varepsilon} + \frac{E_B E_K}{k_K}\dot{\varepsilon}$ ② $\varepsilon = \frac{\sigma_c}{E_B} + \frac{\sigma_c - \sigma_s}{k_B} t + \frac{\sigma_c}{E_K}(1 - e^{-\frac{E_K}{k_K}t})$ ③ $\varepsilon = \frac{\sigma_c - \sigma_s}{k_B} t_1 + \frac{\sigma_c}{E}(1 - e^{-\frac{E_K}{k_K}t_1}) e^{\frac{E_K}{k_K}(t_1 - t)}$	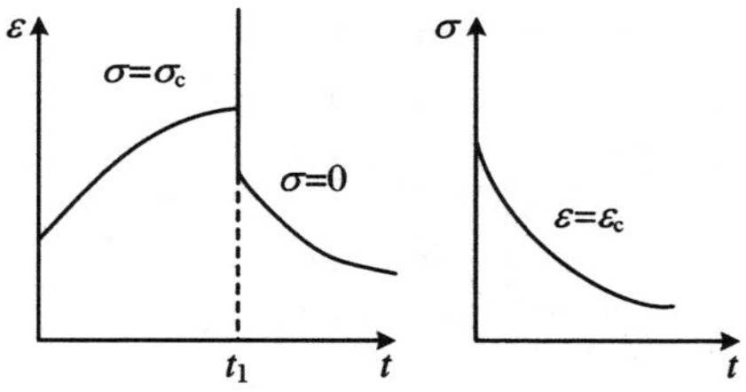	软岩、煤
广义中村模型(广义H-K模型)	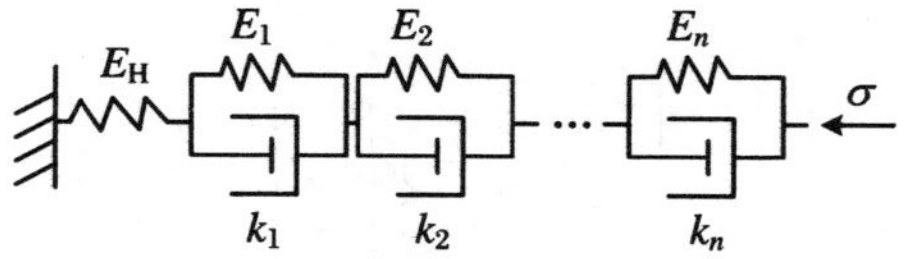 ② $\sigma = \sigma_c$，$\varepsilon = \frac{\sigma_c}{E_H} + \sum_{i=1}^{n} \frac{\sigma_c}{E_i}(1 - e^{-\frac{E_i}{k_i}t})$		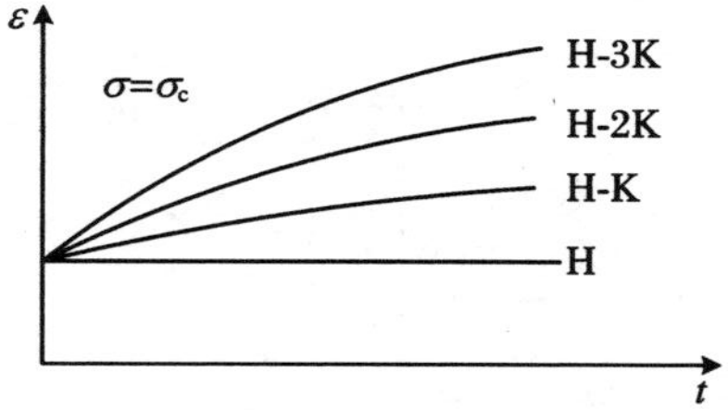	中等坚硬岩石(石灰岩、砂岩等)
广义伯格斯模型(广义M-K模型)	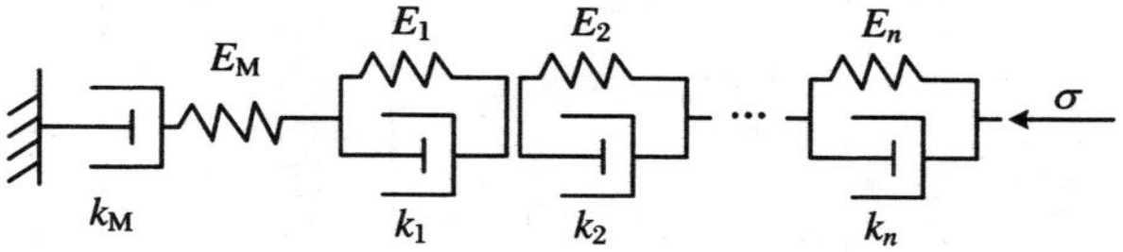 ② $\sigma = \sigma_c$，$\varepsilon = \frac{\sigma_c}{E_M} + \frac{\sigma_c}{k_M} t + \sum_{i=1}^{n} \frac{\sigma_c}{E_i}(1 - e^{-\frac{E_i}{k_i}t})$			各类煤

在实际应用时,应根据实际煤岩的真实流变特性(表 5.4.3)及变形特征,选择与之相吻合的模型进行实际工程问题分析。

表 5.4.3　各流变模型的流变特性

名　称	组　成		瞬　变		蠕　变		松弛
			弹性	塑性	弹性后效	流动	
胡克体	H		有	无	无	无	无
圣维南体	V		无	有	无	无	立即
牛顿体	N		无	无	无	有	立即
麦克斯威尔模型	M = H-N		有	无	无	有	完全
凯尔文模型	K = H|N		无	无	有	无	无
理想黏塑性模型	V|N	$\sigma<\sigma_s$	无	无	无	无	无
		$\sigma\geqslant\sigma_s$	无	无	无	有	立即
广义凯尔文模型	H-K		有	无	有	无	不完全
鲍埃丁-汤姆逊模型	H|M		有	无	有	无	不完全
宾汉姆模型	B = V|N-H	$\sigma<\sigma_s$	有	无	无	无	无
		$\sigma\geqslant\sigma_s$	有	无	无	有	不完全
伯格斯模型	M-K		有	无	有	有	完全
西原模型	B-K	$\sigma<\sigma_s$	有	无	有	无	不完全
		$\sigma\geqslant\sigma_s$	有	无	有	有	不完全
广义中村模型	广义 H-K		有	无	有	无	不完全
广义伯格斯模型	广义 M-K		有	无	有	有	完全

3. 三维流变模型

前面介绍的典型模型均为一维应力状态下的流变模型。由于实际的煤岩力学问题均是三维问题,故在实际应用中需将一维本构方程推广为三维形式。其中,由基本元件的一维导出的三维对应关系如下:

(1) 弹性元件三维对应关系

一维弹性元件的本构方程为一维胡克定律,即如式(5.4.3)所示,

$$\sigma = E\varepsilon \quad (\text{或}\ \tau = 2G\varepsilon) \tag{5.4.16}$$

对于三维弹性元件,其本构方程就是广义胡克定律,如式(5.3.7)和(5.3.8)所描述的全量型和增量型的情况,其中应力球张量反映的是材料弹性体积改变,不引起形状改变,而应力偏张量反映的是材料形状改变,而无体积改变,表征的是材料塑性

变形。对于大多数工程材料的弹性体积应变，没有塑性部分，即不发生流变，所以涉及流变问题的胡克定律只有其中的偏张量部分，有

$$\sigma'_{ij} = 2G\varepsilon'_{ij} \tag{5.4.17}$$

式中，G 为剪切模量；σ'_{ij}为应力偏张量；ε'_{ij}为应变偏张量。其展开为

$$\begin{cases}\sigma_x - \sigma_0 = 2G(\varepsilon_x - \varepsilon_0), \sigma_{xy} = 2G\varepsilon_{xy} \\ \sigma_y - \sigma_0 = 2G(\varepsilon_y - \varepsilon_0), \sigma_{yz} = 2G\varepsilon_{yz} \\ \sigma_z - \sigma_0 = 2G(\varepsilon_z - \varepsilon_0), \sigma_{zx} = 2G\varepsilon_{zx}\end{cases}$$

式中，$\sigma_0 = \dfrac{\sigma_x + \sigma_y + \sigma_z}{3}$为平均应力。

对比式(5.4.16)和式(5.4.17)发现，其表达形式是相同的(剪应力部分完全一样)，只是符号不同而已，其对应关系为

$$\sigma \rightarrow \sigma'_{ij}, \quad E \rightarrow 2G, \quad \varepsilon \rightarrow \varepsilon'_{ij} \tag{5.4.18}$$

(2) 黏性元件三维对应关系

一维黏性元件的本构方程为一维牛顿黏性定律，即如式(5.4.4)所示，

$$\sigma = k\dot{\varepsilon} \quad (\text{或 } \tau = 2\eta\dot{\varepsilon}) \tag{5.4.19}$$

对应于三维应力状态下的牛顿黏性定律为

$$\begin{cases}\sigma_x - \sigma_0 = 2\eta(\dot{\varepsilon}_x - \dot{\varepsilon}_0), \sigma_{xy} = 2\eta\dot{\varepsilon}_{xy} \\ \sigma_y - \sigma_0 = 2\eta(\dot{\varepsilon}_y - \dot{\varepsilon}_0), \sigma_{yz} = 2\eta\dot{\varepsilon}_{yz} \\ \sigma_z - \sigma_0 = 2\eta(\dot{\varepsilon}_z - \dot{\varepsilon}_0), \sigma_{zx} = 2\eta\dot{\varepsilon}_{zx}\end{cases}$$

式中，k 为拉伸或压缩时的黏性系数；η 为剪切黏性系数(或动力黏度、三维黏性系数)。写成偏张量形式为

$$\sigma'_{ij} = 2\eta\varepsilon'_{ij} \tag{5.4.20}$$

对比式(5.4.19)和式(5.4.20)发现，其表达形式是相同的(剪应力部分完全一样)，只是符号不同而已，其对应关系为

$$\sigma \rightarrow \sigma'_{ij}, \quad k \rightarrow 2\eta, \quad \varepsilon \rightarrow \varepsilon'_{ij} \tag{5.4.21}$$

对于一维塑性元件，由于其在三维应力状态下，本构关系比较复杂，包含屈服条件、加载条件和本构方程等三个方面，且不同的材料对于不同的本构关系其方程表达形式也不一样，即塑性元件没有相对恒定的对应关系。

对于煤岩工程如地下硐室、煤巷及煤柱等，其流变特性对研究井下工程安全具有重要意义。针对含瓦斯煤岩的流变特性，其蠕变曲线具有典型的蠕变三阶段(图 5.4.1)，现以伯格斯模型的改进模型为例，来说明含瓦斯煤岩的三维流变模型。

引入一个非理想黏性阻尼筒(N')，建立一个改进的弹塑黏性模型(图 5.4.12)，来完善伯格斯模型对加速蠕变阶段的描述。非理想黏性阻尼筒所受应力与蠕变加速度成正比，即 $\sigma_2 = K\ddot{\varepsilon}$。当 $\sigma \geqslant \sigma_s$ 时，改进的弹塑黏型模型的状态方程为

$$\begin{cases}\sigma_1 = E\varepsilon \\ \sigma_2 = k\ddot{\varepsilon} \\ \sigma - \sigma_s = \sigma_1 + \sigma_2\end{cases} \tag{5.4.22}$$

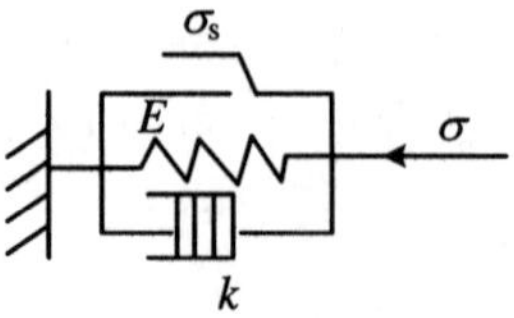

图 5.4.12

由其并联关系可得弹黏塑性模型的本构方程为

$$\sigma - \sigma_s = E\varepsilon + k\ddot{\varepsilon} \tag{5.4.23}$$

保持应力恒定，$\sigma = \sigma_c = \text{const}$，代入本构方程求解得改进的弹塑黏性模型的一维蠕变方程为

$$\sigma \geqslant \sigma_s,\quad \left(\frac{1}{E} - \frac{1}{2E}e^{-\sqrt{-\frac{E}{k}}t} - \frac{1}{2E}e^{\sqrt{-\frac{E}{k}}t}\right)(\sigma_c - \sigma_s) \tag{5.4.24}$$

将改进的弹塑黏性模型与伯格斯模型串联得到含瓦斯煤岩的非线性弹塑黏性模型(图 5.4.13)，其中伯格斯模型为部分Ⅰ，改进的弹塑黏性模型为部分Ⅱ。其状态方程为

$$\begin{cases}\ddot{\sigma}_1 + \left(\dfrac{E_K + E_M}{k_K} + \dfrac{E_M}{k_M}\right)\dot{\sigma}_1 + \dfrac{E_K E_M}{k_K k_M}\sigma_1 = E_M\ddot{\varepsilon}_1 + \dfrac{E_K E_M}{k_K}\dot{\varepsilon}_1 \\ \sigma_2 - \sigma_s = E\varepsilon_2 + k\ddot{\varepsilon}_2 \\ \sigma = \sigma_1 = \sigma_2 \\ \varepsilon = \varepsilon_1 + \varepsilon_2\end{cases} \tag{5.4.25}$$

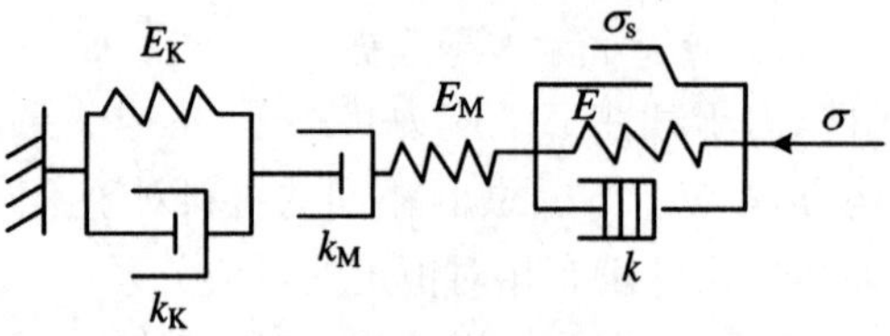

图 5.4.13

通过拉普拉斯变换和拉普拉斯逆变换，可得到含瓦斯煤岩非线性黏弹塑性流变本构方程为

$$\left(1 + \frac{E_K}{2E}\left(e^{\sqrt{-\frac{E}{k}}t} + e^{-\sqrt{-\frac{E}{k}}t}\right) + \frac{E_K}{E}\right)\ddot{\sigma}$$

$$+\left[\frac{E_K+E_M}{k_K}+\frac{E_K}{k_M}+\frac{E_K E_M}{2Ek_K}\left(e^{\sqrt{-\frac{E}{k}}t}+e^{-\sqrt{-\frac{E}{k}}t}\right)+\frac{\sqrt{-\frac{E}{k}}E_K}{E}\left(e^{\sqrt{-\frac{E}{k}}t}-e^{-\sqrt{-\frac{E}{k}}t}\right)\right]\dot{\sigma}$$

$$+\frac{E_K E_M}{k_K k_M}\sigma+\left[\frac{\sqrt{-\frac{E}{k}}E_K E_M}{2Ek_K}\left(e^{\sqrt{-\frac{E}{k}}t}-e^{-\sqrt{-\frac{E}{k}}t}\right)-\frac{E_K}{2k}\left(e^{\sqrt{-\frac{E}{k}}t}+e^{-\sqrt{-\frac{E}{k}}t}\right)\right](\sigma-\sigma_s)$$

$$=E_K\ddot{\varepsilon}_1+\frac{E_K E_M}{k_K}\dot{\varepsilon}_1 \tag{5.4.26}$$

当只有部分Ⅰ参与含瓦斯煤岩的流变时，则该模型退化为伯格斯模型。

若保持应力恒定，即 $\sigma=\sigma_c=\text{const}$，代入式(5.4.25)可求解得模型各部分的蠕变分量，叠加后得不同情形下的含瓦斯煤岩一维蠕变方程为

$$\begin{cases}\sigma_c<\sigma_s,\ \varepsilon=\dfrac{\sigma_c}{E_M}+\dfrac{\sigma_c}{k_M}t+\dfrac{\sigma_c}{E_K}\left(1-e^{-\frac{E_K}{k_K}t}\right)\\ \sigma_c\geqslant\sigma_s,\ \varepsilon=\dfrac{\sigma_c}{E_M}+\dfrac{\sigma_c}{k_M}t+\dfrac{\sigma_c}{E_K}\left(1-e^{-\frac{E_K}{k_K}t}\right)+\dfrac{\sigma_c-\sigma_s}{E}\left(1-\dfrac{1}{2}e^{-\sqrt{-\frac{E}{k}}t}-\dfrac{1}{2}e^{\sqrt{-\frac{E}{k}}t}\right)\end{cases} \tag{5.4.27}$$

其中，第一式可用来描述衰减蠕变及等速蠕变过程，第二式可用来描述衰减蠕变、等速蠕变和加速蠕变过程。代入式(5.4.18)和式(5.4.21)可得三维应力状态下的含瓦斯煤岩蠕变方程为

$$\begin{cases}\sigma_c^D<\sigma_s^D,\ \varepsilon'_{ij}=\dfrac{\sigma_c^D}{2G_M}+\dfrac{\sigma_c^D}{2\eta_M}t+\dfrac{\sigma_c^D}{2G_K}\left(1-e^{-\frac{G_K}{\eta_K}t}\right)\\ \sigma_c^D\geqslant\sigma_s^D\\ \varepsilon'_{ij}=\dfrac{\sigma_c^D}{2G_M}+\dfrac{\sigma_c^D}{2\eta_M}t+\dfrac{\sigma_c^D}{2G_K}\left(1-e^{-\frac{G_K}{\eta_K}t}\right)+\dfrac{\sigma_c^D-\sigma_s^D}{2G}\left(1-\dfrac{1}{2}e^{-\sqrt{-\frac{G}{\eta}}t}-\dfrac{1}{2}e^{\sqrt{-\frac{G}{\eta}}t}\right)\end{cases} \tag{5.4.28}$$

式中，σ_c^D，σ_s^D 分别为某一很定应力偏张量部分和偏屈服应力；G 为剪切模量；η 为剪切黏性系数。对应地，第一式可用来描述含瓦斯煤岩在三维应力状态下衰减蠕变及等速蠕变过程，第二式则可用来描述其衰减蠕变、等速蠕变和加速蠕变过程。

5.5　煤岩损伤与断裂

前面理论都是基于弹性力学、弹塑性力学、弹塑黏性力学等连续介质力学理论而言的，其对煤岩材料进行理论计算结果与实测结果常常出现一定偏差，原因如下：

(1) 煤岩材料不是一种理想的连续介质，其中存在着大量微孔洞、微裂纹等细观结构，它们的扩展、生长、汇合均对煤岩力学性质有影响，而经典连续介质力学的前提假设是忽略其影响。

(2) 煤岩材料在断裂前后的力学行为是十分复杂的，其与材料本身细观结构的复杂性是息息相关的，目前还没有一种普适的描述方式。

基于此，用损伤力学来描述煤岩材料的破坏将更加与工程实际相吻合。

5.5.1 煤岩损伤力学行为

如图 5.5.1 所示为粉砂岩轴向循环加载应力应变曲线图，从每次加载循环的力学响应不同可知，这是由其材料内部逐渐损伤导致的。损伤是指材料在一定应力状态下，其细观结构的缺陷（如材料内位错、夹杂、微裂纹、微孔洞等）引起力学性能的劣化（如微裂纹的萌生和扩展、黏聚力的进展性衰弱等）过程。损伤并不是一种独立的物理性质，它是作为一种劣化因素被结合到弹性、塑性、黏性或弹塑黏性材料中的。

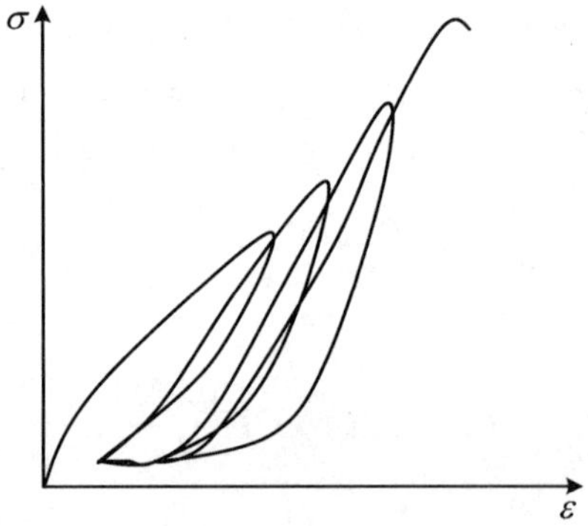

图 5.5.1

损伤力学则是通过研究材料从原生缺陷到形成宏观裂纹直至断裂的全过程，即微裂纹的萌生、扩展或演变，微元体的破坏，宏观裂纹的形成、扩展直至失稳断裂的全过程，从而预测材料的宏观力学行为。它有两个主要分支。一是连续损伤力学（CDM，又称宏观损伤力学），以基于连续介质力学和不可逆热力学作为理论基础，唯象地研究损伤的过程。它着重研究损伤对材料宏观力学性质的影响以及材料和结构损伤演化的过程和规律，而不细察其损伤演化的细观物理与力学过程。二是细观损伤力学（MDM），其根据典型基元（如微裂纹、微孔洞、剪切带及各基元的组合等）的变形和演化过程，通过某种力学均一化的方法，获得材料变形损伤与细观损伤参量之间的关联。

1. 煤岩损伤特征

煤岩宏观变形有以下不同于其他材料的典型特征：

(1) 煤岩具有软化效应。

(2) 煤岩具有扩容现象(即体积膨胀效应)。

(3) 煤岩抗拉强度远低于其抗压强度。

(4) 煤岩的宏观塑性很小，其非线性变形主要由材料内部细观缺陷所致。

所以，探索煤岩材料的损伤力学行为对了解其宏观变形及失稳破坏具有重要意义。

由于受载煤岩在超过弹性极限后表现出明显的非线性变形，其主要原因为：

(1) 煤岩中的原始微裂纹被压密后重新张开和扩展；

(2) 在微缺陷处产生局部应力集中，导致微破裂；

(3) 发生与局部拉伸裂纹张开相伴随的裂纹摩擦滑移。

其中，煤岩内微裂纹的尺寸与晶粒尺寸几乎是同量级的，在非线性变形的初始阶段主要是沿晶界破裂，即微裂纹沿晶界边缘分布。微裂纹的方向是宏观压、拉、扭作用的产物，在单轴压缩下，轴向微破裂占主导；在非线性变形初期，增加的微裂纹与加载轴向成$15^{\circ}\sim30^{\circ}$的夹角，而在非线性变形的中、后期，微裂纹趋向轴向扩展，并互相贯通，形成轴向微长裂纹，其他方向上的微裂纹却几乎没什么变化。也就是说，在轴向加载的过程中，随着与轴向应力的夹角越来越大，微裂纹增加速度和数量却越来越小。对于宏观裂纹，在受载条件下，其裂纹尖端由于应力集中会产生微裂纹网络(即塑性损伤区，如图5.5.2所示)，且随应力的增加，微裂纹网络扩大、微裂纹分岔增加。

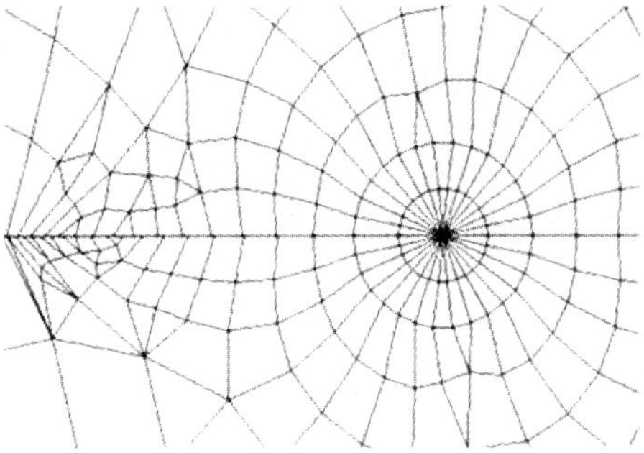

图 5.5.2

从细观力学的角度，对于多孔煤岩材料经历塑性变形后的断裂(即塑性断裂、韧性断裂)，其损伤破坏机制为：

(1) 微孔洞的成核。这主要是因为煤岩材料细观结构的不均匀性，大多数微孔洞成核于二相粒子附近，或二相粒子的自身开裂，或二相粒子与基体的界面脱黏；

(2) 微孔洞的生长。随着外载荷的不断增加，微孔洞周围的塑性变形越来越大，微孔洞也随之扩展和生长；

(3) 微孔洞的汇合。当微孔洞附近的塑性变形达到一定程度后，微孔洞之间发生塑性失稳，出现局部剪切带，剪切带中的二级孔洞片状汇合形成宏观裂纹。

在经典弹塑性理论中通常不考虑塑性体积变形，认为应力球张量对煤岩屈服无明显影响。其实，这种简化假设对损伤很小的塑性变形是合适的，但随着塑性变形的增加，微孔洞的不断成核和生长，使得体积不可压缩假设不再成立，需要考虑微孔洞的膨胀率，对应于宏观的扩容现象。且随着微孔洞成核、生长引起体积百分比的增加，材料屈服面会逐渐缩小，即呈现材料随损伤产生软化的特性。

2. 煤岩损伤力学描述

(1) 内变量理论

煤岩损伤力学需要引入内部状态变量(内变量)来描述，其可以是标量(如硬化参量、相变程度、化学反应程度、损伤累积程度、晶格缺陷浓度、可动位错百分比、晶粒大小变化参量等)，也可是张量(如非线性应变、位错环密度等)。这些都是反应材料内部状态变化的参量，是宏观不可观测量，但最终导致材料的宏观变形或破坏。其中，引入的内部状态变量如表 5.5.1 所示。

表 5.5.1　损伤材料的内部状态变量

可观测变量	内变量	相伴变量(或关联变量)
弹性应变张量 ε_{ij}	塑性应变张量 ε_{ij}^{P}	应力张量 σ_{ij}
温度 T	—	熵 S
—	应变硬化 α_P	对偶应力 A_P
—	累积塑性应变 ε^{P}	屈服面的半径 R
—	各向同性损伤变量 D	损伤能量释放率 Y
—	各向异性损伤变量 D_{ij}	损伤能量释放率 Y_{ij}

(2) 损伤变量与有效应力

为了研究煤岩材料的损伤力学行为，需要选择合适的损伤变量(或损伤参量、损伤因子)来描述其损伤状态。由于材料的损伤会引起宏细观物理性能的变化，故可从宏观和细观角度选择度量损伤的基准。其中，宏观方面可选弹性常数、屈服应力、拉伸强度、伸长率、密度、电阻、声发射和电阻等，细观方面可选孔洞数目、长度、面积和体积等。

考虑一个均匀受压的圆柱形煤岩材料试件，认为其劣化的主要原因是由于材料内部细观结构缺陷导致有效承载面积变小。设其无损状态下的横截面面积为

A,损伤面积(含微裂纹和孔洞)为 A^*,损伤后的有效面积(或净面积)为 $\tilde{A}=A-A^*$,则损伤变量定义为

$$D=\frac{A^*}{A}=\frac{A-\tilde{A}}{A} \tag{5.5.1}$$

其中,对于完全无损状态,$D=0$;对于完全上式承载能力的状态,$D=1$。从热力学角度看,损伤变量是一个内部状态变量,反映了材料结构的不可逆变化过程;由此,在损伤过程中,熵是增加的$\left(\mathrm{d}S=\frac{\mathrm{d}Q}{T}>0\right)$。

对应地,有效应力(或净应力,即单位有效面积上的应力)为 $\tilde{\sigma}=\frac{F}{\tilde{A}}$,且有 $\sigma\cdot A=\tilde{\sigma}\cdot\tilde{A}$,故 $\tilde{\sigma}=\frac{\sigma}{1-D}$,此为标量形式。其张量表示形式为

$$\boldsymbol{\sigma}_{ij}=(\boldsymbol{I}_{ijmn}-\boldsymbol{D}_{ijmn})\tilde{\boldsymbol{\sigma}}_{mn} \tag{5.5.2}$$

式中,$\boldsymbol{I}_{ijmn}$ 为四阶单位张量,为了避免和弹性模量 E 混淆,此后不采用 $\boldsymbol{E}_{ijmn}$ 表示单位张量。因为应力(或名义应力)和有效应力均为二阶张量,由张量商法则可知损伤变量张量 $\boldsymbol{D}$ 为四阶张量。

(3) 损伤力学模型

在含有损伤的材料中,要从细观上对每一种缺陷形式和损伤机制进行分析以确定有效面积是很困难的,为了能间接地测定损伤,1971 年法国的勒梅特(J. Lemaitre)提出了“应变等价原理(或应变等效假设)”,即认为应力作用在受损材料上引起的应变与有效应力作用在无损材料上引起的应变等价,即

$$\varepsilon=\frac{\sigma}{\tilde{E}}=\frac{\tilde{\sigma}}{E}=\frac{\sigma}{(1-D)E} \tag{5.5.3a}$$

或

$$\sigma=(1-D)E\varepsilon \tag{5.5.3b}$$

式中,$\tilde{E}=(1-D)E$ 为受损材料的弹性模量,称为有效弹性模量。由于$\tilde{E}$又是卸载线的斜率,故又称为卸载弹性模量。上式为弹性受损材料的一维本构方程,其张量表示形式为

$$\boldsymbol{\sigma}=E(\boldsymbol{I}-\boldsymbol{D}):\boldsymbol{\varepsilon} \tag{5.5.4a}$$

或

$$\boldsymbol{\sigma}_{ij}=\boldsymbol{E}(\boldsymbol{I}_{ijmn}-\boldsymbol{D}_{ijmn})\varepsilon_{mn} \tag{5.5.4b}$$

可见,损伤材料的本构关系与无损状态下的本构关系形式相同,只是将其中的真实应力换成有效应力。

在三维情形中,损伤本构方程有标量损伤和双标量损伤两种,即

$$\boldsymbol{\sigma}_{ij} = 2\tilde{\mu}\boldsymbol{\varepsilon}_{ij} + \tilde{\lambda}\delta_{ij}\varepsilon_{kk} = 2\mu(1-D)\boldsymbol{\varepsilon}_{ij} + \lambda(1-D)\delta_{ij}\varepsilon_{kk} \tag{5.5.5a}$$

和

$$\boldsymbol{\sigma}_{ij} = 2\tilde{\mu}\boldsymbol{\varepsilon}_{ij} + \tilde{\lambda}\delta_{ij}\varepsilon_{kk} = 2\mu(1-D_\mu)\boldsymbol{\varepsilon}_{ij} + \lambda(1-D_\lambda)\delta_{ij}\varepsilon_{kk} \tag{5.5.5b}$$

对于弹塑性损伤材料，其用应力表示的本构关系为

$$\boldsymbol{\varepsilon}_{ij} = \frac{1+\nu}{E}\tilde{\boldsymbol{\sigma}}'_{ij} + \frac{1-2\nu}{3E}\delta_{ij}\tilde{\sigma}_{kk} + b\left(\frac{\sqrt{6\boldsymbol{\sigma}'_{ij}\boldsymbol{\sigma}'_{jj}}}{2(1-D)E}\right)^{n-1}\frac{\boldsymbol{\sigma}'_{ij}}{E} \tag{5.5.6}$$

式中，$\tilde{\boldsymbol{\sigma}}_{ij} = \dfrac{\boldsymbol{\sigma}_{ij}}{1-D}$为有效应力；$\tilde{\boldsymbol{\sigma}}'_{ij} = \dfrac{\boldsymbol{\sigma}'_{ij}}{1-D}$，$\boldsymbol{\sigma}'_{ij} = \boldsymbol{\sigma}_{ij} - \delta_{ij}\dfrac{\sigma_{kk}}{3}$为应力偏量；$E$ 为杨氏模量；ν 为泊松比；δ_{ij}为克罗内克符号；b，n 为材料常数。

对应的损伤演化方程为

$$\dot{D} = cY^pY \tag{5.5.7}$$

式中，$Y = \dfrac{1}{2}\boldsymbol{F}_{ijmn}\dot{\boldsymbol{\sigma}}_{ij}\dot{\boldsymbol{\sigma}}_{mn}$为损伤能量释放率，$\boldsymbol{F}_{ijmn}$为无损材料的柔度张量；$c$，$p$ 为材料常数。其中，柔度指的是材料在轴向受力的情况下，沿垂直轴向方向发生变形的大小，即单位力所引起的位移。而刚度是指在弹性范围内引起单位位移所需的力。两者互为倒数，即有 $\boldsymbol{\sigma}_{ij} = \boldsymbol{C}_{ijmn}\boldsymbol{\varepsilon}_{mn}$ 和 $\boldsymbol{\varepsilon}_{ij} = \boldsymbol{F}_{ijmn}\boldsymbol{\sigma}_{mn}$，对于三维无损煤岩而言，有刚度张量

$$\boldsymbol{C}_{ijmn} = \frac{1+\nu}{E}\delta_{im}\delta_{jn} - \frac{\nu}{E}\delta_{ij}\delta_{mn}$$

柔度张量

$$\boldsymbol{F}_{ijmn} = \frac{1+\nu}{E}\delta_{im}\delta_{jn} - \frac{\nu}{E}\delta_{ij}\delta_{mn}$$

5.5.2 煤岩蠕变与损伤

煤岩蠕变变形可表示为

$$\varepsilon = \varepsilon_{\mathrm{I}} + \varepsilon_{\mathrm{II}} + \varepsilon_{\mathrm{III}} \tag{5.5.8}$$

式中，ε_{I}为衰减蠕变；$\varepsilon_{\mathrm{II}}$为等速蠕变；$\varepsilon_{\mathrm{III}}$为损伤引起的加速蠕变。在此，忽略损伤对煤岩衰减蠕变和等速蠕变的影响。由于煤岩蠕变与时间和变形密不可分，所以煤岩损伤是变形损伤和时间损伤的耦合体现，试验结果回归分析得煤岩的衰减蠕变和等速蠕变的经验公式为

$$\varepsilon_{\mathrm{I}} + \varepsilon_{\mathrm{II}} = a_0 + a_1 e^{-\frac{t}{b_1}} + a_2 e^{-\frac{t}{b_2}} \tag{5.5.9}$$

式中，a_0，a_1，a_2，b_1，b_2 均为材料常数，由煤岩蠕变试验曲线的拟合来确定。

根据煤岩蠕变损伤特性，其加速蠕变 $\varepsilon_{\mathrm{III}}$ 可定义为

$$\varepsilon_{\mathrm{III}} = \frac{\varepsilon_{\mathrm{I}} + \varepsilon_{\mathrm{II}}}{1 - D_r} H(\varepsilon - \varepsilon_0) \tag{5.5.10}$$

式中，D_r 为蠕变损伤变量；ε_0 为等速蠕变向加速蠕变过渡的起始应变值；H 为 Heaviside 函数，即

$$H(\varepsilon - \varepsilon_0) = \begin{cases} 0 & (\varepsilon \leqslant \varepsilon_0) \\ \varepsilon - \varepsilon_0 & (\varepsilon > \varepsilon_0) \end{cases}$$

通常建立煤岩非线性流变损伤模型的方法有两种：一是在煤岩非线性流变模型中，单独加入一项因损伤而引起的蠕变或蠕变速率，其可由应力应变状态与损伤演化方程求得损伤变量之后确定；二是在用蠕变或稳态蠕变速率表示的流变模型中，按应变等效假设的基本原理，将应力变为有效应力，从而引进损伤变量，并采用适当的损伤演化方程来确定损伤变量的变化规律。式(5.5.10)的定义思路源于方法一。同时，我们观察可知，要建立一个合理的蠕变损伤模型，其关键是寻找一个能够合理表征煤岩加速蠕变的损伤变量。对于损伤变量的表征也存在两种方法，一是直接用时间函数来表征煤岩蠕变损伤变量(如 $D_r = 1 - \mathrm{e}^{-at^b}$，其中材料常数 a，b 由蠕变试验曲线的拟合确定)；二是从能量耗散理论角度出发建立煤岩蠕变损伤变量。采用方法二，将煤岩损伤变量 D_{ri} 表示为

$$D_{ri} = 1 - \mathrm{e}^{1-\alpha(W^i - W_0^i)^\beta} \tag{5.5.11}$$

式中，W 为能量损伤消耗；W_0 为初始能量消耗；α，β 均为材料常数。若假定煤岩损伤为各向同性且忽略高阶小量，由不可逆热力学理论可算得

$$W = c\varepsilon^2 \tag{5.5.12}$$

式中，c 为材料常数。所以，有 $\varepsilon_0 = \frac{1}{\sqrt{a}}\sqrt{W_0}$，可得

$$\begin{aligned} D_r &= 1 - \mathrm{e}^{1-\alpha c(\varepsilon^2 - \varepsilon_0^2)^\beta} \\ &= 1 - \mathrm{e}^{1-\gamma(\varepsilon^2 - \varepsilon_0^2)^\beta} \end{aligned} \tag{5.5.13}$$

式中，γ，β 均为材料常数，由试验曲线的拟合确定。所以，蠕变损伤模型为

$$\varepsilon = a_0 + a_1\mathrm{e}^{-\frac{t}{b_1}} + a_2\mathrm{e}^{-\frac{t}{b_2}} + \frac{a_0 + a_1\mathrm{e}^{-\frac{t}{b_1}} + a_2\mathrm{e}^{-\frac{t}{b_2}}}{\mathrm{e}^{1-\gamma(\varepsilon^2-\varepsilon_0^2)^\beta}} H(\varepsilon - \varepsilon_0) \tag{5.5.14}$$

5.5.3　煤岩损伤与断裂

1. 损伤力学与断裂力学关系

煤岩受力过程是从弹性变形到塑性变形，最终到断裂破坏。

损伤力学分析材料从变形到破坏，损伤逐渐积累的整个过程，着重于裂纹的形成和演化；断裂力学分析裂纹扩展的过程，着重于裂纹的启裂、扩展，直至失稳破坏或驻止、止裂的过程和结果(图 5.5.3)。断裂力学只考虑理想的宏观缺陷，而忽略

在宏观裂纹形成以前的损伤阶段，也忽略宏观裂纹周边的损伤。所以，若将损伤力学和断裂力学结合起来，则可以更好地解释材料的实际破坏过程。

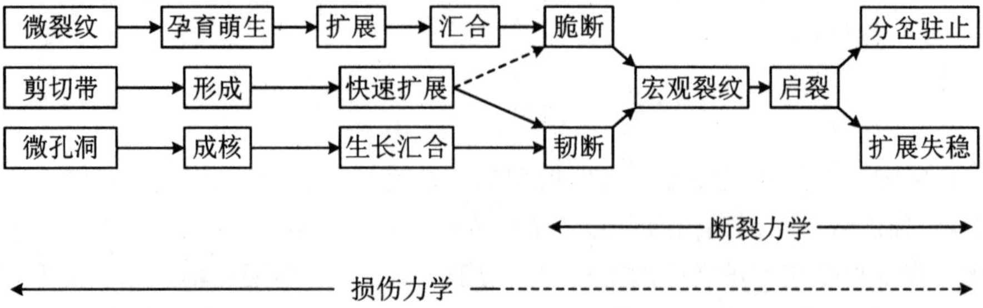

图 5.5.3

考虑损伤的断裂力学又称为破坏力学。研究煤岩结构破坏的主要目标之一就是建立煤岩材料破坏的判断准则，即破坏判据。针对经典弹塑性力学，我们前面介绍了一系列的强度理论；在线弹性断裂力学中，有应力强度因子准则和能量释放率准则等；在弹塑性断裂力学中，有 J 积分准则、裂纹张开位移准则等判据来判断裂纹的扩展失稳；而破坏力学研究的目的是在考虑损伤的情况下寻找控制裂纹扩展的参数，建立更具有一般性的破坏准则。

由于在裂纹的两侧存在微裂纹网络（塑性损伤区），在塑性损伤区的外面是弹性区，裂纹的扩展过程就是裂纹尖端附近材料逐渐损伤引起的塑性损伤区移动的过程（图 5.5.4）。

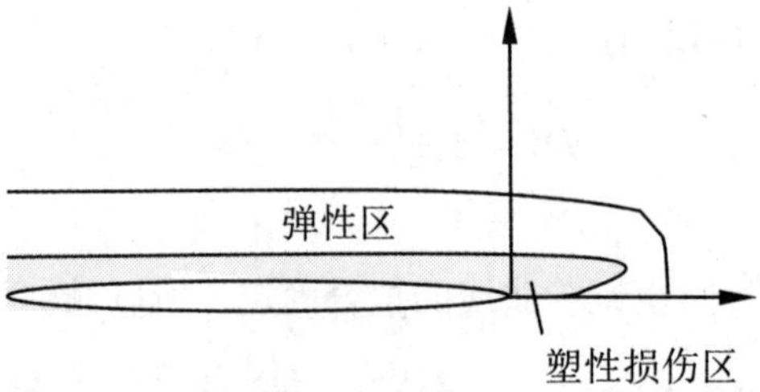

图 5.5.4

例如，当对一个含裂纹的材料加载时，裂纹尖端产生变形和钝化，形成一个塑性损伤区，随着外载荷的增加，塑性变形区的夹杂或二相粒子发生断裂或与基体材料脱粘，于是微孔洞成核。微孔洞在成核后会沿拉伸方向随载荷逐渐生长，当微孔洞的长度达到孔洞间距的量级时（由于变形局部化产生剪切带），会发生相邻微孔洞或微孔洞与裂纹尖端的断裂汇合，引起材料破坏；同时在剪切带以外的弹性区只有弹性卸载。

2. 断裂力学的几个概念

(1) 裂纹类型与应力强度因子

任何复杂受力形式的裂纹，都可以分解为三种基本裂纹类型的组合，它们分别为Ⅰ型裂纹、Ⅱ型裂纹和Ⅲ型裂纹(图5.5.5)。其中Ⅰ型裂纹代表在垂直于裂纹面的拉应力作用下，裂纹尖端张开，且裂纹扩展方向与应力方向垂直，故又称为张开型裂纹。Ⅱ型和Ⅲ型裂纹代表在剪应力作用下，裂纹表面互相滑移的情形，又称为剪切型裂纹。其中Ⅱ型裂纹的剪应力与裂纹面平行，裂纹受面内剪切而破坏，故又称滑开型裂纹；Ⅲ型裂纹的剪应力与裂纹表面垂直，裂纹受面外剪切而破坏，即剪应力使裂纹上下面外错开，裂纹沿原来的方向向前扩展，又称撕开型裂纹。

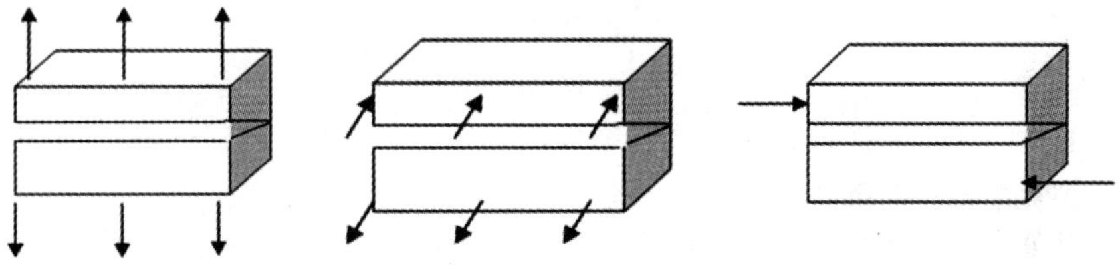
(a) Ⅰ型裂纹　(b) Ⅱ型裂纹　(c) Ⅲ型裂纹

图5.5.5

在工程实践中，由于受力的复杂性，往往是三种类型组合的复合型裂纹，其中以Ⅰ型裂纹最为重要。

材料的断裂起源于裂纹，而裂纹在外界因素作用下处于驻止或扩展状态，均与裂纹尖端附近的应力场有直接关系。裂纹尖端附近应力场如图5.5.6所示，其附近某点的应力和位移的表达式为

$$\begin{cases} \boldsymbol{\sigma}_{ij} = \dfrac{K_J}{\sqrt{2\pi r}} \boldsymbol{f}_{ij}^J(\theta) + o(r^{-0.5}) \\ \boldsymbol{u}_i = \dfrac{K_J}{4\mu}\sqrt{\dfrac{r}{2\pi}}\boldsymbol{g}_i^J(\theta) + o(r^{0.5}) \end{cases} \quad J = \text{Ⅰ}, \text{Ⅱ}, \text{Ⅲ}; i,j = 1,2,3 \tag{5.5.15}$$

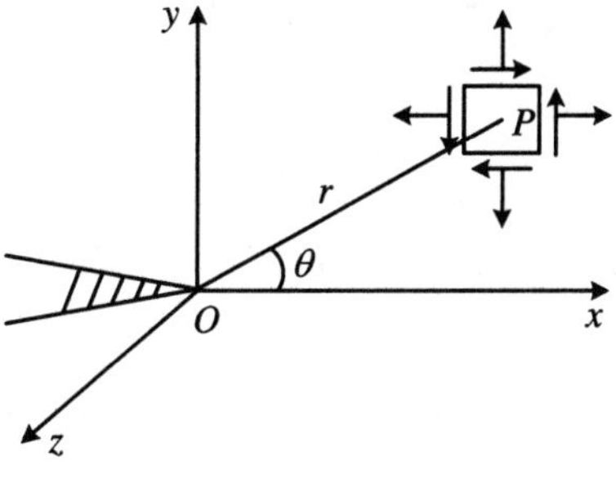

图5.5.6

式中，K_J 为应力强度因子；$f_{ij}^J(\theta)$ 代表不同类型裂纹尖端附近不同应力分量对于 θ 的以来关系。可见，如给定裂纹尖端某点的位置时（即 r,θ），裂纹尖端某点的应力和位移应变完全由 K_J 决定。所以，K_J 是表征裂纹尖端附近应力场特征的唯一需要确定的物理量，故命名为应力强度因子或应力场强度因子（Irwin，1957）。并把材料中裂纹开始扩展失稳的临界 K_J 值称为材料的断裂韧性，用 K_{Jc} 表示。

（2）COD

裂纹张开位移（crack opening displacement，COD），为裂纹尖端张开位移（CTOD）的简称，是指弹塑性区交界点上裂纹面间的张开距离，用 δ 表示。每种材料都存在一个 COD 的临界值 δ_c，当裂纹的 COD 到达这一临界值时，裂纹将发生扩展失稳，即裂纹断裂的判据为

$$\delta \geqslant \delta_c \tag{5.5.16}$$

（3）J 积分

COD 和 J 积分（Rice，1968）是弹塑性断裂力学最常用的两个参量。由于裂纹扩展需要系统势能提供能量，有

$$\begin{aligned} G &= -\frac{1}{B}\frac{\partial U}{\partial a} \\ U &= E - W \end{aligned} \tag{5.5.17}$$

式中，G 为裂纹扩展单位长度系统势能的下降率，称为裂纹扩展力；B 为材料试件厚度；U 为系统势能；a 为裂纹长度；E 为应变能；W 为外力做的功。

如图 5.5.7 所示，考虑厚度为 1（$B=1$）的裂纹，有

$$\begin{aligned} \mathrm{d}E &= \omega \mathrm{d}V = \omega \mathrm{d}x\mathrm{d}y \\ \mathrm{d}W &= \boldsymbol{u}\cdot\boldsymbol{\sigma}B\mathrm{d}s = \boldsymbol{u}\cdot\boldsymbol{\sigma}\mathrm{d}s \end{aligned} \tag{5.5.18}$$

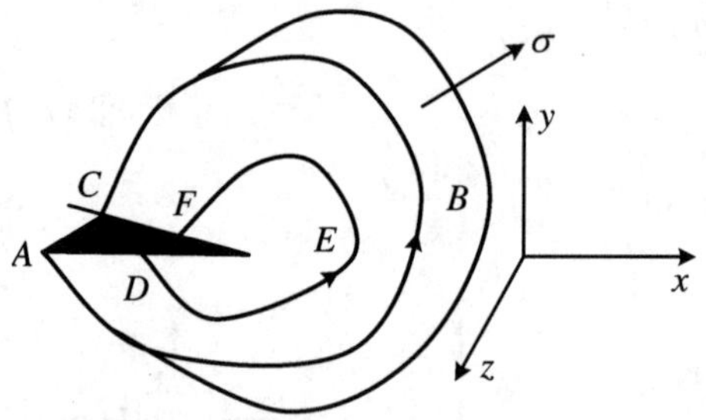

图 5.5.7

式中，ω 为单位体积应变能，称为应变能密度；u 为材料裂纹边界上各点位移；σ 为作用力，s 为周界弧长。所以，有

$$U = E - W = \iint \omega \mathrm{d}x\mathrm{d}y - \oint \boldsymbol{u}\cdot\boldsymbol{\sigma}\mathrm{d}s \tag{5.5.19}$$

得到

$$G=-\frac{\partial U}{\partial a}=\oint_{\Gamma}\left(\omega \mathrm{d}y-\frac{\partial \boldsymbol{u}}{\partial \boldsymbol{x}}\cdot \boldsymbol{\sigma}\mathrm{d}s\right)=\oint_{\Gamma}\left(\omega \mathrm{d}y-\frac{\partial u_i}{\partial \boldsymbol{x}}\sigma_i \mathrm{d}s\right) \quad (5.5.20)$$

式中，Γ 为裂纹下表面逆时针走到上表面的任意一条路径（如图 5.5.7 中取 $\Gamma=ABC$）。该式在线弹性条件下是成立的，但对任意弹塑性体或弹塑黏体其右边的积分总是存在的，故命名为“J 积分”，即 J 积分的定义为

$$J=\oint_{\Gamma}\left(\omega \mathrm{d}y-\frac{\partial \boldsymbol{u}}{\partial x}\cdot \boldsymbol{\sigma}\mathrm{d}s\right) \quad (5.5.21)$$

其特点为

① 物理上，J 积分可理解为裂纹相差单位长度的两个等同试件的势能差；

② 在小变形条件下，J 积分和积分路径无关，即 Γ 选路径 ABC 和路径 DEF，其积分结果是一样的；

③ J 积分可以作为裂纹启裂的判据。

（4）Kaiser 效应和 Felicity 效应

当煤岩材料在受力变形时，其内部原先存在或新产生的微裂纹发生突然的破裂，从而向四周辐射弹性应力波，即为声发射（acoustic emission，AE）现象，其细观机理为：

① 由于滑移等位错运动，煤岩材料发生了塑性变形。

② 沿已有的裂纹面的滑动。

③ 裂纹尖端的突然扩展。

声发射可用来研究煤岩内部细观结构变化和相应的力学特性。1950 年，德国学者 Kaiser 发现材料在反复加载-卸载-再加载的过程中，其声发射（AE）具有记忆性，即只有当材料所受应力水平超过前期所受过的最高应力水平时，才会再有 AE 产生，故称为 Kaiser 效应，即材料对加载历史的记忆性。

Felicity 对材料的声发射性能研究发现，材料循环加载、卸载过程中，在应力较高的条件下，声发射过程的 Kaiser 效应会减弱，且减弱的程度随材料损伤程度的加大而加大，此即为 Felicity 效应。

由于裂纹扩展速度随应力的增加呈指数增长，即应力越高，微裂纹生长得越快，即表现出微裂纹生长具有对力学过程的时间依赖性。由此，Felicity 效应可作为衡量煤岩材料损伤程度的度量；而 Kaiser 效应并不表现出时间依赖性，故只适用于低应力状态。

第6章　煤岩渗流力学

多孔介质是指由固体骨架和相互连通的孔隙、裂缝等组成的材料，煤岩就是典型多孔介质。渗流是指流体通过多孔介质的流动。在煤岩体渗流过程中，孔隙表面作用明显，需要考虑黏性作用；且渗流中通常具有高压力，压力梯度变化过程中需要考虑流体和煤岩体的可压缩性。煤岩渗流力学就是探索流体在多孔煤岩材料中的流动规律的科学。本章主要介绍了流体力学的基本方程，在此基础上，结合煤岩的孔隙特征，介绍了煤岩孔隙渗流的相关方程、瓦斯运移和渗流规律，以及气固耦合渗流规律。

6.1　流体力学基础

6.1.1　流体静力学基本方程

在流体中任取一微元体，其体积为 $dV = dxdydz$，单位体积体力为(f_x, f_y, f_z)，由微元体静力平衡可得

$$\nabla p = \rho f \tag{6.1.1a}$$

或

$$\begin{cases} \rho f_x = \dfrac{\partial p}{\partial x} \\ \rho f_y = \dfrac{\partial p}{\partial y} \\ \rho f_z = \dfrac{\partial p}{\partial z} \end{cases} \tag{6.1.1b}$$

也可改写成

$$\frac{\partial p}{\partial x}dx + \frac{\partial p}{\partial y}dy + \frac{\partial p}{\partial z}dz = \rho(f_x dx + f_y dy + f_z dz) \tag{6.1.1c}$$

式中，p 为流体中任意一点 $M(x, y, z)$ 的（静）压力，由于静止流体中切应力为零、

正应力 p 是各向同性的，故 p 仅仅是空间位置和时间的标量函数，即 $p(x,y,z,t)$，且有 $p_x = p_y = p_z = p$ 和 $\boldsymbol{p} = \boldsymbol{n}p$；$\rho$ 为流体的密度。

若在重力场中的流体处于静止状态，则有 $f_z = -g$，上式可变换为

$$\frac{\partial p}{\partial x}\mathrm{d}x + \frac{\partial p}{\partial y}\mathrm{d}y + \frac{\partial p}{\partial z}\mathrm{d}z = -\rho g \mathrm{d}z$$

式中，g 为重力加速度。其可改写为

$$\mathrm{d}p = -\rho g \mathrm{d}z$$

对于均质不可压缩流体（ρ = 常数），有

$$p = -\rho g z + C \tag{6.1.2}$$

式中，C 为积分常数，可由边界条件求出。如已知一起始点 $z = z_0$，$p = p_0$，可得 $C = p_0 + \rho g z_0$，有

$$p = p_0 + \rho g(z_0 - z) = p_0 + \rho g h \tag{6.1.3}$$

式中，$h = z_0 - z$ 为已知点与任意一点的高度差。此式即为重力场作用下均质静止流体的静压力公式。

6.1.2　流体运动学基本方程

刚体运动的基本形式是平移和转动，然而流体具有流动性，容易引起变形，可见，流体运动的基本形式有平移、转动和变形（图 6.1.1）。且这些流体质点运动的可能形式与速度场的特性有关，如图 6.1.2 所示，流场中的某一流体元内 M_0 点的速度矢量为 $\boldsymbol{v}_0$，与 M_0 点相距 $\mathrm{d}\boldsymbol{r}$ 的 M 点的速度矢量为 $\boldsymbol{v}$，有

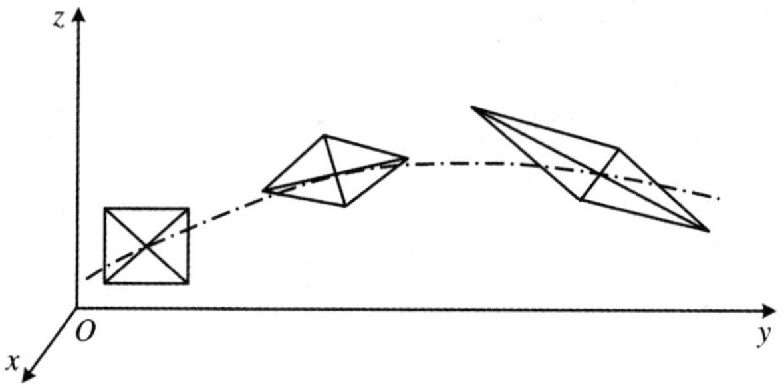

图 6.1.1

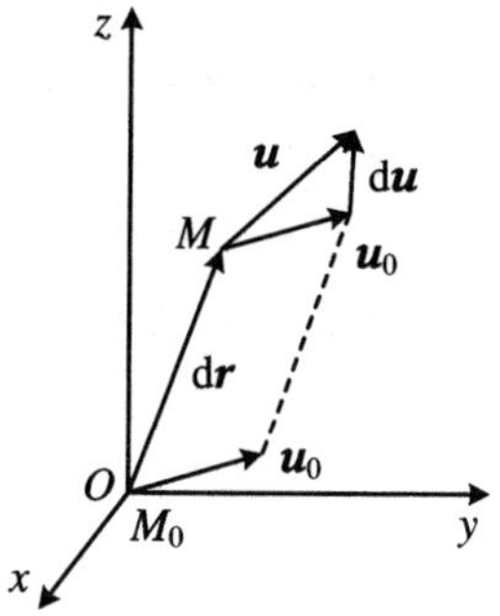

图 6.1.2

$$\boldsymbol{v} = \boldsymbol{v}_0 + \mathrm{d}\boldsymbol{v} \tag{6.1.4a}$$

由于此时刻仅考虑位置变化引起的速度变化，即速度微分为

$$\mathrm{d}\boldsymbol{v} = \frac{\partial \boldsymbol{v}}{\partial x}\mathrm{d}x + \frac{\partial \boldsymbol{v}}{\partial y}\mathrm{d}y + \frac{\partial \boldsymbol{v}}{\partial z}\mathrm{d}z$$

所以

$$\boldsymbol{v} = \boldsymbol{v}_0 + \frac{\partial \boldsymbol{v}}{\partial x}\mathrm{d}x + \frac{\partial \boldsymbol{v}}{\partial y}\mathrm{d}y + \frac{\partial \boldsymbol{v}}{\partial z}\mathrm{d}z \tag{6.1.4b}$$

有

$$\begin{cases} v_x = v_{0x} + \dfrac{\partial v_x}{\partial x}\mathrm{d}x + \dfrac{\partial v_x}{\partial y}\mathrm{d}y + \dfrac{\partial v_x}{\partial z}\mathrm{d}z \\ v_y = v_{0y} + \dfrac{\partial v_y}{\partial x}\mathrm{d}x + \dfrac{\partial v_y}{\partial y}\mathrm{d}y + \dfrac{\partial v_y}{\partial z}\mathrm{d}z \\ v_z = v_{0z} + \dfrac{\partial v_z}{\partial x}\mathrm{d}x + \dfrac{\partial v_z}{\partial y}\mathrm{d}y + \dfrac{\partial v_z}{\partial z}\mathrm{d}z \end{cases} \tag{6.1.5}$$

变换为

$$\begin{cases} v_x = v_{0x} + \dfrac{\partial v_x}{\partial x}\mathrm{d}x + \dfrac{1}{2}\left(\dfrac{\partial v_x}{\partial y} + \dfrac{\partial v_y}{\partial x}\right)\mathrm{d}y + \dfrac{1}{2}\left(\dfrac{\partial v_x}{\partial z} + \dfrac{\partial v_z}{\partial x}\right)\mathrm{d}z \\ \qquad + \dfrac{1}{2}\left(\dfrac{\partial v_x}{\partial y} - \dfrac{\partial v_y}{\partial x}\right)\mathrm{d}y + \dfrac{1}{2}\left(\dfrac{\partial v_x}{\partial z} - \dfrac{\partial v_z}{\partial x}\right)\mathrm{d}z \\ v_y = v_{0y} + \dfrac{1}{2}\left(\dfrac{\partial v_y}{\partial x} + \dfrac{\partial v_x}{\partial y}\right)\mathrm{d}x + \dfrac{\partial v_y}{\partial y}\mathrm{d}y + \dfrac{1}{2}\left(\dfrac{\partial v_y}{\partial z} + \dfrac{\partial v_z}{\partial y}\right)\mathrm{d}z \\ \qquad + \dfrac{1}{2}\left(\dfrac{\partial v_y}{\partial x} - \dfrac{\partial v_x}{\partial y}\right)\mathrm{d}x + \dfrac{1}{2}\left(\dfrac{\partial v_y}{\partial z} - \dfrac{\partial v_z}{\partial y}\right)\mathrm{d}z \\ v_z = v_{0z} + \dfrac{1}{2}\left(\dfrac{\partial v_z}{\partial x} + \dfrac{\partial v_x}{\partial z}\right)\mathrm{d}x + \dfrac{1}{2}\left(\dfrac{\partial v_z}{\partial y} + \dfrac{\partial v_y}{\partial z}\right)\mathrm{d}y + \dfrac{\partial v_z}{\partial z}\mathrm{d}z \\ \qquad + \dfrac{1}{2}\left(\dfrac{\partial v_z}{\partial x} - \dfrac{\partial v_x}{\partial z}\right)\mathrm{d}x + \dfrac{1}{2}\left(\dfrac{\partial v_z}{\partial y} - \dfrac{\partial v_y}{\partial z}\right)\mathrm{d}y \end{cases} \tag{6.1.6}$$

引入线变形率分量 $\dot{\boldsymbol{\varepsilon}}_{ii} = \dfrac{\partial \boldsymbol{v}_i}{\partial \boldsymbol{x}_i}(i = 1,2,3)$、应变率(或变形速度)分量

$$\dot{\boldsymbol{\varepsilon}}_{ij} = \frac{1}{2}\left(\frac{\partial \boldsymbol{v}_i}{\partial \boldsymbol{x}_j} + \frac{\partial \boldsymbol{v}_j}{\partial \boldsymbol{x}_i}\right) \quad (i,j = 1,2,3 \text{ 且 } i \neq j)$$

以及转动角速度分量

$$\boldsymbol{\omega}_{ii} = \frac{1}{2}\left(\frac{\partial \boldsymbol{v}_k}{\partial \boldsymbol{x}_j} - \frac{\partial \boldsymbol{v}_j}{\partial \boldsymbol{x}_k}\right) \quad (i,j,k = 1,2,3 \text{ 循环替代})$$

则式(6.1.6)可改写为

$$\begin{cases} v_x = v_{0x} + 0\mathrm{d}x - \omega_z\mathrm{d}y + \omega_y\mathrm{d}z + \dot{\varepsilon}_{xx}\mathrm{d}x + \dot{\varepsilon}_{xy}\mathrm{d}y + \dot{\varepsilon}_{xz}\mathrm{d}z \\ v_y = v_{0y} + \omega_z\mathrm{d}x + 0\mathrm{d}y - \omega_x\mathrm{d}z + \dot{\varepsilon}_{xy}\mathrm{d}x + \dot{\varepsilon}_{yy}\mathrm{d}y + \dot{\varepsilon}_{yz}\mathrm{d}z \\ v_z = v_{0z} - \omega_y\mathrm{d}x + \omega_x\mathrm{d}y + 0\mathrm{d}z + \omega_{xz}\mathrm{d}x + \dot{\varepsilon}_{yz}\mathrm{d}y + \dot{\varepsilon}_{zz}\mathrm{d}z \end{cases} \tag{6.1.7}$$

其矩阵形式为

$$\begin{bmatrix} v_x \\ v_y \\ v_z \end{bmatrix} = \begin{bmatrix} v_{0x} \\ v_{0y} \\ v_{0z} \end{bmatrix} + \begin{bmatrix} 0 & -\omega_z & \omega_y \\ \omega_z & 0 & -\omega_x \\ -\omega_y & \omega_x & 0 \end{bmatrix} \begin{bmatrix} \mathrm{d}x \\ \mathrm{d}y \\ \mathrm{d}z \end{bmatrix} + \begin{bmatrix} \dot{\varepsilon}_{xx} & \dot{\varepsilon}_{xy} & \dot{\varepsilon}_{xz} \\ \dot{\varepsilon}_{xy} & \dot{\varepsilon}_{yy} & \dot{\varepsilon}_{yz} \\ \dot{\varepsilon}_{xz} & \dot{\varepsilon}_{yz} & \dot{\varepsilon}_{zz} \end{bmatrix} \begin{bmatrix} \mathrm{d}x \\ \mathrm{d}y \\ \mathrm{d}z \end{bmatrix} \tag{6.1.8a}$$

即

$$\boldsymbol{v} = \boldsymbol{v}_0 + \boldsymbol{\omega} \times \mathrm{d}\boldsymbol{r} + \dot{\boldsymbol{\varepsilon}} \cdot \mathrm{d}\boldsymbol{r} = \boldsymbol{v}_0 + \frac{1}{2}\mathbf{curl}\boldsymbol{v} \times \mathrm{d}\boldsymbol{r} + \dot{\boldsymbol{\varepsilon}} \cdot \mathrm{d}\boldsymbol{r} \tag{6.1.8b}$$

式中，$\boldsymbol{v} = v_x\boldsymbol{i} + v_y\boldsymbol{j} + v_z\boldsymbol{k}$ 为速度矢量；$\boldsymbol{v}_0 = v_{0x}\boldsymbol{i} + v_{0y}\boldsymbol{j} + v_{0z}\boldsymbol{k}$ 为平移速度矢量；$\boldsymbol{\omega} = \omega_x\boldsymbol{i} + \omega_y\boldsymbol{j} + \omega_z\boldsymbol{k}$ 为转动角速度矢量；$\mathrm{d}\boldsymbol{r} = \mathrm{d}x\boldsymbol{i} + \mathrm{d}y\boldsymbol{j} + \mathrm{d}z\boldsymbol{k}$ 为矢径；应变率张量（或变形率张量）为

$$\dot{\boldsymbol{\varepsilon}} = \begin{bmatrix} \dot{\varepsilon}_{xx} & \dot{\varepsilon}_{xy} & \dot{\varepsilon}_{xz} \\ \dot{\varepsilon}_{xy} & \dot{\varepsilon}_{yy} & \dot{\varepsilon}_{yz} \\ \dot{\varepsilon}_{xz} & \dot{\varepsilon}_{yz} & \dot{\varepsilon}_{zz} \end{bmatrix}$$

上式即为亥姆霍兹（Helmholtz）速度分解定理，即流体微元的运动可分解为平移、转动和变形三部分之和。可参阅第 5.2.4 节中关于应变率张量的介绍进行综合理解。

速度分解定理的意义在于把流体运动分成两类，即有旋运动（或有涡流动）和无旋运动（无涡流动）；从变形运动引出的应变率张量，若与应力张量相联系，便可推导出应力应变率关系式，这是推导流体运动微分方程的基础。

6.1.3 流体动力学基本方程

流体动力学的基本方程有连续性方程、运动方程、本构方程、纳维－斯托克斯方程、能量方程以及状态方程。

1. 连续性方程

物质的总质量是不生不灭的，是守恒不变的，由这个质量守恒定律可以导出流体的连续性方程。

在流体中任取一定质点组成的微元体，其体积为 V，质量为 m，有

$$m = \int_V \rho \mathrm{d}V \tag{6.1.9}$$

由质量守恒定律可得

$$\frac{\mathrm{d}m}{\mathrm{d}t} = \frac{\mathrm{D}}{\mathrm{D}t}\int_V \rho \mathrm{d}V = 0 \tag{6.1.10}$$

由流进和流出微元体的流体总量相等，有

$$\int_V \frac{\partial \rho}{\partial t}\mathrm{d}V + \int_S \rho v_n \mathrm{d}S = 0 \tag{6.1.11a}$$

式中，v_n 为速度在外法线方向上的投影，S 为微元体界面。此式即为积分形式的连续性方程。

利用高斯公式，上式(6.1.11a)可变换为

$$\int_V\left[\frac{\partial\rho}{\partial t}+\operatorname{div}(\rho\boldsymbol{v})\right]\mathrm{d}V=\int_V\left(\frac{\mathrm{D}\rho}{\mathrm{D}t}+\rho\operatorname{div}\boldsymbol{v}\right)\mathrm{d}V=0 \tag{6.1.11b}$$

式中，$\frac{\mathrm{D}\rho}{\mathrm{D}t}$为$\rho$ 的物质导数；$\frac{\partial\rho}{\partial t}$为$\rho$ 的偏导数。从而得到

$$\frac{\mathrm{D}\rho}{\mathrm{D}t}+\rho\operatorname{div}\boldsymbol{v}=0\quad\left(\text{或}\frac{\mathrm{D}\rho}{\mathrm{D}t}+\rho\frac{\partial\boldsymbol{v}_i}{\partial\boldsymbol{x}_i}=0\right) \tag{6.1.12a}$$

和

$$\frac{\partial\rho}{\partial t}+\operatorname{div}(\rho\boldsymbol{v})=0\quad\left(\text{或}\frac{\partial\rho}{\partial t}+\frac{\partial(\rho\boldsymbol{v}_i)}{\partial\boldsymbol{x}_i}=0\right) \tag{6.1.12b}$$

即为微分形式的连续性方程。其展开式为

$$\frac{\partial\rho}{\partial t}+\frac{\partial(\rho v_x)}{\partial x}+\frac{\partial(\rho v_y)}{\partial y}+\frac{\partial(\rho v_z)}{\partial z}=0$$

$$\frac{\partial\rho}{\partial t}+v_x\frac{\partial\rho}{\partial x}+v_y\frac{\partial\rho}{\partial y}+v_z\frac{\partial\rho}{\partial z}+\rho\nabla\cdot\boldsymbol{v}=0$$

2. 运动方程

由式(6.1.10)和式(6.1.11)可知

$$\frac{\mathrm{D}}{\mathrm{D}t}\int_V\rho\mathrm{d}V=\int_V\left[\frac{\partial\rho}{\partial t}+\operatorname{div}(\rho\boldsymbol{v})\right]\mathrm{d}V$$

这就是雷诺(Reynolds)运移定理(或雷诺输运定理)的一种情形，该定理原式为

$$\frac{\mathrm{D}}{\mathrm{D}t}\int_V\xi\mathrm{d}V=\int_V\left[\frac{\partial\xi}{\partial t}+\operatorname{div}(\xi\boldsymbol{v})\right]\mathrm{d}V=\int_V\left[\frac{\partial\xi}{\partial t}+\frac{\partial}{\partial\boldsymbol{x}_i}(\boldsymbol{\xi}\boldsymbol{v}_i)\right]\mathrm{d}V \tag{6.1.13}$$

式中，$V=V(t)$为体积，是时间的函数；$\xi=\xi(t)$为单位体积流体的质量、动量或能量，是时间的函数。若 ξ 取为动量，则有

$$\frac{\mathrm{D}}{\mathrm{D}t}\int_V\rho\boldsymbol{v}\mathrm{d}V=\int_V\left[\frac{\partial(\rho\boldsymbol{v})}{\partial t}+\operatorname{div}(\rho\boldsymbol{v}\boldsymbol{v})\right]\mathrm{d}V=\int_V\left[\frac{\partial(\rho\boldsymbol{v}_i)}{\partial t}+\frac{\partial}{\partial x_j}(\rho\boldsymbol{v}_j\boldsymbol{v}_j)\right]\mathrm{d}V \tag{6.1.14}$$

又因为由动量定理可得

$$\frac{\mathrm{D}}{\mathrm{D}t}\int_V\rho\boldsymbol{v}\mathrm{d}V=\int_V\rho\boldsymbol{f}\mathrm{d}V+\int_S\boldsymbol{\sigma}\cdot\mathrm{d}S \tag{6.1.15a}$$

式中，$\boldsymbol{f}$ 为单位质量体力，$\boldsymbol{\sigma}$ 为单位面积面力，即应力。由高斯公式和式(6.1.14)和式(6.1.15a)可变换为

$$\int_V\left[\frac{\partial(\rho\boldsymbol{v}_i)}{\partial t}+\frac{\partial}{\partial x_k}(\rho\boldsymbol{v}_i\boldsymbol{v}_k)-\rho\boldsymbol{f}_i-\frac{\partial\boldsymbol{\sigma}_{ij}}{\partial\boldsymbol{x}_j}\right]\mathrm{d}V=0$$

即

$$\frac{\partial(\rho \boldsymbol{v}_i)}{\partial t} + \frac{\partial}{\partial x_k}(\rho \boldsymbol{v}_i \boldsymbol{v}_k) = \rho \boldsymbol{f}_i + \frac{\partial \boldsymbol{\sigma}_{ij}}{\partial \boldsymbol{x}_j}$$

$$\rho \frac{\partial \boldsymbol{v}_i}{\partial t} + \boldsymbol{v}_i \frac{\partial \rho}{\partial t} + \boldsymbol{v}_i \frac{\partial(\rho v_k)}{\partial x_k} + \rho v_k \frac{\partial \boldsymbol{v}_i}{\partial x_k} = \rho \boldsymbol{f}_i + \frac{\partial \boldsymbol{\sigma}_{ij}}{\partial \boldsymbol{x}_j} \tag{6.1.15b}$$

根据质量守恒(不考虑源和汇),上式的第二、第三项为零,即得

$$\rho \frac{\partial \boldsymbol{v}_i}{\partial t} + \rho v_k \frac{\partial \boldsymbol{v}_i}{\partial \boldsymbol{x}_k} = \rho \boldsymbol{f}_i + \frac{\partial \boldsymbol{\sigma}_{ij}}{\partial \boldsymbol{x}_j}$$

$$\rho \frac{\mathrm{D}\boldsymbol{v}_i}{\mathrm{D}t} = \rho \boldsymbol{f}_i + \frac{\partial \boldsymbol{\sigma}_{ij}}{\partial \boldsymbol{x}_j} \tag{6.1.15c}$$

$$\rho \frac{\mathrm{D}\boldsymbol{v}}{\mathrm{D}t} = \rho \boldsymbol{f} + \mathrm{div}\boldsymbol{\sigma}$$

此即为(黏性)流体运动微分方程。其展开式为

$$\begin{cases} \rho\left(\dfrac{\partial v_x}{\partial t} + v_x \dfrac{\partial v_x}{\partial x} + v_y \dfrac{\partial v_x}{\partial y} + v_z \dfrac{\partial v_x}{\partial z}\right) = \rho f_x + \dfrac{\partial \sigma_x}{\partial x} + \dfrac{\partial \sigma_{xy}}{\partial y} + \dfrac{\partial \sigma_{xz}}{\partial z} \\ \rho\left(\dfrac{\partial v_y}{\partial t} + v_x \dfrac{\partial v_y}{\partial x} + v_y \dfrac{\partial v_y}{\partial y} + v_z \dfrac{\partial v_y}{\partial z}\right) = \rho f_y + \dfrac{\partial \sigma_{xy}}{\partial x} + \dfrac{\partial \sigma_y}{\partial y} + \dfrac{\partial \sigma_{yz}}{\partial z} \\ \rho\left(\dfrac{\partial v_z}{\partial t} + v_x \dfrac{\partial v_z}{\partial x} + v_y \dfrac{\partial v_z}{\partial y} + v_z \dfrac{\partial v_z}{\partial z}\right) = \rho f_z + \dfrac{\partial \sigma_{xz}}{\partial x} + \dfrac{\partial \sigma_{yz}}{\partial y} + \dfrac{\partial \sigma_z}{\partial z} \end{cases}$$

该方程无论是对于牛顿流体还是非牛顿流体、无论是层流还是过渡流或紊流均适用。

3. 本构方程和纳维-斯托克斯方程

由广义牛顿内摩擦定理(即牛顿流体本构方程)为

$$\begin{cases} \sigma_{xx} = -p + 2\mu \dfrac{\partial v_x}{\partial x} - \dfrac{2}{3}\mu(\nabla \cdot \boldsymbol{v}), \sigma_{xy} = \mu\left(\dfrac{\partial v_y}{\partial x} + \dfrac{\partial v_x}{\partial y}\right) \\ \sigma_{yy} = -p + 2\mu \dfrac{\partial v_y}{\partial y} - \dfrac{2}{3}\mu(\nabla \cdot \boldsymbol{v}), \sigma_{yz} = \mu\left(\dfrac{\partial v_z}{\partial y} + \dfrac{\partial v_y}{\partial z}\right) \\ \sigma_{zz} = -p + 2\mu \dfrac{\partial v_z}{\partial z} - \dfrac{2}{3}\mu(\nabla \cdot \boldsymbol{v}), \sigma_{xz} = \mu\left(\dfrac{\partial v_x}{\partial z} + \dfrac{\partial v_z}{\partial x}\right) \end{cases} \tag{6.1.16}$$

式中,p 为流体静压力。

由于应变率 $\dot{\varepsilon}_{ij} = \dfrac{1}{2}\left(\dfrac{\partial \boldsymbol{v}_i}{\partial \boldsymbol{x}_j} + \dfrac{\partial \boldsymbol{v}_j}{\partial x_i}\right)$,所以式(6.1.16)可改写为

$$\begin{cases}\sigma_{xx}=-p+2\mu\dot{\varepsilon}_{xx}-\frac{2}{3}\mu(\nabla\cdot\boldsymbol{v}),\sigma_{xy}=2\mu\dot{\varepsilon}_{xy}\\\sigma_{yy}=-p+2\mu\dot{\varepsilon}_{yy}-\frac{2}{3}\mu(\nabla\cdot\boldsymbol{v}),\sigma_{yz}=2\mu\dot{\varepsilon}_{yz}\\\sigma_{zz}=-p+2\mu\dot{\varepsilon}_{zz}-\frac{2}{3}\mu(\nabla\cdot\boldsymbol{v}),\sigma_{xz}=2\mu\dot{\varepsilon}_{xz}\end{cases}\tag{6.1.17a}$$

故又称为牛顿流体的应力-应变率关系。式(6.1.17a)可简写为

$$\boldsymbol{\sigma}_{ij}=2\mu\dot{\boldsymbol{\varepsilon}}_{ij}-\delta_{ij}\left[p+\frac{2}{3}\mu\dot{\varepsilon}_{kk}\right]\tag{6.1.17b}$$

对于不可压缩流体($\nabla\cdot\boldsymbol{v}=0$),则应力-应变率关系式为

$$\boldsymbol{\sigma}_{ij}=2\boldsymbol{\mu}\dot{\boldsymbol{\varepsilon}}_{ij}-\delta_{ij}p\tag{6.1.18}$$

接下来,从张量角度对广义牛顿内摩擦定理进行推导。

因为

$$\boldsymbol{\sigma}_{ij}=\delta_{ij}\sigma_0+\boldsymbol{\sigma}'_{ij}=-\delta_{ij}p+\boldsymbol{\sigma}'_{ij}$$

式中,$\sigma_0=\frac{1}{3}\sigma_{kk}$为静止流体的应力张量;应力偏张量$\boldsymbol{\sigma}'_{ij}$为

$$\boldsymbol{\sigma}'_{ij}=\begin{bmatrix}\sigma_x+p & \sigma_{xy} & \sigma_{xz}\\\sigma_{yx} & \sigma_y+p & \sigma_{yz}\\\sigma_{zx} & \sigma_{zy} & \sigma_z+p\end{bmatrix}$$

由于流体符合各向同性假设,所以有对应于应变率张量与偏应力张量之间的关系为

$$\begin{aligned}\boldsymbol{\sigma}'_{ij}&=\boldsymbol{C}_{ijmn}\dot{\boldsymbol{\varepsilon}}_{mn}\\&=\lambda\delta_{ij}\delta_{mn}\dot{\varepsilon}_{mn}+\mu(\delta_{im}\delta_{jn}+\delta_{in}\delta_{jm})\dot{\varepsilon}_{mn}\\&=\lambda\delta_{ij}\dot{\varepsilon}_{mm}+\mu(\dot{\boldsymbol{\varepsilon}}_{ij}+\dot{\boldsymbol{\varepsilon}}_{ji})\\&=\lambda\delta_{ij}\dot{\varepsilon}_{mm}+2\mu\dot{\boldsymbol{\varepsilon}}_{ij}\end{aligned}$$

式中,λ,μ为拉梅系数。所以有

$$\boldsymbol{\sigma}_{ij}=-\delta_{ij}p+\lambda\delta_{ij}\dot{\varepsilon}_{mm}+2\mu\dot{\boldsymbol{\varepsilon}}_{ij}$$

引入$k=\lambda+\frac{2}{3}\mu$,称为流体膨胀或收缩黏性系数,上式可变换为

$$\boldsymbol{\sigma}_{ij}=-\delta_{ij}p+\lambda\delta_{ij}\dot{\varepsilon}_{mm}+2\mu\dot{\boldsymbol{\varepsilon}}_{ij}=-\delta_{ij}p+2\mu\dot{\boldsymbol{\varepsilon}}_{ij}-\frac{2}{3}\mu\delta_{ij}\dot{\varepsilon}_{mm}+k\delta_{ij}\dot{\varepsilon}_{mm}$$

注意,除了高温和高频声波等极端情形作用下,一般情形下的气体其膨胀或收缩黏性系数可近似为零。于是斯托克斯在 1880 年提出$k=0$的假设。也就是说,在斯托克斯假设的条件下,即可得到广义牛顿内摩擦定理。

将应力-应变率关系表达式(式(6.1.17b))代入应力形式的运动微分方程(式(6.1.15c))中,则得到纳维-斯托克斯(Navier-Stokes)方程,简称 N-S 方程。其张

量形式为

$$\rho \frac{\mathrm{D}\boldsymbol{v}_i}{\mathrm{D}t} = \rho \boldsymbol{f}_i + 2\frac{\partial(\mu \dot{\boldsymbol{\varepsilon}}_{ij})}{\partial \boldsymbol{x}_j} - \frac{\partial p}{\partial \boldsymbol{x}_i} - \frac{2}{3}\frac{\partial[\mu(\nabla \cdot \boldsymbol{v})]}{\partial \boldsymbol{x}_i} \tag{6.1.19}$$

对应的展开式为

$$\begin{cases} \rho\left(\dfrac{\partial v_x}{\partial t} + v_x\dfrac{\partial v_x}{\partial x} + v_y\dfrac{\partial v_x}{\partial y} + v_z\dfrac{\partial v_x}{\partial z}\right) = \rho f_x + \dfrac{\partial}{\partial x}\left[2\mu\dfrac{\partial v_x}{\partial x} - \dfrac{2}{3}\mu(\nabla \cdot \boldsymbol{v})\right] \\ \qquad + \dfrac{\partial}{\partial y}\left[\mu\left(\dfrac{\partial v_y}{\partial x} + \dfrac{\partial v_x}{\partial y}\right)\right] + \dfrac{\partial}{\partial z}\left[\mu\left(\dfrac{\partial v_z}{\partial x} + \dfrac{\partial v_x}{\partial z}\right)\right] - \dfrac{\partial p}{\partial x} \\ \rho\left(\dfrac{\partial v_y}{\partial t} + v_x\dfrac{\partial v_y}{\partial x} + v_y\dfrac{\partial v_y}{\partial y} + v_z\dfrac{\partial v_y}{\partial z}\right) = \rho f_y + \dfrac{\partial}{\partial y}\left[2\mu\dfrac{\partial v_y}{\partial y} - \dfrac{2}{3}\mu(\nabla \cdot \boldsymbol{v})\right] \\ \qquad + \dfrac{\partial}{\partial z}\left[\mu\left(\dfrac{\partial v_z}{\partial y} + \dfrac{\partial v_y}{\partial z}\right)\right] + \dfrac{\partial}{\partial x}\left[\mu\left(\dfrac{\partial v_x}{\partial y} + \dfrac{\partial v_y}{\partial x}\right)\right] - \dfrac{\partial p}{\partial y} \\ \rho\left(\dfrac{\partial v_z}{\partial t} + v_x\dfrac{\partial v_z}{\partial x} + v_y\dfrac{\partial v_z}{\partial y} + v_z\dfrac{\partial v_z}{\partial z}\right) = \rho f_z + \dfrac{\partial}{\partial z}\left[2\mu\dfrac{\partial v_z}{\partial z} - \dfrac{2}{3}\mu(\nabla \cdot \boldsymbol{v})\right] \\ \qquad + \dfrac{\partial}{\partial x}\left[\mu\left(\dfrac{\partial v_x}{\partial z} + \dfrac{\partial v_z}{\partial x}\right)\right] + \dfrac{\partial}{\partial y}\left[\mu\left(\dfrac{\partial v_y}{\partial z} + \dfrac{\partial v_z}{\partial y}\right)\right] - \dfrac{\partial p}{\partial z} \end{cases}$$

由于该方程的推导是在引入牛顿流体本构方程基础上进行的，所以 N-S 方程只适用于牛顿流体。若令 $\mu = 0$（即无黏），则式(6.1.19)变成理想流体的运动方程（即欧拉方程）$\rho\dfrac{\mathrm{D}\boldsymbol{v}}{\mathrm{D}t} = \rho\boldsymbol{f} - \nabla p$；同样结合在式(6.1.17b)中应力分解项中令 $\mu = 0$，所得代入式(6.1.15c)，也可得到欧拉方程。若令所有含速度项为零，则式(6.1.19)变成流体静力学方程 $\nabla p = \rho\boldsymbol{f}$。

4. 能量方程

能量守恒定律表明，流体系统中能量随时间的变化率等于作用于微元体上的表面力、系统内流体受到的体力对系统内流体所做的功加上外界与系统交换的热量。该热量可以是系统内热源产生的热量，或通过微元体表面的传导、热辐射与外界交换的热量。简言之，体积 V 内流体的动能和内能的改变率等于单位时间内面力和体力所做的功加上外界给予体积 V 的热量，即

$$\frac{\mathrm{d}}{\mathrm{d}t}\int_V \rho\left(U + \frac{v^2}{2}\right)\mathrm{d}V = \int_V \rho\boldsymbol{f}\cdot\boldsymbol{v}\,\mathrm{d}V + \int_S \boldsymbol{\sigma}_n\cdot\boldsymbol{v}\,\mathrm{d}S + \int_S k\frac{\partial T}{\partial n}\mathrm{d}S + \int_V \rho q\,\mathrm{d}V \tag{6.1.20}$$

其可变换为

$$\int_V \rho\frac{D}{Dt}\left(U + \frac{v^2}{2}\right)\mathrm{d}V = \int_V \rho\boldsymbol{f}\cdot\boldsymbol{v}\,\mathrm{d}V + \int_V \mathrm{div}(\boldsymbol{\sigma}\cdot\boldsymbol{v})\mathrm{d}V + \int_V \mathrm{div}(k\,\mathbf{grad}\,T)\mathrm{d}V + \int_V \rho q\,\mathrm{d}V$$

可得

$$\rho\frac{\mathrm{D}U}{\mathrm{D}t}+\rho\frac{\mathrm{D}}{\mathrm{D}t}\left(\frac{v^2}{2}\right)=\rho\boldsymbol{f}\cdot\boldsymbol{v}+\mathrm{div}\,(\boldsymbol{\sigma}\cdot\boldsymbol{v})+\mathrm{div}\,(k\ \mathbf{grad}\ T)+\rho q \tag{6.1.21a}$$

或

$$\rho\frac{\mathrm{D}U}{\mathrm{D}t}+\frac{\rho}{2}\frac{\mathrm{D}}{\mathrm{D}t}(v_iv_i)=\rho f_iv_i+\frac{\partial(\sigma_{ij}v_j)}{\partial x_i}+\frac{\partial}{\partial x_i}\left(k\frac{\partial T}{\partial x_i}\right)+\rho q \tag{6.1.21b}$$

即为微分形式的能量方程。其展开式为

$$\begin{aligned}&\rho\left(\frac{\partial}{\partial t}+v_x\frac{\partial}{\partial x}+v_y\frac{\partial}{\partial y}+v_z\frac{\partial}{\partial z}\right)\left[U+\frac{1}{2}(v_x^2+v_y^2+v_z^2)\right]\\&\quad=\rho(f_xv_x+f_yv_y+f_zv_z)+\frac{\partial}{\partial x}(\sigma_xv_x+\sigma_{xy}v_y+\sigma_{xz}v_z)\\&\qquad+\frac{\partial}{\partial y}(\sigma_{xy}v_x+\sigma_yv_y+\sigma_{yz}v_z)+\frac{\partial}{\partial z}(\sigma_{xz}v_x+\sigma_{yz}v_y+\sigma_zv_z)\\&\qquad+\frac{\partial}{\partial x}\left(k\frac{\partial T}{\partial x}\right)+\frac{\partial}{\partial y}\left(k\frac{\partial T}{\partial y}\right)+\frac{\partial}{\partial z}\left(k\frac{\partial T}{\partial z}\right)+\rho q\end{aligned}$$

其中,等式左边为单位体积内流动动能和内能的物质导数;等式右边第一项为单位体积内体力所做的功;第二、三、四项为单位体积面力所做的功;第五、六、七项为单位体积内由于热传导传入的热量;最后一项为单位体积内由于热辐射或其他原因的热量贡献。

对式(6.1.21a)做变换有

$$\begin{aligned}\rho\frac{\mathrm{D}U}{\mathrm{D}t}+\rho\frac{\mathrm{D}}{\mathrm{D}t}\left(\frac{v^2}{2}\right)&=\rho\boldsymbol{f}\cdot\boldsymbol{v}+\mathrm{div}(\boldsymbol{\sigma}\cdot\boldsymbol{v})+\mathrm{div}(k\ \mathbf{grad}\ T)+\rho q\\&=\rho\boldsymbol{f}\cdot\boldsymbol{v}+\boldsymbol{v}\cdot(\nabla\cdot\boldsymbol{\sigma})+\sigma:\dot{\boldsymbol{\varepsilon}}+\nabla\cdot(k\,\nabla T)+\rho q\end{aligned}$$

又因为体力所做的功加上面力中由于面力的变化所做的功等于动能的物质导数,即

$$\rho\frac{\mathrm{D}}{\mathrm{D}t}\left(\frac{v^2}{2}\right)=\rho\boldsymbol{f}\cdot\boldsymbol{v}+\boldsymbol{v}\cdot(\nabla\cdot\boldsymbol{\sigma})$$

所以,有

$$\begin{gathered}\rho\frac{\mathrm{D}U}{\mathrm{D}t}=\boldsymbol{\sigma}:\dot{\boldsymbol{\varepsilon}}+\nabla\cdot(k\,\nabla T)+\rho q\\\rho\frac{\mathrm{D}U}{\mathrm{D}t}=\sigma_{ij}\dot{\boldsymbol{\varepsilon}}_{ji}+\frac{\partial}{\partial\boldsymbol{x}_i}\left(k\frac{\partial T}{\partial\boldsymbol{x}_i}\right)+\rho q\end{gathered}\tag{6.1.22}$$

这是微分形式的能量方程的另外一种表述,其物理意义为:单位体积内由于面力对流体变形所做的功加上热传导及辐射等原因传入的热量恰好等于单位体积内的内能在单位时间内的增加值。其展开式为

$$\rho\left(\frac{\partial U}{\partial t}+v_x\frac{\partial U}{\partial x}+v_y\frac{\partial U}{\partial y}+v_z\frac{\partial U}{\partial z}\right)$$
$$=\sigma_x\frac{\partial v_x}{\partial x}+\sigma_y\frac{\partial v_y}{\partial y}+\sigma_z\frac{\partial v_z}{\partial z}+\sigma_{xy}\left(\frac{\partial v_y}{\partial x}+\frac{\partial v_x}{\partial y}\right)+\sigma_{yz}\left(\frac{\partial v_z}{\partial y}+\frac{\partial v_y}{\partial z}\right)$$
$$+\sigma_{xz}\left(\frac{\partial v_x}{\partial z}+\frac{\partial v_z}{\partial x}\right)+\frac{\partial}{\partial x}\left(k\frac{\partial T}{\partial x}\right)+\frac{\partial}{\partial y}\left(k\frac{\partial T}{\partial y}\right)+\frac{\partial}{\partial z}\left(k\frac{\partial T}{\partial z}\right)+\rho q$$

5. 状态方程

描写热力学状态的独立变量只有压力 p 和温度 T 两个，而其他的状态变量（如密度、孔隙率、黏度等）都可表示为这两个状态变量的函数。在流体平衡状态下，用以描述压力 p、温度 T 和密度 ρ 之间关系的数学方程称为状态方程。一般情况下，对于理想气体，在等温条件下，其密度与压力成正比，即

$$\rho=\frac{M}{RT}p \tag{6.1.23a}$$

式中，M 为气体摩尔质量；R 为普适气体常量，$R=8.314\ \mathrm{J/(mol\cdot K)}$。对于真实气体，其状态方程为

$$\rho=\frac{M}{ZRT}p \tag{6.1.23b}$$

式中，Z 为偏差因子（或压缩系数），为压力和温度的函数。

6.2 煤岩渗流分析

6.2.1 煤岩渗流运动方程

1. 煤岩孔隙性

由上一章的介绍我们知道，天然的煤岩中包含有数量不等、成因各异的微孔洞和微裂纹（即裂隙），它们在工程宏观力学上的影响作用基本上是一致的，所以，一般不做区分而统称为孔隙。多孔介质（或材料）就是这样一个由多相介质占据的一块空间，其中固相部分称为固体骨架，而未被固相占据的部分空间称为孔隙。可见，煤岩是典型的多孔介质。煤岩中的孔隙是流体在其中赋存和运移的先决条件，孔隙的大小、多少、连通性以及分布情况直接影响着煤岩中流体的流动。煤岩的孔隙性常用孔隙率（或孔隙度）φ 表示，有

$$\varphi=\frac{V_{\mathrm{p}}}{V}\times 100\%=\frac{V-V_{\mathrm{s}}}{V}\times 100\% \tag{6.2.1}$$

式中，V_p 为煤岩孔隙(孔洞和裂隙)所占体积；V_S 为煤岩有效体积；V 为煤岩表观总体积。其中，孔隙率越大，孔隙对煤岩力学性能影响越大。如煤的孔隙率在1%左右，采空区垮落岩石的孔隙率可高达25%。由于流体是在连通的煤岩孔隙中流动的，故在实际应用中常用到有效孔隙率 φ_e，即煤岩材料中相互连通的(有效)孔隙体积 $(V_p)_e$ 与煤岩表观总体积的比值，有

$$\varphi_e = \frac{(V_p)_e}{V} \times 100\% \tag{6.2.2}$$

对煤而言，其孔隙以孔洞为主，是典型的多孔介质。为了研究瓦斯在煤中的赋存和流动，其孔洞可细分为以下几类：

(1) 微孔：直径小于 0.01 μm，构成煤中瓦斯吸附容积。

(2) 小孔：直径介于 0.01～0.1 μm 之间，构成煤中瓦斯扩散空。

(3) 中孔：直径介于 0.1～1 μm 之间，构成煤中瓦斯缓慢层流渗透空。

(4) 大孔：直径介于 1～100 μm 之间，构成煤中瓦斯强烈层流渗透空，且决定了具有强烈破坏结构煤的破坏面。

(5) 可见孔和裂隙：直径大于 100 μm，构成层流和紊流混合渗透区，且决定了(硬及中硬度)煤的宏观破坏面。

其中，小孔至可见孔和裂隙的孔隙体积统称为煤的渗透容积，是发生渗流的主要通道。吸附容积和渗透容积之和称为总孔隙体积。对应地，煤体瓦斯的含量对煤的力学性能有显著的影响。大量试验表明，瓦斯含量越高煤体强度越低，煤体向塑性变形转化，出现体积膨胀的扩容现象；瓦斯含量越低则煤体强度越高，煤体压缩性越小，煤体向脆性破坏转化。

煤岩的裂隙主要有层理、节理和微裂隙等形式，按形成原因分有三种：

(1) 内生裂隙：由于煤岩内部作用如在炭化过程中受到温度、压力作用和体积收缩等因素而产生的裂隙。

(2) 外生裂隙：由于煤岩受到外部作用如构造应力作用而产生的裂隙。

(3) 次生裂隙：由于采掘活动而产生的新裂隙。

其中，裂隙宽度(或张开度)在 100 μm 以上的为宏观裂隙，又称裂缝；在 100 μm 以下的为微裂纹(或裂隙)。常见煤岩材料的裂隙宽度在 10～40 μm 之间。

煤岩孔隙一般承受着内应力 P 和外应力 σ 共同作用，用有效压缩系数 c_e 和 c'_e 来表征单位压力变化所引起的孔隙体积相对变化，其表达式为

$$c_e = -\frac{1}{V_p}\left(\frac{dV_p}{dp}\right)_{\sigma=\text{const}} \tag{6.2.3a}$$

或

$$c'_e = -\frac{1}{V_p}\left(\frac{dV_p}{d\sigma}\right)_{p=\text{const}} \tag{6.2.3b}$$

等价于

$$c_{\varphi}=\frac{1}{\varphi}\left(\frac{\mathrm{d}\varphi}{\mathrm{d}p}\right)_{\sigma=\mathrm{const}} \quad 或 \quad c'_{\varphi}=\frac{1}{\varphi}\left(\frac{\mathrm{d}\varphi}{\mathrm{d}\sigma}\right)_{p=\mathrm{const}} \tag{6.2.3c}$$

式中,负号表示体积变化向减少的方向进行;V_{p} 为孔隙体积;c_{φ} 和 c'_{φ} 为孔隙压缩系数;φ 为孔隙率。其中 c'_{φ} 是工程材料弹性常数之体积(弹性)模量 K 的倒数,$c'_{\varphi}=\frac{1}{K}$。

对式(6.2.3c)积分可得

$$\varphi=\varphi_0 \mathrm{e}^{c_{\varphi}(p-p_0)} \quad 或 \quad \varphi=\varphi_0 \mathrm{e}^{c'_{\varphi}(\sigma-\sigma_0)} \tag{6.2.4a}$$

式中,φ_0 为参考压力 p_0 或 σ_0 所对应的孔隙率。若只考虑煤岩在弹性变形范围内,则式(6.2.4a)可近似表示为

$$\varphi=\varphi_0\left[1+c_{\varphi}(p-p_0)\right] \quad 或 \quad \varphi=\varphi_0\left[1+c'_{\varphi}(\sigma-\sigma_0)\right] \tag{6.2.4b}$$

此即为煤岩骨架弹性变形的状态方程(或煤岩孔隙率变化的状态方程)。

2. 流体黏性、可压缩性和膨胀性

流体内部抵抗各流体层之间相对运动的内摩擦性质称为流体的黏性(或黏滞性、黏性)。它反映了流体阻止其发生变形的能力,符合牛顿黏性定理,即

$$\tau=\mu \frac{\mathrm{d}v}{\mathrm{d}z} \tag{6.2.5}$$

式中,τ 为切应力;$\frac{\mathrm{d}v}{\mathrm{d}z}$ 为剪切变形速率;μ 为动力黏度,单位为 Pa·s,且有 $\mu=\rho\upsilon$,υ 为运动黏度,单位为 $\mathrm{m^2/s}$。可见,μ,υ 反映了流体的黏性,其值越大,说明流体的黏性越强,阻止流体发生变形能力越强(体现在需要更大的剪应力上),且 μ,υ 与流体性质和温度关系密切,与压力关系较小。

流体的可压缩性用压缩系数 c_{f} 来度量。在等温条件下,流体的压缩系数可定义为

$$c_{\mathrm{f}}=-\frac{1}{V}\left(\frac{\mathrm{d}V}{\mathrm{d}p}\right)_{T=\mathrm{const}}=\frac{1}{\rho}\left(\frac{\mathrm{d}\rho}{\mathrm{d}p}\right)_{T=\mathrm{const}} \tag{6.2.6}$$

式中,V 为一定质量流体的体积,p 为压力。如在等温条件下,将式(6.1.23b)代入式(6.2.6)得到真实气体的压缩系数为

$$c_{\mathrm{g}}=\frac{1}{p}-\frac{1}{Z}\left(\frac{\mathrm{d}Z}{\mathrm{d}p}\right)_{T=\mathrm{const}}$$

对式(6.2.6)积分可得

$$\rho=\rho_0 \mathrm{e}^{c_{\mathrm{f}}(p-p_0)} \tag{6.2.7a}$$

式中,ρ_0 为在参考压力 p_0 条件下的密度。当压差 $\Delta p=p-p_0$ 不大时,式(6.2.7a)可近似表示为

$$\rho = \rho_0[1 + c_f(p - p_0)] \tag{6.2.7b}$$

压缩系数的倒数为流体的体积模量 K，表示单位体积相对变化所需要的压力增量，即

$$K = \frac{1}{c_f} = \rho \frac{dp}{d\rho} \tag{6.2.8}$$

流体的体积模量越大则越不容易被压缩。

对于非等温渗流，还需要考虑流体的膨胀系数 c_s，其定义为

$$c_s = \frac{1}{\rho}\left(\frac{\partial \rho}{\partial T}\right)_{p=\text{const}} = \frac{1}{V}\left(\frac{\partial V}{\partial T}\right)_{p=\text{const}} \tag{6.2.9a}$$

当温差 $\Delta T = T - T_0$ 不太大时，仅由温度引起的密度变化可近似表示为

$$\rho = \rho_0[1 - c_s(T - T_0)] \tag{6.2.9b}$$

式中，ρ_0 为在参考温度 T_0 条件下的密度。若同时考虑压力和温度引起的密度变化，综合式(6.2.7b)和式(6.2.9b)有

$$\rho(p,T) = \rho_0(p_0,T_0)[1 + c_f(p - p_0) - c_s(T - T_0)] \tag{6.2.10}$$

如式(6.2.7a)、(6.2.7b)、(6.2.9b)和式(6.2.10)所示，这种表示流体密度和压力(以及温度)之间的关系式称为流体的状态方程。

3. 渗流运动方程

在煤岩渗流力学中，运动方程和连续性方程是两个基本方程，对于非等温渗流还需加上能量方程，共三个基本方程。还有一类方程式与物质特性有关的方程，简称物性方程，即状态方程和本构方程。其中，状态方程是联系物质(如流体、固体骨架)各种热力学状态参数之间的关系的方程，主要是物质特性参数随压力和温度变化的方程；本构方程是描述依赖于特定物质内部结构的固有反应的方程。

在第 6.1 节中介绍了普通流体力学中导出的黏性流体运动方程(即纳维-斯托克斯方程)。对于煤岩多孔介质的流动，黏性作用非常复杂，只有结合实验总结而得，即达西(Darcy)渗流定律。

渗流可分为线性渗流和非线性渗流。对于线性渗流，达西(H. Darcy)在 1856 年根据水在直立均质砂柱中的渗流实验总结出了多孔介质渗流的 Darcy 定律(图 6.2.1)，即

$$\boldsymbol{v} = K\boldsymbol{J}$$

式中，$\boldsymbol{v}$ 为渗流速度；K 为渗透系数，单位为 m/s；$\boldsymbol{J}$ 为渗流压力梯度。其微分形式为

$$v = -\frac{k}{\mu}\left(\frac{\partial p}{\partial z} + \rho g\right) = -\frac{k}{\mu}\left(\frac{\partial \bar{p}}{\partial z}\right) \tag{6.2.11a}$$

式中，k 为渗透率，表示煤岩孔隙或骨架对流体的渗透能力，$k = \frac{\mu K}{\rho g} = \frac{b^2}{12}$，单位为 m^2，其中 b 为裂隙宽度；μ 为流体的动力黏度，单位为 Pa・s；p 为流体压力；z 表

示沿坐标轴 z 轴垂直向上；ρ 为流体的密度；g 为重力加速度；$\bar{p}=p+\rho gz$ 为工程折算压力。对应地，沿流线 n 方向的渗流速度为

$$v=-\frac{k}{\mu}\left(\frac{\partial p}{\partial n}+\rho g\sin\theta\right) \tag{6.2.11b}$$

式中，n 为沿流动方向上的长度；θ 为材料层位方向与水平方向所夹的锐角。

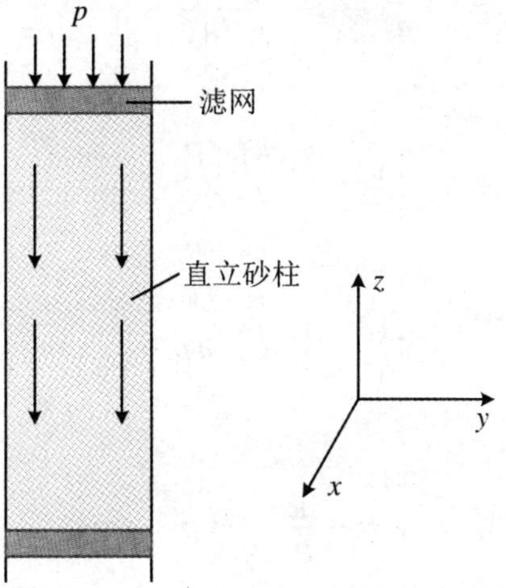

图 6.2.1

推广到三维情形，可得各向同性介质中单相流体渗流方程为

$$\begin{cases} v_x=-\dfrac{k}{\mu}\dfrac{\partial p}{\partial x} \\ v_y=-\dfrac{k}{\mu}\dfrac{\partial p}{\partial y} \\ v_z=-\dfrac{k}{\mu}\left(\dfrac{\partial p}{\partial z}+\rho g\right) \end{cases} \tag{6.2.12a}$$

或

$$\boldsymbol{v}_i=-\frac{k}{\mu}\left(\frac{\partial p}{\partial \boldsymbol{x}_i}+\delta_{i3}\rho g\right)\quad (i=1,2,3) \tag{6.2.12b}$$

对于各向异性介质中的单相流体渗流，在三维流动中，其渗透率为二阶对称张量 $\boldsymbol{k}$，即

$$\boldsymbol{k}_{ij}=\begin{bmatrix} k_{xx} & k_{xy} & k_{xz} \\ k_{xy} & k_{yy} & k_{yz} \\ k_{xz} & k_{yz} & k_{zz} \end{bmatrix} \tag{6.2.13}$$

类似于第 5 章中应力张量的分析，我们可得到渗透率张量的主张量(k_1，k_2，k_3)及渗透率主方向，在进行煤岩渗流力学分析时，可选渗透率主轴作为坐标轴。所以

Darcy 定律可改写为

$$\begin{cases} v_x = -\dfrac{k_{xx}}{\mu}\dfrac{\partial p}{\partial x} - \dfrac{k_{xy}}{\mu}\dfrac{\partial p}{\partial y} - \dfrac{k_{xz}}{\mu}\left(\dfrac{\partial p}{\partial z} + \rho g\right) \\ v_y = -\dfrac{k_{xy}}{\mu}\dfrac{\partial p}{\partial x} - \dfrac{k_{yy}}{\mu}\dfrac{\partial p}{\partial y} - \dfrac{k_{yz}}{\mu}\left(\dfrac{\partial p}{\partial z} + \rho g\right) \\ v_z = -\dfrac{k_{xz}}{\mu}\dfrac{\partial p}{\partial x} - \dfrac{k_{yz}}{\mu}\dfrac{\partial p}{\partial y} - \dfrac{k_{zz}}{\mu}\left(\dfrac{\partial p}{\partial z} + \rho g\right) \end{cases} \tag{6.2.14a}$$

或

$$\begin{cases} v_x = -\dfrac{k_1}{\mu}\dfrac{\partial p}{\partial x} \\ v_y = -\dfrac{k_2}{\mu}\dfrac{\partial p}{\partial y} \\ v_z = -\dfrac{k_3}{\mu}\left(\dfrac{\partial p}{\partial z} + \rho g\right) \end{cases} \tag{6.2.14b}$$

可简写为

$$\boldsymbol{v} = -\frac{\boldsymbol{k}}{\mu} \cdot \nabla(p + \rho g z) \tag{6.2.14c}$$

对于各向异性介质中存在两种不相溶混的流体共同流经煤岩孔隙的情形，Darcy 定律可改写为

$$\begin{cases} \boldsymbol{v}_i^1 = -\dfrac{\boldsymbol{k}_{ij}^1}{\mu_1}\dfrac{\partial p^1}{\partial \boldsymbol{x}_j} \\ \boldsymbol{v}_i^2 = -\dfrac{\boldsymbol{k}_{ij}^2}{\mu_2}\dfrac{\partial p^2}{\partial \boldsymbol{x}_j} \end{cases} \tag{6.2.15}$$

式中，$\boldsymbol{v}_i^1$，$\boldsymbol{v}_i^2$ 分别为两种流体的渗流速度 $\boldsymbol{v}^1$，$\boldsymbol{v}^2$；$\boldsymbol{k}^1$，$\boldsymbol{k}^2$ 分别为煤岩对两种流体的渗透率张量；μ_1，μ_2 分别为两种流体的动力黏度；p^1，p^2 分别为作用在两种流体上的压力。

Darcy 渗流有个适用范围，其下限是要有个渗流启动压力梯度(实际压力梯度小于此值时，则流体几乎不发生流动)，其上限是煤岩孔隙渗流速度不超过 1 cm/s。其实，在实际工程流体渗流的过程中，在启动压力梯度附近的存在一定的非线性低速渗流区，不符合 Darcy 定律。

对于非稳态的非 Darcy 渗流情形，若无源(或汇)且无黏，由运动方程式(6.1.15b)可得

$$\rho\frac{\partial \boldsymbol{v}_i}{\partial t} + \rho \boldsymbol{v}_j \frac{\partial \boldsymbol{v}_i}{\partial \boldsymbol{x}_j} = \rho \boldsymbol{f}_i - \frac{\partial \boldsymbol{p}}{\partial \boldsymbol{x}_i} = \rho g + \frac{\mu}{k} v + \beta v^2$$

式中，β 为非 Darcy 渗流因子，此内容将在第 6.2.3 节中介绍。

6.2.2　煤岩渗流连续性方程和能量方程

1. 单相流体渗流连续性方程

在流场中任取一微元体 V，体内为煤岩多孔介质，其孔隙率为 φ，孔隙被流体所饱和。由质量守恒定律可知，单位时间内微元体 V 中流体质量增量等于源分布产生的质量减去通过表面积 S 流出的流体质量，即

$$\int_V \frac{\partial(\rho\varphi)}{\partial t}\mathrm{d}V = \int_V I_s\rho\mathrm{d}V - \int_S \rho v_n \mathrm{d}S \tag{6.2.16}$$

式中，ρ 为流体的密度；I_s 为微元体内的源（或汇）分布强度，即单位时间内由单位体积产生或消失的流体体积，单位为 s^{-1}；v_n 为通过任一面元 $\mathrm{d}S$ 的渗流速度 $\boldsymbol{v}$ 在外法线 $\boldsymbol{n}$ 方向上的分量。此式即为积分形式的连续性方程。

利用高斯公式，上式可变换为

$$\int_V \left[\frac{\partial(\rho\varphi)}{\partial t} + \mathrm{div}\,(\rho\boldsymbol{v}) - I_s\rho\right]\mathrm{d}V = 0$$

由于微元体 V 是任意的，只要被积函数连续，则整个体积分等于零的充要条件是被积函数为零，即得微分形式的连续性方程为

$$\frac{\partial(\rho\varphi)}{\partial t} + \mathrm{div}(\rho\boldsymbol{v}) = I_s\rho \tag{6.2.17}$$

式中，I_s 对源和汇分别取正值和负值。这是非稳态有源流动连续性方程的一般形式。对于无源非稳态渗流，其连续性方程为

$$\frac{\partial(\rho\varphi)}{\partial t} + \mathrm{div}(\rho\boldsymbol{v}) = 0 \tag{6.2.18a}$$

对于有源稳态渗流，由于渗流不随时间发生变化，即 $\dfrac{\partial(\rho\varphi)}{\partial t}=0$，故有

$$\mathrm{div}(\rho\boldsymbol{v}) = I_s\rho \tag{6.2.18b}$$

对于不可压缩均质流体的有源稳态渗流，由于 $\rho=\mathrm{const}$ 且不随坐标改变，则有

$$\mathrm{div}\ \boldsymbol{v} = I_s \tag{6.2.18c}$$

对于无源稳态渗流，则有

$$\mathrm{div}(\rho\boldsymbol{v}) = 0 \tag{6.2.18d}$$

若将各向同性介质中单相流体渗流 Darcy 公式（式(6.2.12b)）代入式(6.2.17)，可得

$$\frac{\partial(\rho\varphi)}{\partial t} - \frac{\partial}{\partial \boldsymbol{x}_i}\left[\frac{\rho k}{\mu}\left(\frac{\partial p}{\partial \boldsymbol{x}_j} + \delta_{j3}\rho g\right)\right] = I_s\rho \quad (i,j=1,2,3) \tag{6.2.19}$$

对于各向异性介质中的单相渗流，参考式(6.2.15)，可得

$$\frac{\partial(\rho\varphi)}{\partial t}-\frac{\partial}{\partial \boldsymbol{x}_i}\left[\frac{\rho k_{ij}}{\mu}\left(\frac{\partial p}{\partial x_j}\right)\right]=\boldsymbol{I}_s\rho \quad (i,j=1,2,3) \tag{6.2.20}$$

对应地,式(6.2.18)中格式也变换成相应的形式。

2. 瓦斯渗流连续性方程

瓦斯形成于煤的变质阶段,以游离态和吸附态的形式赋存于煤层中,在煤体与围岩构成的体系中,瓦斯在瓦斯压力和围岩应力共同作用下处于动态平衡。由于采动或抽采的影响和扰动,这种平衡态被打破,煤岩应力场重新分布,瓦斯也重新迁移至平衡。介于瓦斯在煤层中的赋存和运移的复杂性,为建立煤层瓦斯渗流的连续性方程,引入几点假设:

(1) 瓦斯在煤层中的渗流符合 Darcy 定律。由于瓦斯的重力势能很小,可以忽略不计,即 Darcy 定律可写为

$$\boldsymbol{v}_i=-\frac{k}{\mu}\left(\frac{\partial p}{\partial \boldsymbol{x}_i}\right) \quad (i=1,2,3) \tag{6.2.21}$$

(2) 煤层中瓦斯含量满足朗格缪尔方程。

煤层中瓦斯含量包括吸附瓦斯量和游离瓦斯量两部分。其中吸附瓦斯量符合朗格缪尔(Langmuir)方程,即

$$W_C=\frac{abp}{1+bp}\gamma_m\rho \tag{6.2.22a}$$

式中,W_C 为单位体积煤中所吸附的瓦斯质量,单位为 g/cm^3;a 为煤的最大瓦斯吸附量,单位为 g/cm^3;b 为煤的吸附常数,单位为 $\frac{1}{MPa}$;p 为煤层瓦斯压力,单位为 MPa;$\gamma_m=\rho g$ 为煤的容重,单位为 g/cm^3。

煤中游离瓦斯量可由下式给出

$$W_{CB}=\frac{p}{p_0}\rho\varphi \tag{6.2.22b}$$

式中,W_{CB}为单位体积煤中的游离瓦斯质量,单位为 g/cm^3;$p_0=0.101325$ MPa 为标准大气压;φ 为煤的孔隙率。即单位体积煤层中的瓦斯总量 W 为

$$W=W_C+W_{CB}=\frac{abp}{1+bp}\gamma_m\rho+\frac{p}{p_0}\rho\varphi \tag{6.2.23}$$

其中,吸附瓦斯占总量的 80%～90%,而游离瓦斯只占 10%～20%。

(3) 瓦斯为理想气体,其单位质量气体状态方程为 $\rho=\frac{p}{RT}$,且流动过程为等温过程。

在这几点基础上,设微元体的体积为 V,其瓦斯含量为 m。在单位时间内流出微元体的瓦斯总量等于微元体内瓦斯减少量,即

$$-\int_S \rho v_n \mathrm{d}S = \frac{\partial m}{\partial t} \tag{6.2.24}$$

又因为体积为 V 的微元体内的瓦斯含量为

$$m = \int_V \left(\frac{abp}{1+bp}\gamma_m \rho + \frac{p}{p_0}\rho\varphi\right)\mathrm{d}V \tag{6.2.25}$$

代入 $\rho = \dfrac{p}{RT}$，可得

$$m = \int_V \left(\frac{abp}{1+bp}\gamma_m + \frac{p}{p_0}\varphi\right)\frac{p}{RT}\mathrm{d}V$$

代入式(6.2.24)中，并利用高斯公式，有

$$-\int_S \rho v_n \mathrm{d}S = \frac{\partial m}{\partial t}$$

$$\int_V [\mathrm{div}\,(\rho \boldsymbol{v})]\mathrm{d}V = \frac{\partial}{\partial t}\int_V \left(\frac{abp}{1+bp}\gamma_m + \frac{p}{p_0}\varphi\right)\frac{p}{RT}\mathrm{d}V$$

等式左边代入 $\rho = \dfrac{p}{RT}$ 和各向同性单相渗流 Darcy 公式(式(6.2.21))，并对上式进行化简得

$$\int_V [\mathrm{div}\,(\rho \boldsymbol{v})]\mathrm{d}V = \frac{\partial}{\partial t}\int_V \left(\frac{abp}{1+bp}\gamma_m + \frac{p}{p_0}\varphi\right)\frac{p}{RT}\mathrm{d}V$$

$$\nabla\cdot\left[-\frac{p}{RT}\frac{k}{\mu}(\nabla p)\right] = \frac{\partial}{\partial t}\left[\left(\frac{abp}{1+bp}\frac{pg}{RT} + \frac{p}{p_0}\varphi\right)\frac{p}{RT}\right] - \frac{k}{\mu}\nabla^2(p^2)$$

$$= \frac{abgp^2}{RT}\frac{\partial}{\partial t}\left(\frac{p}{1+bp}\right) + \left(\frac{abg}{RT}\frac{p}{1+bp} + \frac{\varphi}{p_0}\right)\frac{\partial(p^2)}{\partial t} \tag{6.2.26}$$

即为各向同性瓦斯渗流连续性方程。

3. 渗流能量方程

对于等温渗流，则基本方程为运动方程(动量守恒的表现形式)和连续性方程(质量守恒的表现形式)。若为非等温渗流，则需要求解温度场，给出能量方程(能量守恒的表现形式)。能量方程是对物质系统能量守恒的数学描述，若不考虑体力和热辐射影响，且流固界面之间能瞬间达到局部热平衡，则能量守恒可表述为单位时间内外界传给物质系统的热量、内部热源产生的热量与外界作用于该系统的面力所做功率之和等于该系统总能量对时间的变化率。介于固体和流体的热力学参数各不相同，故分别分进行考虑，则有：

(1) 固体骨架的能量方程

物质的热传导符合 Fourier 定律，即对于均匀各向同性材料，单位时间流过单位面积的热量 q 与温度梯度∇T 成正比，有

$$q = -k\,\nabla T \tag{6.2.27a}$$

或

$$\begin{cases} q_x = -k\dfrac{\partial T}{\partial x} \\ q_y = -k\dfrac{\partial T}{\partial y} \\ q_z = -k\dfrac{\partial T}{\partial z} \end{cases} \tag{6.2.27b}$$

式中，k 为材料的热导率(或导热系数、热传导系数)，单位为 $\mathrm{W/(m^2 \cdot K)}$。

对于各向异性材料，则有

$$\begin{cases} -q_x = k_{xx}\dfrac{\partial T}{\partial x} + k_{xy}\dfrac{\partial T}{\partial y} + k_{xz}\dfrac{\partial T}{\partial z} \\ -q_y = k_{xy}\dfrac{\partial T}{\partial y} + k_{yy}\dfrac{\partial T}{\partial y} + k_{yz}\dfrac{\partial T}{\partial z} \\ -q_z = k_{xz}\dfrac{\partial T}{\partial z} + k_{yz}\dfrac{\partial T}{\partial y} + k_{zz}\dfrac{\partial T}{\partial z} \end{cases} \tag{6.2.28a}$$

式中，$k_{xx}, k_{xy}, k_{xz}, k_{yy}, k_{yz}, k_{zz}$ 为二阶张量 $\boldsymbol{k}$ 的分量。类似于 Darcy 定律中的渗透率，同样可得到主热导率 k_1, k_2, k_3，则 Fourier 定律可改写为

$$\begin{cases} q_x = -k_1\dfrac{\partial T}{\partial x} \\ q_y = -k_2\dfrac{\partial T}{\partial y} \\ q_z = -k_3\dfrac{\partial T}{\partial z} \end{cases} \tag{6.2.28b}$$

所以，结合高斯公式，可得到在单位时间内外界的加热为

$$-\int_S \boldsymbol{q}\cdot\boldsymbol{n}\mathrm{d}S = -\int_V \nabla\cdot\boldsymbol{q}\mathrm{d}V = \int_V \nabla\cdot(\boldsymbol{k}_\mathrm{s}\nabla T)\mathrm{d}V$$

内部热源使微元体增加的热量为

$$Q_\mathrm{s} = \int_V q_\mathrm{s}\mathrm{d}V$$

这两部分能量之和等于固体内单位时间能量的积累(或能量变化率)。若设固体密度为 ρ_s、比热为 c_s，则单位体积固体从 T_0 温升至 T 所需要热能为 $\rho_\mathrm{s}c_\mathrm{s}(T-T_0)$，其变化率为 $\dfrac{\partial\rho_\mathrm{s}c_\mathrm{s}\Delta T}{\partial t}$，得到固体材料积分形式的能量方程为

$$\int_V\left[\frac{\partial(\rho c\Delta T)_\mathrm{s}}{\partial t} - \nabla\cdot(\boldsymbol{k}_\mathrm{s}\nabla T_\mathrm{s}) - q_\mathrm{s}\right]\mathrm{d}V = 0 \tag{6.2.29a}$$

有

$$\frac{\partial}{\partial t}(\rho c\Delta T)_\mathrm{s} = \nabla\cdot(\boldsymbol{k}_\mathrm{s}\nabla T_\mathrm{s}) + q_\mathrm{s} \tag{6.2.29b}$$

即为微分形式的固体材料能量方程。其中，下标 s 表示其物理量对应的是固体。

(2) 孔隙流体的能量方程

流体的能量守恒可表述为单位时间内由外界传递给微元体 V 的热量与微元体内部热源产生的热量之和等于微元体内总能量对时间的变化率加上单位时间内通过界面 S 流出的能量与面力所做功之和。由于外界传递给微元体的热量为 $-\int_S \boldsymbol{q}\cdot\boldsymbol{n}\mathrm{d}S=\int_V \nabla\cdot(\boldsymbol{k}_f\nabla T)\mathrm{d}V$；内部热源使微元体增加的热量为 $Q=\int_V q\mathrm{d}V$；微元体内能量对时间的变化率为 $\int_V \frac{\partial}{\partial t}\left[\rho\left(\frac{v^2}{2}+e\right)\right]\mathrm{d}V$；通过微元体界面 S 流出的能量与作用在 S 内部流体上面力所做的功之和为

$$\int_S \rho\left(\frac{v}{2}+e\right)(\boldsymbol{v}\cdot\boldsymbol{n})\mathrm{d}S+\int_S p(\boldsymbol{v}\cdot\boldsymbol{n})\mathrm{d}S=\int_S \rho\left(\frac{v^2}{2}+h\right)(\boldsymbol{v}\cdot\boldsymbol{n})\mathrm{d}S$$

$$=\int_V \nabla\cdot\left[\left(\frac{v^2}{2}+h\right)\rho\boldsymbol{v}\right]\mathrm{d}V$$

式中，$h=e+p/\rho$ 为比焓，表示流体单位质量热含量，J/kg；v 为流体质点速度。所以得到流体能量方程的积分形式为

$$\int_V \left\{\frac{\partial}{\partial t}\left[\rho_{\mathrm{f}}\left(\frac{v^2}{2}+e\right)\right]+\nabla\cdot\left[\left(\frac{v^2}{2}+h\right)\rho_{\mathrm{f}}\boldsymbol{v}\right]-\nabla\cdot(\boldsymbol{k}_{\mathrm{f}}\nabla T_{\mathrm{f}})-q_{\mathrm{f}}\right\}\mathrm{d}V=0 \tag{6.2.30a}$$

对应微分形式为

$$\frac{\partial}{\partial t}\left[\rho_{\mathrm{f}}\left(\frac{v^2}{2}+e\right)\right]=\nabla\cdot(\boldsymbol{k}_{\mathrm{f}}\nabla T_{\mathrm{f}})+q_{\mathrm{f}}-\nabla\cdot\left[\left(\frac{v^2}{2}+h\right)\rho_{\mathrm{f}}\boldsymbol{v}\right] \tag{6.2.30b}$$

在工程应用中，可略去高阶项，即上式可近似变换为

$$\frac{\partial}{\partial t}(\rho_{\mathrm{f}}e)=\nabla\cdot(\boldsymbol{k}_{\mathrm{f}}\nabla T_{\mathrm{f}})+q_{\mathrm{f}}-\nabla\cdot(\rho_{\mathrm{f}}h\boldsymbol{v}) \tag{6.2.30c}$$

以上就是固体和流体能量方程的一般性描述，在实际应用在还需要考虑流体和固体所占体积之比，以及多相流体渗流时的饱和度等因素。

(3) 单相流体非等温渗流的能量方程

对于单相流体非等温渗流的情形，方程式(6.2.30b)左边可变换为

$$\frac{\partial}{\partial t}\left[\rho\left(\frac{v^2}{2}+e\right)\right]=\left(\frac{v^2}{2}+e\right)\frac{\partial\rho}{\partial t}+\rho\boldsymbol{v}\cdot\frac{\partial\boldsymbol{v}}{\partial t}+\rho\frac{\partial e}{\partial t} \tag{6.2.31a}$$

由流体连续性方程式(6.1.12)可知，$\frac{\partial\rho}{\partial t}=-\operatorname{div}(\rho\boldsymbol{v})$ 或无源(或汇)情况下的渗流连续性方程式(6.2.17)可知 $\frac{\partial(\rho\varphi)}{\partial t}=-\operatorname{div}(\rho\boldsymbol{v})$；不考虑源(或汇)的情况，由运动方程式(6.1.15c)可知 $\rho\frac{\partial\boldsymbol{v}_i}{\partial t}+\rho v_k\frac{\partial\boldsymbol{v}_i}{\partial x_k}=\rho\boldsymbol{f}_i+\frac{\partial\boldsymbol{\sigma}_{ij}}{\partial\boldsymbol{x}_j}$，若不计体力和黏性，则有

$\rho \dfrac{\partial \boldsymbol{v}_i}{\partial t} = -\nabla p - \rho v_k \dfrac{\partial \boldsymbol{v}_i}{\partial x_k}$，即 $\rho \dfrac{\partial \boldsymbol{v}}{\partial t} = -\nabla p - \rho(\boldsymbol{v} \cdot \nabla)\boldsymbol{v}$。代入式(6.2.31a)得

$$\frac{\partial}{\partial t}\left[\rho\left(\frac{v^2}{2}+e\right)\right] = -\left(\frac{v^2}{2}+e\right)\nabla\cdot(\rho\boldsymbol{v}) - \boldsymbol{v}\cdot\nabla p - \rho\boldsymbol{v}\cdot(\boldsymbol{v}\cdot\nabla)\boldsymbol{v} + \rho\frac{\partial e}{\partial t} \tag{6.2.31b}$$

又因为焓 H 为 $H = E + pV$，有比焓 h 为 $h = e + p/\rho$，可得

$$\mathrm{d}h = \mathrm{d}e + \mathrm{d}\left(\frac{p}{\rho}\right) = \mathrm{d}e + \frac{\rho\mathrm{d}p - p\mathrm{d}\rho}{\rho^2}$$

又热力学第一定律(即系统内能的变化量等于外界对系统传递的热量减去系统对外界所做的功)的微分表达形式为 $\mathrm{d}E = \delta Q - \delta W$，有 $\mathrm{d}E = \delta Q - p\mathrm{d}V$，所以对于单位质量流体有

$$\mathrm{d}e = \delta q - p\mathrm{d}\left(\frac{1}{\rho}\right)$$

又比熵 s(即单位质量流体的熵)为 $s = \int \dfrac{\delta q}{T}$，J/(kg·K)。可得到

$$\mathrm{d}s = \frac{\delta q}{T} = \frac{\mathrm{d}e}{T} + \frac{p}{T}\mathrm{d}\left(\frac{1}{\rho}\right) = \frac{\mathrm{d}h}{T} - \frac{\mathrm{d}p}{T\rho}$$

即有 $\mathrm{d}p = \rho\mathrm{d}h - T\rho\mathrm{d}s$，类推得 $\nabla p = \rho\nabla h - T\rho\nabla s$，代入式(6.2.31b)得

$$\begin{aligned}
&\frac{\partial}{\partial t}\left[\rho\left(\frac{v^2}{2}+e\right)\right] \\
&= -\left(\frac{v^2}{2}+e\right)\nabla\cdot(\rho\boldsymbol{v}) - \boldsymbol{v}\cdot\nabla p - \rho\boldsymbol{v}\cdot(\boldsymbol{v}\cdot\nabla)\boldsymbol{v} + \rho\frac{\partial e}{\partial t} \\
&= -\left(\frac{v^2}{2}+h-\frac{p}{\rho}\right)\nabla\cdot(\rho\boldsymbol{v}) - \boldsymbol{v}\cdot(\rho\nabla h - \rho T\nabla s) \\
&\quad - \rho\boldsymbol{v}\cdot(\boldsymbol{v}\cdot\nabla)\boldsymbol{v} + \rho\left[\frac{\partial h}{\partial t} - \frac{\partial(p/\rho)}{\partial t}\right] \\
&= -\left(\frac{v^2}{2}+h-\frac{p}{\rho}\right)\nabla\cdot(\rho\boldsymbol{v}) - \rho\boldsymbol{v}\cdot\nabla h + \rho T\boldsymbol{v}\cdot\nabla s \\
&\quad - \rho\boldsymbol{v}\cdot(\boldsymbol{v}\cdot\nabla)\boldsymbol{v} + \rho T\frac{\partial s}{\partial t} + \frac{p}{\rho}\frac{\partial\rho}{\partial t} \\
&= -\nabla\cdot\left[\rho\boldsymbol{v}\left(\frac{v^2}{2}+h\right)\right] + \rho T\left(\boldsymbol{v}\cdot\nabla s + \frac{\partial s}{\partial t}\right)
\end{aligned} \tag{6.2.31c}$$

代入式(6.2.30b)中，得

$$\rho_{\mathrm{f}} T_{\mathrm{f}}\left(\boldsymbol{v}\cdot\nabla s + \frac{\partial s}{\partial t}\right) = \nabla\cdot(\boldsymbol{k}_{\mathrm{f}}\nabla T_{\mathrm{f}}) + q_{\mathrm{f}} \tag{6.2.30d}$$

这就是不考虑源(或汇)、不计体力和黏性影响下的流体传热一般性方程。

如果传热过程中压力变化很小，近似看着是定压过程，引入定压比热 c_{p}(即定

压过程中单位质量流体温度升高1℃所需要的热量），有 $c_p=\left(\frac{\delta q}{dT}\right)_{p=\text{const}}$，即可得

$$c_p=\left(\frac{\delta e}{dT}\right)_p+p\left[\frac{\partial}{\partial T}\left(\frac{1}{\rho}\right)\right]_p=\left(\frac{\partial h}{\partial T}\right)_p$$

若 c_p 为常量，则有 $dh=c_p dT$。又因为 $ds=\frac{dh}{T}-\frac{dp}{T\rho}$，即有

$$ds=\left(\frac{dh}{T}\right)_p=c_p\frac{dT}{T}$$

或

$$\nabla s=c_p\frac{\nabla T}{T}$$

代入式(6.2.30d)可得

$$\rho_f T_f\left(\boldsymbol{v}\cdot\nabla s+\frac{\partial s}{\partial t}\right)=\nabla\cdot(\boldsymbol{k}_f\nabla T_f)+q_f$$

$$\rho_f T_f\boldsymbol{v}\cdot\left(c_p\frac{\nabla T}{T}\right)+\rho_f c_p\frac{\partial T}{\partial t}=\nabla\cdot(\boldsymbol{k}_f\nabla T_f)+q_f \tag{6.2.32}$$

$$\rho_f c_p\boldsymbol{v}\cdot\nabla T_f+\rho_f c_p\frac{\partial T}{\partial t}=\nabla\cdot(\boldsymbol{k}_f\nabla T_f)+q_f$$

其中，下标f表示其物理量对应的是流体。此式即为定压条件下的单相流体渗流能量方程。

6.2.3　瓦斯输运分析

瓦斯在煤岩孔隙空间中是以游离态和吸附态存在的。我们研究的瓦斯流动规律是针对游离态瓦斯而言的，且煤岩孔隙表面的吸附态瓦斯和游离瓦斯在一定温度和孔隙压力下保持动态平衡（亦即吸附和解吸的动态平衡）。前面我们介绍了孔隙流体的Darcy渗流，即游离瓦斯发生渗流流动是在瓦斯压力梯度的动力作用下进行的，随着压力梯度的变化，动态平衡被打破。当压力降低时，吸附态瓦斯发生解吸，变成游离态瓦斯；当压力升高时则发生吸附，变成吸附态瓦斯。可见，含瓦斯煤岩体是由煤岩基质（固体）、吸附态瓦斯和游离态瓦斯组成的多相介质体。且在煤岩孔隙中会有吸附、解吸、扩散、渗流等多种形式的运动，其中吸附和解吸互为动态互逆过程。

针对瓦斯在煤岩体中输运特性，主要存在两种不同的输运机制，即扩散和渗流。当煤体被破坏卸压或被粉碎后，瓦斯在煤体中的吸附解吸动态平衡被打破，从煤体中散逸出来形成瓦斯流，其过程可细分为三个阶段。首先，吸附态瓦斯在大于启动解吸压力的条件下开始从煤岩微孔洞、微裂隙表面解吸出来，这个阶段几乎瞬间完成。其动力来源主要有地压（即地层静压力、地应力）、构造应力（即构造运动

力)和水动力(即水在流动过程中会带动瓦斯一起运移)。其次,解吸出来的瓦斯通过扩散作用进入节理、层理等裂隙系统,由于微孔隙的尺寸和瓦斯气体的平均自由程大小相当,所以瓦斯自孔隙表面向外运动的过程为扩散过程,遵守 Fick 定律。最后,随着压力的下降,更多的瓦斯发生解吸,并形成孔隙间的层流渗透。瓦斯压力梯度是渗流流动的驱动力,符合 Darcy 定律。瓦斯输运情况(如放散的快慢)取决于后面两个阶段。

基于煤矿生产的实际情况,由于受采动影响的程度不同,瓦斯在煤体中的流动是十分复杂的。通常用无量纲量雷诺数进行描述,把瓦斯在煤体中的流动分为三个区域,即

(1) 低雷诺数区($Re<1\sim10$):黏性力占优势,属于线性层流区域,完全符合 Darcy 定律;

(2) 中雷诺数区($10<Re\leqslant100$):为非线性层流区域,服从非线性渗流定律,进入非 Darcy 渗流。

(3) 高雷诺数区($Re>100$):为紊流区域,惯性力占优势,流动压力损耗和流速的平方成反比。

1. Fick 定律

解吸出来的瓦斯进入裂隙系统符合 Fick 定律,即

$$\frac{1}{A}\frac{\mathrm{d}m}{\mathrm{d}t} = -D\frac{\partial c}{\partial z} \tag{6.2.33}$$

式中,D 为质量扩散系数,单位为 $\mathrm{m^2/s}$;A 为截面积;$\dfrac{\mathrm{d}m}{A\mathrm{d}t}$ 为质量扩散通量,单位为 J;$\dfrac{\partial c}{\partial z}$ 为浓度梯度,$c=m/V$ 为质量浓度。这是 Fick 扩散定律的一种形式。它表示单位时间内跨过单位面积的气体质量(即扩散通量)与浓度梯度成正比。扩展为三维情形,得 Fick 第一扩散定律的普遍形式为

$$J = -D\,\nabla c \tag{6.2.34a}$$

或

$$v = -\frac{D}{c}\,\nabla c \tag{6.2.34b}$$

式中,v 为扩散速度。

Fick 第一定律只适用于稳态扩散或拟稳态扩散,即在扩散过程中浓度及浓度梯度均不随时间变化或随时间成线性变化的情形。对于非稳态扩散,各处的浓度不仅随位置发生变化,还随时间发生变化。为了求得非稳态扩散情形下的普适方程,引入单相流体连续性方程之式(6.2.17)有

$$\frac{\partial(\rho\varphi)}{\partial t} + \mathrm{div}\,(\rho\boldsymbol{v}) = I_s\rho$$

若不考虑源(或汇),同时注意到 ρ 可用 c 代替,有

$$\nabla \cdot (c\boldsymbol{v}) = -\frac{\partial(c\varphi)}{\partial t} \tag{6.2.35}$$

对式(6.2.34b)两边取散度,同时代入式(6.2.35),可得

$$\frac{\partial(c\varphi)}{\partial t} = \nabla \cdot (D\,\nabla c) \tag{6.2.36}$$

即为 Fick 第二扩散定律。若孔隙率不随时间发生变化,则有

$$\varphi\frac{\partial c}{\partial t} = \nabla \cdot (D\,\nabla c) \tag{6.2.37}$$

对于平面径向和球形径向扩散,上式可分别写为

$$\varphi\frac{\partial c}{\partial t} = \frac{1}{r}\frac{\partial}{\partial r}\left(rD\frac{\partial c}{\partial r}\right) \tag{6.2.38a}$$

$$\varphi\frac{\partial c}{\partial t} = \frac{1}{r^2}\frac{\partial}{\partial r}\left(r^2D\frac{\partial c}{\partial r}\right) \tag{6.2.38b}$$

若扩散系数 D 与空间位置无关,则可令 $D' = \dfrac{D}{\varphi}$,式(6.2.37)和式(6.2.38)可变换为

$$\frac{\partial c}{\partial t} = D'\,\nabla \cdot (\nabla c) = D'\,\nabla^2 c$$

$$\frac{\partial c}{\partial t} = \frac{D'}{r}\frac{\partial}{\partial r}\left(r\frac{\partial c}{\partial r}\right)$$

$$\frac{\partial c}{\partial t} = \frac{D'}{r^2}\frac{\partial}{\partial r}\left(r^2\frac{\partial c}{\partial r}\right)$$

2. 非 Darcy 渗流

严格来说,瓦斯在煤岩流动过程中,任何将偏离 Darcy 定律情形都可称为非 Darcy 渗流,即非线性渗流。工程中非 Darcy 渗流主要有两种,一种是在低渗透、低流速致密多孔介质中的存在启动压力梯度的非 Darcy 渗流;一种是存在高水力梯度、高雷诺数情形下的非 Darcy 渗流。

对于具有启动压力梯度的低速非 Darcy 渗流,其渗流运动方程为

$$\begin{cases} v = 0 & (|\nabla p| \leqslant G) \\ v = -\dfrac{k}{\mu}\nabla p\left(1 - \dfrac{G}{|\nabla p|}\right) & (|\nabla p| > G) \end{cases} \tag{6.2.39}$$

式中,G 为启动压力梯度,单位为 Pa/m。

在非线性过渡流及紊流的条件下,渗流速度与压力梯度之间可用幂指数关系来表示,即

$$\boldsymbol{v}_i = -\lambda\left(\frac{\partial p}{\partial \boldsymbol{x}_i}\right)^m \tag{6.2.40}$$

式中，$\boldsymbol{v}_i$ 为渗流速度 $\boldsymbol{v}$ 的分量；λ 为煤对瓦斯的透气性系数，单位为 $m^2/(MPa^2 \cdot d)$；m 为渗流指数，当 $m=1$ 时，$\lambda=\frac{k}{\mu}$则上式为 Darcy 定律，一般 m 介于 1～2 之间；$\frac{\partial p}{\partial \boldsymbol{x}_i}$为瓦斯压力梯度。

实际上，可以用一个二项式来拟合非 Darcy 渗流，即

$$-\frac{\partial p}{\partial \boldsymbol{x}_i}=\alpha \boldsymbol{v}_i+\beta \boldsymbol{v}_i^2 \tag{6.2.41a}$$

式中，α，β 为待定系数，通过实验确定。其中，$\alpha \boldsymbol{v}_i$ 反映的是 Darcy 定律特性，是流体和多孔介质之间的直接摩擦而引起的压力损耗；当流速 $\boldsymbol{v}$ 很小时，对应的雷诺数也很小，$\alpha \boldsymbol{v}_i$ 占主导，$\alpha=\frac{\mu}{k}$。$\beta \boldsymbol{v}_i^2$ 反映的是流体在绕过多孔介质中无规律骨架、基质等固体系统时因收缩、膨胀和转弯等引起的压力损耗，犹如微观的局部阻力，是对线性项 $\alpha \boldsymbol{v}_i$ 的修正；当流速和雷诺数很大时，$\beta \boldsymbol{v}_i^2$ 占主导，流体在多孔介质中的渗流表现为非 Darcy 渗流。所以，式(6.2.41a)可改写为

$$\frac{\partial p}{\partial \boldsymbol{x}_i}=-\frac{\mu}{k} \boldsymbol{v}_i-\beta \boldsymbol{v}_i^2 \tag{6.2.41b}$$

式中，β 为待定系数，又称为 Darcy 偏离因子(或非 Darcy 渗流因子)。

6.3 气固耦合

在煤矿开采过程中，煤体与瓦斯之气固耦合作用实际上是游离态瓦斯和吸附态瓦斯与煤体骨架相互影响和作用的结果。其主要体现在煤体变形与瓦斯渗流耦合的两类典型规律研究，一是气固耦合作用之煤体骨架变形影响下孔隙空间中瓦斯流动规律研究；二是气固耦合作用之瓦斯孔隙渗流影响下煤体变形及破坏规律研究。

6.3.1 多孔介质的运动方程

在第 6.2.2 节的瓦斯渗流连续性方程推导中引入了 3 点关于瓦斯的假设，在此基础上再引入 4 点关于煤体的假设：

(1) 煤体处于弹性变形阶段，属于各向同性材料，遵守广义胡克定律，即

$$\boldsymbol{\sigma}_{ij}=\boldsymbol{C}_{ijmn} \varepsilon_{mn}=\lambda \delta_{ij} \theta+2 \mu \boldsymbol{\varepsilon}_{ij} \tag{6.3.1}$$

式中，$\boldsymbol{C}_{ijmn}$为弹性系数，是四阶张量；$\theta=\varepsilon_x+\varepsilon_y+\varepsilon_z$ 称为体积应变，λ，μ 为拉梅系数。

(2) 煤体被单向的瓦斯所饱和。

(3) 煤体骨架的有效应力变化遵循修正的太沙基(Terzaghi)有效应力规律,即

$$\boldsymbol{\sigma}'_{ij} = \boldsymbol{\sigma}_{ij} - \alpha\delta_{ij}p \tag{6.3.2}$$

式中,$\boldsymbol{\sigma}'_{ij}$为有效应力;$\boldsymbol{\sigma}_{ij}$为应力张量;$p$ 为孔隙压力;α 为等效孔隙压系数,$0\leqslant\alpha\leqslant1$,主要取决于岩石的孔隙发育程度。其中,等效孔隙压系数 α 是作用于煤体上的体积应力与孔隙压力的双线性函数,即可由试验拟合获得,有

$$\alpha = a_0 + a_1\Theta + a_2 p + a_3\Theta p \tag{6.3.3}$$

式中,a_0, a_1, a_2, a_3 分别为拟合常数;$\Theta = \sigma_x + \sigma_y + \sigma_z$ 为体积应力,单位为 MPa;p 为孔隙压力,单位为 MPa。

(4) 饱和多孔介质的体积变形由两部分组成,即煤体骨架变形和孔隙变形,有

$$a_{\mathrm{b}} = (1-\varphi)a_{\mathrm{s}} + \varphi a_{\mathrm{p}} \tag{6.3.4}$$

式中,a_{b} 为整体体积变形;φ 为孔隙率;a_{s} 为实体体积变形;a_{p} 为孔隙变形。假设 $(1-\varphi)a_{\mathrm{s}}\ll\varphi a_{\mathrm{p}}$,则饱和多孔介质的体积变形就可近似等于孔隙变形。

根据假设(1)和(2),煤体骨架发生的变形符合小变形理论,其由有效应力引起的骨架变形符合线弹性胡克定律,由式(6.3.1)和式(6.3.2),有

$$\boldsymbol{\sigma}'_{ij} = \lambda\delta_{ij}\theta + 2\mu\boldsymbol{\varepsilon}_{ij} = \boldsymbol{\sigma}_{ij} - \alpha\delta_{ij}p$$

即

$$\boldsymbol{\sigma}_{ij} = \lambda\delta_{ij}\theta + 2\mu\boldsymbol{\varepsilon}_{ij} + \alpha\delta_{ij}p \tag{6.3.5}$$

由式(6.3.4)和式(5.3.6)可知

$$\Theta' = \sigma'_x + \sigma'_y + \sigma'_z = 3K\theta = 3K\varphi\theta_{\mathrm{p}}$$

式中,K 为体积模量。

如第 5.3.2 节中介绍可知,煤体的平衡微分方程为

$$\begin{gathered}\boldsymbol{\sigma}_{ji,j} + \boldsymbol{f}_i = 0\\ \boldsymbol{\sigma}\cdot\nabla + \boldsymbol{f} = \boldsymbol{0}\end{gathered} \tag{6.3.6a}$$

所以,有

$$(\lambda\delta_{ij}\theta + 2\mu\boldsymbol{\varepsilon}_{ij} + \alpha\delta_{ij}p)_{,j} + \boldsymbol{f}_i = 0 \tag{6.3.6b}$$

把小变形条件下的几何方程 $\boldsymbol{\varepsilon}_{ij} = \dfrac{1}{2}(\boldsymbol{u}_{i,j} + \boldsymbol{u}_{j,i})$,$\theta = \varepsilon_x + \varepsilon_y + \varepsilon_z = \boldsymbol{\varepsilon}_{ii} = \boldsymbol{u}_{i,i}$ 代入上式,把弹性模量 λ, μ 视为常数,可得

$$(\lambda + \mu)\boldsymbol{u}_{j,ij} + \mu\boldsymbol{u}_{i,jj} + \delta_{ij}(\alpha p)_{,j} + \boldsymbol{f}_i = 0 \tag{6.3.7}$$

即为考虑孔隙压力的煤体平衡微分方程。

6.3.2　固气耦合数学模型

结合瓦斯渗流连续性方程式(6.2.26)和式(6.3.7)即可得到煤体瓦斯流动的气固耦合数学模型为

$$\begin{cases} -\dfrac{k}{\mu}\nabla^2(p^2) = \dfrac{abgp^2}{RT}\dfrac{\partial}{\partial t}\left(\dfrac{p}{1+bp}\right) + \left(\dfrac{abg}{RT}\dfrac{p}{1+bp} + \dfrac{\varphi}{p_0}\right)\dfrac{\partial(p^2)}{\partial t} \\ (\lambda+\mu)\boldsymbol{u}_{j,ij} + \mu\boldsymbol{u}_{i,jj} + \delta_{ij}(\alpha\boldsymbol{p})_{ij} + \boldsymbol{f}_i = 0 \end{cases} \tag{6.3.8}$$

它体现了煤体骨架变形与瓦斯渗流之间的相互影响、相互作用的耦合关系。也就是说，当煤体受到有效应力作用发生变形，变形过程中其内部的微孔洞、微裂纹、裂隙等会发生变化，产生新的孔隙结构，并发育、破裂、贯通，同时裂纹、裂隙的张开度和闭合程度也会发生变化，即煤体的渗透率会发生相应的变化，从而影响瓦斯的渗流流动。反过来，瓦斯渗流对煤体骨架变形又有很大的反作用，因为瓦斯作用的煤体骨架变形由有效应力控制，而有效应力又是孔隙瓦斯压力的函数，即孔隙内部的瓦斯影响着煤体骨架内整体的微孔洞、微裂纹、裂隙的产生、发育、破裂、贯通和闭合等。

由于气固耦合数学模型比较复杂，其求解必须补充定解条件，即初始条件和边界条件，这包括煤体骨架变形的边界条件和初始条件，以及瓦斯渗流的边界条件和初始条件。其中，煤体骨架变形的边界条件为：

第一类　煤体骨架的表面力已知，即

$$\boldsymbol{\sigma}_{ij}\boldsymbol{L}_j = \boldsymbol{F}_i(x,y,z)$$

第二类　煤体骨架的表面位移已知，即

$$\boldsymbol{u}_i = \boldsymbol{g}_i(x,y,z,t)$$

第三类　混合条件为煤体骨架表面的部分边界已知应力，部分边界已知位移。

煤体骨架变形的初始条件为：已知初始位移，即 $u_0 = [g(x,y,z,t)]_{t=0}$；初始速度$\dfrac{\partial \boldsymbol{u}_i}{\partial t} = \left[\dfrac{\partial}{\partial t}\boldsymbol{g}_i(x,y,z,t)\right]_{t=0}$。

瓦斯渗流的边界条件为：

第一类　边界上压力恒定，即 $p_z = \text{const}$；

第二类　边界上单位面积的流量恒定，即 $v_s = \text{const}$；

第三类　分界面上的流量相等，即

$$\frac{k_1}{\mu_1}\frac{\partial p_1}{\partial n_1} = \frac{k_2}{\mu_2}\frac{\partial p_2}{\partial n_2}$$

瓦斯渗流的初始条件为：已知初始压力，即$(p)_{t=0} = p_0 = \text{const}$；或 $p_0 = [f(x,y,z)]_{t=0}$（若初始压力为空间的函数）。

这就构成了气固耦合求解数学模型，可求出煤体骨架变形场的变形和破坏分布规律和瓦斯渗流场的流动分布规律。

参 考 文 献

［1］ 基利契夫斯基 H A.张量计算初步及其在力学上的应用[M].北京:人民教育出版社,1964.

［2］ 李开泰,黄艾香.张量分析及其应用[M].西安:西安交通大学出版社,2022.

［3］ 黄克智,薛明德,陆明万.张量分析[M].北京:清华大学出版社,2020.

［4］ 王甲升.张量分析及其应用[M].北京:高等教育出版社,1987.

［5］ 郭仲衡.张量(理论和应用)[M].北京:科学出版社,1988.

［6］ 余天庆,毛为民.张量分析及应用[M].北京:清华大学出版社,2010.

［7］ 谢树艺.矢量分析与场论[M].3 版.北京:高等教育出版社,2011.

［8］ 黄筑平.连续介质力学基础[M].2 版.北京:高等教育出版社,2003.

［9］ 张耀良.张量分析及其在连续介质力学中的应用[M].哈尔滨:哈尔滨工程大学出版社,2005.

［10］ 冯元桢.连续介质力学初级教程[M].3 版.葛东云,陆明万,译.北京:清华大学出版社,2009.

［11］ 李永池.张量初步和近代连续介质力学概论[M].合肥:中国科学技术大学出版社,2012.

［12］ 匡振邦.非线性连续介质力学[M].上海:上海交通大学出版社,2002.

［13］ 罗朝俊.非线性变形体动力学[M].北京:高等教育出版社,2011.

［14］ 武际可,黄克服.微分几何及其在力学中的应用[M].北京:北京大学出版社,2011.

［15］ 《数学手册》编写组.数学手册[M].北京:高等教育出版社,2010.

［16］ 同济大学数学系.高等数学(上、下册)[M].6 版.北京:高等教育出版社,2007.

［17］ 同济大学数学系.工程数学线性代数[M].5 版.北京:高等教育出版社,2010.

［18］ 费恩曼,莱顿,桑兹.费恩曼物理学讲义[M].2 版.李洪芳,王子辅,钟万蘅,译.上海:上海科学技术出版社,2011.

［19］ 吴家龙.弹性力学[M].3 版.上海:同济大学出版社,2016.

［20］ 夏志皋.塑性力学[M].上海:同济大学出版社,2008.

［21］ 徐秉业,刘信声.应用弹塑性力学[M].北京:清华大学出版社,2010.

［22］ 郑雨天.岩石力学的弹塑黏性理论基础[M].北京:煤炭工业出版社,1988.

［23］ 蔡美峰.岩石力学与工程[M].2 版.北京:科学出版社,2018.

［24］ 张清,杜静.岩石力学基础[M].北京:中国铁道出版社,1997.

［25］ 刘传孝，马德鹏．高等岩石力学［M］．郑州：黄河水利出版社，2017.
［26］ 刘伟，岩体力学［M］．北京：化学工业出版社，2023.
［27］ 范广勤．岩石工程流变学［M］．北京：煤炭工业出版社，1993.
［28］ 张海龙，岩石广义流变理论［M］．北京：冶金工业出版社，2020.
［29］ 沈为．损伤力学［M］．武汉：华中理工大学出版社，1995.
［30］ 刘宝琛．实验断裂、损伤力学测试技术［M］．北京：机械工业出版社，1994.
［31］ 褚武扬．断裂力学基础［M］．北京：科学出版社，1979.
［32］ 李世愚，和泰名，尹祥础，等．岩石断裂力学导论［M］．合肥：中国科学技术大学出版社，2010.
［33］ 王惠民．流体力学基础［M］．3 版．北京：清华大学出版社，2013.
［34］ 闻建龙，工程流体力学［M］．北京：机械工业出版社，2018.
［35］ 张鸣远，景思睿，李国君．高等工程流体力学［M］．北京：高等教育出版社，2012.
［36］ 孔祥言．高等渗流力学［M］．3 版．合肥：中国科学技术大学出版社，2020.
［37］ 章梦涛，潘一山，梁冰，王来贵．煤岩流体力学［M］．北京：科学出版社，1995.
［38］ 赵阳升．矿山岩石流体力学［M］．北京：煤炭工业出版社，1994.
［39］ 谢和平．岩石混凝土损伤力学［M］．徐州：中国矿业大学出版社，1990.
［40］ 尹光志，鲜学福，王登科，等．含瓦斯煤岩固气耦合失稳理论与实验研究［M］．北京：科学出版社，2011.
［41］ 杨圣奇．裂隙岩石力学特性研究及时间效应分析［M］．北京：科学出版社，2011.
［42］ 陈占清，李顺才，浦海，等．采动岩体蠕变与渗流耦合动力学［M］．北京：科学出版社，2010.
［43］ 缪协兴，刘卫群，陈占清．采动岩体渗流理论［M］．北京：科学出版社，2006.
［44］ 李树刚，张天军．高瓦斯矿煤岩力学性态及非线性失稳机理［M］．北京：科学出版社，2011.
［45］ 易顺民，朱珍德．裂隙岩体损伤力学导论［M］．北京：科学出版社，2005.
［46］ Murray S, Seymour, Dennis S. Schaum's outline of vector analysis［M］. 2ed. New York: McGraw-Hill Companies, Inc, 2009.
［47］ Heinbockel J H. Introduction to tensor calculus and continuum mechanics ［M/OL］. Copyright _c 1996 by J. H. Heinbockel. http://ohkawa.cc.it-hiroshima.ac.jp/AoPS. pdf/MathTextBook/Tensor% 20Calculus% 20% 28Heinbockel% 20373% 29.pdf.
［48］ Wilhelm F. Tensor analysis and continuum mechanics ［M］. New York: Springer-Verlag Berlin Heidelberg, 1972.
［49］ Leonid P L, Michael J C. Tensor analysis ［M］. Singapore: World Scientific Publishing Co. Pte. Ltd, 2003.
［50］ Leonid P L, Michael J C, Victor A E. Tensor analysis with applications in mechanics ［M］. Singapore: World Scientific Publishing Co. Pte. Ltd, 2010.

[51] De U C, Absos A S, Joydeep S. Tensor calculus[M]. Harrow, U.K. : Alpha Science International, 2005.

[52] Morton E. Gurtin. An introduction to continuum mechanics [M]. New York: Academic Press,1981.

[53] Gerhard A H. Nonlinear solid mechanics (A continuum approach for engineering) [M]. Chichester: John Wiley & Sons Ltd, 2000.

[54] Heinbockel J H. Introduction to tensor calculus and continuum mechanics [M]. Victoria: Trafford Publishing,2001.